高职高专"十三五"精品规划教材

国家示范性高职院校重点建设专业精品规划教材（土建大类）

国家高职高专土建大类高技能应用型人才培养解决方案

土石方工程施工

TUSHIFANG GONGCHENG SHIGONG

（第二版）

主编／张冬秀 李华

副主编／王昊 卢强

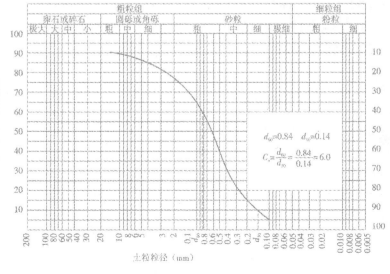

$$d_{60}=0.84 \quad d_{10}=0.14$$

$$C_u=\dfrac{d_{60}}{d_{10}}=\dfrac{0.84}{0.14}\approx 6.0$$

天津大学出版社
TIANJIN UNIVERSITY PRESS

内容提要

本书根据高职高专示范院校建设的要求、基于工作过程系统化进行课程建设的理念编写而成,为满足建筑工程技术专业人才培养目标及教学改革的要求,选择工作任务(平基土石方施工、基坑(槽)土石方施工、挡土墙施工)为载体,分为三大学习情境。全书采用最新的建筑施工规范,在每个学习情境后编排了部分工程项目分析题,便于学生学习巩固。

本书可作为高职高专院校建筑工程技术、工程监理、道路桥梁工程技术、工程造价、工程项目管理、给排水等专业的教学用书,也可供其他类型学校,如职工大学、函授大学、电视大学等的相关专业选用,相关的工程技术人员也可参考使用。

图书在版编目(CIP)数据

土石方工程施工/张冬秀主编. —天津:天津大学出版社,
2016.8(2023.1重印)

高等职业教育"十三五"规划教材　国家示范性高职院校重点建设专业精品规划教材(土建大类)　国家高职高专土建大类高技能应用型人才培养解决方案

ISBN 978-7-5618-5618-5

Ⅰ.①土…　Ⅱ.①张…　Ⅲ.①土方工程－工程施工－高等职业教育－教材②石方工程－工程施工－高等职业教育－教材　Ⅳ.①TU751

中国版本图书馆 CIP 数据核字(2019)第 177093 号

出版发行	天津大学出版社
地　　址	天津市卫津路 92 号天津大学内(邮编:300072)
电　　话	发行部:022-27403647
网　　址	publish. tju. edu. cn
印　　刷	北京虎彩文化传播有限公司
经　　销	全国各地新华书店
开　　本	185mm×260mm
印　　张	19.75
字　　数	493 千
版　　次	2019 年 1 月第 2 版
印　　次	2023 年 1 月第 5 次
定　　价	50.00 元

丛书编审委员会

主　任　游普元

副主任　龚文璞　茅苏穗　龚　毅　徐安平

委　员　（按姓氏笔画排序）

文　渝　冯大福　江　峰　江科文

许　军　吴才轩　张冬秀　张宜松

李红立　汪　新　陈　鹏　周国清

唐春平　温　和　韩永光　黎洪光

本书编委会

主　编　张冬秀　李　华

副主编　王　吴　卢　强

参　编　莫勇刚　周跃孝

总　序

　　"国家示范性高职院校重点建设专业精品规划教材（土建大类）"是根据教育部、财政部《关于实施国家示范性高等职业院校建设计划　加快高等职业教育改革与发展的意见》（教高〔2006〕14号）与《关于全面提高高等职业教育教学质量的若干意见》（教高〔2006〕16号）文件精神，为了适应我国当前高职高专教育发展形势以及社会对高技能应用型人才培养的需求，配合国家示范性高职院校的建设计划，在重构能力本位课程体系的基础上，以重庆工程职业技术学院为载体，开发了与专业人才培养方案捆绑、体现"工学结合"思想的系列教材。

　　本套教材由重庆工程职业技术学院建筑工程学院组织编写，该学院联合重庆建工集团、重庆建设教育协会和兄弟院校的一些行业专家组成教材编审委员会，共同研讨并参与教材大纲的编写和编写内容的审定工作，因此本套教材是集体智慧的结晶。该系列教材的特点是：与企业密切合作，制定了突出专业职业能力培养的课程标准；反映了行业新规范、新技术和新工艺；打破了传统学科体系教材编写模式，以工作过程为导向，系统设计课程内容，融"教、学、做"为一体，体现了高职教育"工学结合"的特点。

　　在充分考虑高技能应用型人才培养需求和发挥示范院校建设作用的基础上，编审委员会基于能力递进工作过程系统化理念构建了建筑工程技术专业课程体系。其具体内容如下。

　　1.调研、论证、确定岗位及岗位群

　　通过毕业生岗位统计、企业需求调研、毕业生跟踪调查等方式，确定建筑工程技术专业的岗位和岗位群为施工员、安全员、质检员、档案员、监理员，其后续提升岗位为技术负责人、项目经理。

　　2.典型工作任务分析

　　根据建筑工程技术专业岗位及岗位群的工作过程，分析工作过程中各岗位应完成的工作任务，采用"资讯、计划、决策、实施、检查、评价"六步骤工作法提炼出"识读建筑工程施工图（综合识图）"等43项典型工作任务。

　　3.将典型工作任务归纳为行动领域

　　根据提炼出的43项典型工作任务，按照是否具有现实、未来以及基础性和范例性意义的原则，将43项典型工作任务直接或改造后归纳为"建筑工程施工图及安装工程图识读、绘制"

等 18 个行动领域。

4. 将行动领域转换配置为学习领域课程

根据"将职业工作作为一个整体化的行动过程进行分析"和"资讯、计划、决策、实施、检查、评价"六步骤工作法的原则,构建"工作过程完整"的学习过程,将行动领域或改造后的行动领域转换配置为"建筑工程图识读与绘制"等 18 门学习领域课程。

5. 构建专业框架教学计划

具体参见电子资源。

6. 设计基础学习领域课程的教学情境

由课程建设小组与基础课程教师共同完成基础学习领域课程教学情境的设计。基于专业学习领域课程所需的理论知识和学生后续提升岗位所需知识来系统地设计教学情境,以满足学生可持续发展的需求。

7. 设计专业学习领域课程的教学情境

根据专业学习领域课程的性质和培养目标,校企合作共同选择,以图纸类型、材料、对象、分部工程、现象、问题、项目、任务、产品、设备、构件、场地等为载体,并考虑载体具有可替代性、范例性及实用性的特点,对每个学习领域课程的教学内容进行解构和重构,设计出专业学习领域课程的教学情境。

8. 校企合作共同编写学习领域课程标准

重庆建工集团、重庆建设教育协会及一些企业和行业专家参与了课程体系的建设和学习领域课程标准的开发及审核工作。

在本套教材的编写过程中,编审委员会采用基于工作过程的理念,加强实践环节安排,强调教材用图统一,强调理论知识应满足可持续发展的需要。采用了创建学习情境和编排任务的方式,充分满足学生"边学、边做、边互动"的教学需求,达到所学即所用的目的和效果。本套教材体系结构合理、编排新颖,而且满足了职业资格考核的要求,实现了理论实践一体化,实用性强,能满足学生完成典型工作任务所需的知识、能力和素质的要求。

追求卓越是本套教材的奋斗目标,为我国高等职业教育发展而勇于实践和大胆创新是编审委员会和作者团队共同努力的方向。在国家教育方针、政策引导下,在编审委员会和作者团队的共同努力下,在天津大学出版社的大力支持下,我们力求向社会奉献一套具有创新性和示范性的教材。我们衷心希望本套教材的出版能够推动高职院校的课程改革,为我国职业教育的发展贡献自己微薄的力量。

编审委员会
2019 年 1 月于重庆

前　言

　　《土石方工程施工》是"国家示范性高职院校重点建设专业精品规划教材(土建大类)"编审委员会组织编写的建筑工程技术类课程规划教材之一。本教材结合重庆及周边地区地形高低起伏、山高坡陡、容易出现滑坡等特点编写而成,打破传统的课程设计方式,将土力学知识与土石方施工技术有机结合,根据典型任务分析,设计了平基土石方施工、基坑(槽)土石方施工及挡土墙施工三个学习情境,为学生进行土石方工程施工的组织、管理及控制奠定了基础。本教材根据高职高专人才培养目标和工学结合人才培养模式以及专业教学改革的要求,着眼于培养学生地质报告的阅读,地质灾害的处理,挡土墙的施工,土石方的开挖、运输、填筑、压实等方面的专业知识和操作技能,综合提高学生的职业素质。本书融入所有编者多年的教学实践经验,采用"边学、边做、边互动"的模式,实现所学即所用。

　　本书执行《岩土工程勘察规范》(GB 50021—2001)、《混凝土结构设计规范》(GB 50010—2010)、《混凝土结构工程施工质量验收规范》(GB 50204—2015)、《土工试验方法标准》(GB/T 50123—1999)、《建筑地基基础设计规范》(GB 50007—2011)、《建筑地基处理技术规范》(JGJ 79—2012)、《建筑基坑支护技术规程》(JGJ 120—2012)等国家标准。

　　本书是集体智慧的结晶,"国家示范性高职院校重点建设专业精品规划教材(土建大类)"编审委员会、重庆建工集团、重庆建设教育协会等企业、行业、学校的专家审定了教材编写大纲,参与了教材编写过程中的指导和研讨。全书由张冬秀统稿、定稿,由张冬秀、李华担任主编,由王昊、卢强担任副主编。参与本教材编写的老师有重庆工程职业技术学院的张冬秀、卢强、王昊、李华、莫勇刚及重庆工商职业学院的周跃孝。

　　学习情境1为平基土石方施工,主要内容包括:土三相指标的换算及土的工程分类,判断土体是否破坏,计算场地平整土方量、编制调配方案并指导土方的调配,正确选择爆破方法并指导爆破施工,指导平基土石方的施工,平基施工的质量及安全控制。

　　学习情境2为基坑(槽)土石方施工,主要内容包括:地基勘察报告的阅读,地基土的应力及变形计算,土方的排水及降水施工,基坑(槽)土方量的计算,基坑(槽)的放线、开挖、验槽及回填施工,基坑(槽)施工的质量及安全控制。

　　学习情境3为挡土墙施工,主要内容包括:土压力的计算,挡土墙的设计,重力式挡土墙的施工,滑坡、塌方等常见地质灾害的预防及处理,挡土墙的质量及安全控制。

课程导入由张冬秀编写;学习情境 1 中的任务 1、2 由王昊编写,任务 3 由张冬秀编写,任务 4 由莫勇刚编写,任务 5、6 由周跃孝编写;学习情境 2 中的任务 1、2 由李华编写,任务 3 由卢强编写,任务 4 由张冬秀编写,任务 5、6 由周跃孝编写;学习情境 3 中的任务 1 至 3 和任务 5 由王昊编写,任务 4 由卢强编写。

本书在"学习目标"描述中所涉及的程度用语主要有"熟练""正确""基本"。"熟练"指能在规定的较短时间内无错误地完成任务;"正确"指在规定的时间内无错误地完成任务;"基本"指在没有时间要求的情况下,不经过旁人提示,能无错误地完成任务。

承蒙重庆建工集团龚文璞总工、重庆建工第三建设有限责任公司茅苏穗部长及重庆工程职业技术学院建筑专业教学指导委员会的全体委员审定和指导了教材编写大纲及编写内容,在此一并表示感谢。

由于是第一次系统化地基于工作过程并按照任务分类编写该教材,难度较大,加之编者水平有限,缺点和错误在所难免,恳请专家和广大读者不吝赐教、批评指正,以便我们在今后的工作中改进和完善。

编者
2019 年 1 月

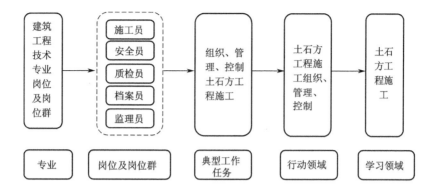

"土石方工程施工"课程设计框图

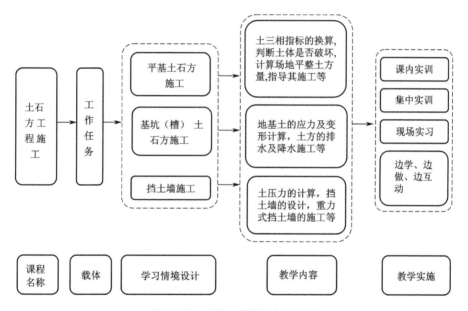

"土石方工程施工"课程内容框图

目　录

学习情境 2　基坑(槽)土石方施工

课程导入

【学习目标】

知识目标	能力目标	权重
能正确表述本课程的定位	能正确领悟本课程的性质及其与其他课程间的关系	0.25
能正确表述本课程的内容	能基本领悟本课程的学习内容	0.30
能正确表述本课程的考核方法	能正确理解并适应本课程的考核方法	0.25
能熟练表述本课程的学习方法和要求	能正确领悟各学习方法在本课程中的应用	0.20
合　计		1.00

【教学准备】

准备 10～15 min 的教学录像,其内容主要是介绍土石方工程现场施工的图片及视频。

【教学方法建议】

集中讲授、小组讨论、观看录像、拓展训练。

【建议学时】

2 学时

重庆及周边地区属于丘陵地形,高低起伏、山高坡陡,在修建建筑物及构筑物前,需要先进行平基土石方施工。在建筑物及构筑物施工与使用过程中,还要注意滑坡等地质灾害的预防及处理。因此,土石方工程施工这门课程对重庆等以丘陵地形为主的地区有很强的实用性。

0.1　本课程的性质及目标

0.1.1　性质

土石方工程施工是土建类专业的必修课和专业核心课。

0.1.2 前导课程

前导课程有建筑工程材料的检测与选择、建筑工程图识读与绘制、建筑功能及建筑构造分析、建筑结构构造及计算、建筑工程测量、施工机具设备选型。

0.1.3 平行课程

平行课程有钢筋混凝土主体结构施工、基础工程施工、砌体结构工程施工、钢结构工程施工。

0.1.4 后续课程

后续课程包括工程质量通病分析及预防、装饰装修工程施工、建筑工程施工组织编制与实施、工程竣工验收及交付等。

0.1.5 目标

本课程通过校内理论实训一体化学习和校外实践,让学生在学习情境和对应岗位的工作情境中熟悉地质报告的阅读,地质灾害的处理,挡土墙的施工,土石方的开挖、运输、填筑、压实及质量安全控制等方面的专业知识和操作技能;通过典型工作任务的教学实施,综合培养学生土石方工程施工的业务知识、业务技能、工作态度、学习方法和社会能力;在典型工作任务的教学实施中融入施工员、建造师的考核要求,注重培养学生的可持续发展能力。

0.2 本课程的研究对象及学习内容

土是地表的岩石经风化、剥蚀等地质作用形成的松散堆积物或沉淀物,是自然界的产物。由于土的形成年代、形成环境及矿物成分不同,故其性质也复杂多样。

土力学是以土为研究对象,利用力学的一般原理,研究土的特性及土受力后的应力、变形、渗透、强度、稳定性及其随时间变化规律的学科。土力学是力学的一个分支,是为解决建筑物的地基基础、土工建筑物和地下结构物的工程问题服务的。

土石方工程施工主要包括平基土石方施工、基坑(槽)土石方施工和挡土墙施工三大部分。其中,平基土石方施工主要包括土三相指标的换算、土的抗剪强度、场地平整土方量的计算及调配、平基土石方的施工及质量安全控制等;基坑(槽)土石方施工主要包括地质勘察报告的阅读、地基土的应力及变形计算、土方的排水及降水施工、基坑(槽)土方量的计算、基坑(槽)的施工及质量安全控制等;挡土墙施工主要包括土压力的计算,挡土墙的设计及施工,滑坡、塌方等常见地质灾害的预防及处理等。

观看平基土石方施工、基坑(槽)土石方施工及挡土墙施工的图片、录像。

0.3 教学方法与考核方法

0.3.1 教学方法

建议采用多媒体教学、案例教学、任务式教学,到实训基地、施工现场等进行实境教学。

0.3.2 考核方法

建议采用形成性评价和总结性评价相结合的方法进行考核。形成性评价是指在教学过程中对学生的学习态度,作业、任务完成情况进行的评价。在每一个学习情境中,建议学习态度占 15 分、书面作业占 25 分、实作任务占 30 分,共 70 分。总结性评价是指在教学活动结束时,对学生整体技能情况的评价,占 30 分。其中各学习情境在总结性评价中所占比例如表 0.1 所示。

表 0.1　各学习情境在总结性评价中所占比例

序号	学习任务	评价内容	评价比例(%)
1	课程导入	评价学生对土石方工程的认知程度	5
2	平基土石方施工	评价学生对土的基本性质的理解能力,对平基土石方的调配、指导平基土石方施工并进行相应的质量安全控制等方面的应用能力	30
3	基坑(槽)土石方施工	评价学生在地质勘察报告的阅读、现场施工排水及降水的处理、基坑(槽)土方量的计算、基坑(槽)土石方施工及质量安全控制等方面的应用能力	40
4	挡土墙施工	评价学生在土压力的计算、挡土墙的构造、挡土墙的施工及质量安全控制等方面的应用能力	25

0.4 本课程的特点和学习方法

土石方工程施工是一门理论性与实践性均较强的技术基础课,其内容涉及工程地质学、土力学、结构设计和施工等方面,综合性强,研究对象复杂多变,研究方法也有其独特性,在学习过程中应注意以下几点。

①土力学的理论性较强,与数学及力学的关系较密切,同时土力学中的公式、方法绝大部分是半理论半经验的混合产物。因此,既要重视所运用的基础理论,更要重视土力学与工程实

践的结合,做到理论与实践相结合,弄懂每个知识点。

②土力学离不开土的试验,土的物理力学指标和参数多为试验结果,因此试验的方法和仪器设备的精度对试验结果有较大影响,不断改进试验方法、手段,提高试验设备的精度是非常重要的。

③要按时完成课内外作业,上课前必须充分预习。学习中需勤动手、勤动脑、勤动口、勤查阅相关资料,重视课内实训、集中实训及协岗、定岗、顶岗实习等实践教学环节,实现"做中学、学中做、边做边学"。

习　题

1.陈述土石方工程施工主要包括哪些内容。

2.应如何学好本门课程?

学习情境 1　平基土石方施工

【学习目标】

知识目标	能力目标	权重
能正确陈述土的成因、组成结构及构造，能正确表述土的物理性质指标的定义及基本指标的测定方法，能正确陈述无黏性土及黏性土的物理特性，能正确陈述土的分类方法及鉴定方法	能正确进行土的物理性质指标的换算，现场鉴别土的类型	0.15
能正确陈述库仑公式的基本原理，能正确陈述土的抗剪强度的测定方法和原理	能根据土的力学性质指标判断土体是否破坏	0.15
能正确陈述土方量的计算方法和原理，能正确陈述土方调配及优化的原理	能正确计算场地平整土方量和基坑(槽)土方量，能编制调配方案并指导土方的调配	0.2
能正确陈述爆破方法的选择及基本的爆破知识	能正确选择爆破方法并指导爆破施工	0.1
能正确陈述各种土石方施工机械的特点及适用范围，能正确陈述土方开挖、运输、回填与压实的施工要点	能选择合理的土方施工机具并能指导土方机械施工，能正确编制土石方施工方案并正确选用土石方施工方法，能指导平基土石方的开挖、运输、回填及压实等施工	0.3
能正确陈述平基施工的安全技术措施及常见的质量事故及其原因，能正确陈述平基施工质量的检查方法及质量控制过程	能根据地质地形的实际情况，正确预防与治理地质灾害；能较正确地编写地质灾害处理措施；能对土石方工程施工中的常见质量问题及安全事故进行分析处理并形成报告	0.1
合　　计		1.0

【教学准备】

准备场地地形图、爆破设备、施工图纸、土方调配方案、施工规范、验收规范、安全规程、教学视频、施工现场和实训基地等。

【教学方法建议】

在一体化教室、多媒体教室、建筑技能实训基地或施工现场等地进行教学,采用教师示范、学生测试、分组讨论、集中讲授、完成任务工单等方法教学。

【建议学时】

26(4)学时

任务 1　土三相指标的换算及土的工程分类

平基土石方施工是土木工程中较为重要的环节,而平基土石方施工的对象"土",在整个过程中尤为重要。通过本任务的学习,我们将对"土"有一个新的认识。

1.1　土的成因、组成、结构与构造

1.1.1　土的生成

土是地球表面的岩石在各种自然因素影响下发生风化、剥蚀、搬运、沉积而形成的,是由固体颗粒、水和气体组成的一种松散集合体。在土的形成过程中,风化作用起着相对重要的作用(风化作用决定土的成分,而剥蚀、搬运、沉积等作用主要影响土体的构成),因此通常认为土是岩石风化的产物,不同的风化作用形成不同性质的土。

1.风化作用的种类

(1)物理风化

岩石经受风、霜、雨、雪的侵蚀,温度、湿度的变化,不均匀膨胀与收缩而产生裂隙,崩解为碎块。这种风化作用只改变颗粒的大小和形状,不改变原来的矿物成分。由物理风化生成的土为巨粒土,如块石、碎石和粗粒土,又如砾石与砂土等,这种土呈松散状态,总称为无黏性土。

(2)化学风化

岩石的碎屑与水、氧气和二氧化碳等物质相接触,逐渐发生化学变化,改变了原来组成矿物的成分,产生一种新的成分——次生矿物,这类风化称为化学风化。经化学风化生成的土为细粒土,具有黏结力,如黏土与粉质黏土,总称为黏性土。

(3)生物风化

动物、植物和人类活动对岩体的破坏称为生物风化。例如长在岩石缝隙中的树,因树根伸展使岩石缝隙扩展开裂,其实这只是生物风化的一种,我们称之为生物物理风化。另一种生物风化的形式被称为生物化学风化,例如某些植物根系分泌的有机酸、动植物死亡后遗体的腐烂

侵蚀以及微生物的作用等,都有可能使岩石矿物的化学成分发生变化。

上述三种风化作用在自然界是时时存在且相互作用的,只是在不同地区、不同时期,自然条件不同,各种风化作用根据不同的主次关系进行组合,从而为形成不同类型的土提供必备条件。

2. 土的生成类型

（1）残积土

残积土是岩石风化后,未经搬运而残留于原地的土。它处于岩石风化壳的上部,是风化壳中的剧风化带,向下则逐渐变为半风化的岩石。它的分布主要受地形的控制,风化产物易于保留的地方,残积物就比较厚。在不同的气候条件下,不同的原岩,将产生不同矿物成分、不同物理力学性质的残积土。

（2）坡积土

坡积土是残积土经水流搬运,顺坡移动堆积而成的土。其成分与坡上的残积土基本一致。由于地形的不同,其厚度变化大,新近堆积的坡积土,土质疏松,压缩性较高。

（3）洪积土

洪积土是山洪带来的碎屑物质在山沟的出口处堆积而成的土。山洪流出沟谷后,由于流速骤减,被搬运的粗碎屑物首先大量堆积下来,离山越远,洪积物的颗粒越细,其分布范围也逐渐扩大。其地貌特征,靠山近处窄而陡,离山较远处宽而缓,形如锥体,故称为洪积扇。山洪是周期性发生的,每次的大小不尽相同,堆积下来的物质也不一样,因此洪积土常呈现不规则交错的层理。由于靠近山地的洪积土颗粒较粗,地下水位埋深较深,土的承载力一般较高,常为良好地基;离山较远地段颗粒较细的洪积土,土质软弱而承载力较低。

（4）冲积土

冲积土是由于河流的流水作用,将碎屑物搬运堆积在其流经的区域内而形成的。随着从上游到下游水动力的不断减弱,搬运物质从粗到细逐渐沉积下来,一般在河流的上游以及出山口,沉积有粗粒的碎石土、砂土,在中游丘陵地带沉积有中粗粒的砂土和粉土,在下游平原三角洲地带,沉积了最细的黏土。冲积土分布广泛,特别是冲积平原,是城市发达、人口集中的地带。粗粒的碎石土、砂土是良好的天然地基,但如果作为水工建筑物的地基,由于其透水性好会引起严重的坝下渗漏,需做处理;而对于压缩性高的黏土,作为地基一般都需要进行处理。

（5）风积土

风积土是由风作为搬运动力,将碎屑物由风力强的地方搬运到风力弱的地方沉积下来的土。风积土生成不受地形的控制,我国的黄土就是典型的风积土,主要分布在沙漠边缘的干旱与半干旱气候带。风积土的结构疏松,含水量小,浸水后具有湿陷性。

1.1.2　土的组成

1. 土的固体颗粒(固相)

土主要由固相、液相和气相三相组成。固相对应于土中的固体颗粒,简称土粒。土粒的大小、形状、矿物成分、大小颗粒搭配情况及其与水(液相)和气(气相)的相互作用对土的物理力学性质有着明显影响。土粒对土的物理力学性质起着决定性作用。

(1)工程上土的粒径划分

工程上将各种不同的土粒按其粒径范围,划分为若干粒组。各个国家的划分原则不同,我国现行的划分原则如表1.1.1所示。

表1.1.1　土粒粒组的划分

粒组统称	粒组名称		粒组范围(mm)	一般特征
巨粒	漂石(块石)颗粒		>200	透水性很大,无黏性,无毛细水
	卵石(碎石)颗粒		60~200	
粗粒	圆砾或角砾颗粒	粗	20~60	透水性大,无黏性,毛细水上升高度不超过粒径大小
		中	5~20	
		细	2~5	
	砂粒	粗	0.5~2	易透水,当混入云母等杂质时透水性减小,压缩性增加;无黏性;遇水不膨胀,干燥时松散;毛细水上升高度不大,随粒径变小而增大
		中	0.25~0.5	
		细	0.1~0.25	
		极细	0.075~0.1	
细粒	粉粒	粗	0.01~0.075	透水性小,湿时稍有黏性,遇水膨胀小,干时稍收缩;毛细水上升高度较大且速度较快,极易出现冻胀现象
		细	0.005~0.01	
	黏粒		<0.005	透水性小,湿时有黏性、可塑性,遇水膨胀大,干时收缩显著;毛细水上升高度大,但速度较慢

注:①漂石、卵石和圆砾颗粒均呈一定的磨圆形状(圆形或亚圆形);块石、碎石和角砾颗粒都带有棱角。

②粉粒也称粉土粒,粉粒的粒径上限0.075 mm相当于新标准土壤筛其中一只筛的孔径。

(2)土粒粒径大小、组成表示方法

土粒的大小及组成通常以土中各个粒组的相对含量(即各粒组占土粒总量的百分数)来表示,称为土的颗粒级配,又称为土的粒径级配或粒度成分。工程中使用的粒度成分分析方法有筛分法和水分法两种。

筛分法适用于粗粒土($0.075 \text{ mm} \leqslant d \leqslant 60 \text{ mm}$,$d$为粒径)。它是利用一套孔径大小不同的筛子,将事先称重的烘干土样过筛,称残留在不同孔径的筛网上的土重,然后计算其相应的百分数。这和建筑材料的粒径级配筛分试验是一样的。

水分法适用于细粒土($d < 0.075 \text{ mm}$)。该方法是根据斯托克斯(Stokes)定理,即球状的细颗粒在水中的下沉速度与颗粒直径的平方成正比,来确定各粒组相对含量的方法。基于这种原理,粗一点的颗粒下沉较快,细一点的颗粒下沉较慢,实验室通常用比重计进行颗粒分析,

因此该法也被称为比重计法。

以上试验所得数据通常可采用表格法、三角坐标法和累计曲线法来表示。表格法是以列表形式直接表达各粒组的相对含量,是一种十分方便的方法,但直观性弱,不便使用。三角坐标法是一种图示方法,它利用等边三角形内任意一点至三个边的垂直距离之和恒等于三角形之高 H 的原理,来表示组成土的三个粒组的相对含量,它能在一张图上表示多种土的粒度成分,便于对土料进行级配设计及土名分类。这里主要介绍累计曲线法,它也是一种图示方法,一般纵轴表示小于某粒径的土质量的百分含量,横轴表示对应的土粒粒径。在这个坐标系中,土的粒径级配用一条曲线来表示,这条曲线称为土的粒径级配累积曲线(有时简称级配曲线)。另外,由于混合土中的粒径差异性较大,所以土的粒径级配累积曲线对应的横轴常取对数坐标,如图 1.1.1 所示。

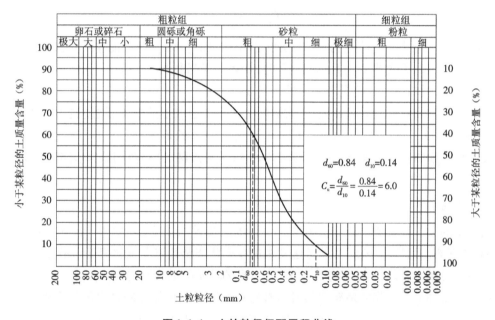

图 1.1.1　土的粒径级配累积曲线

（3）土的粒径级配累积曲线的应用

土的粒径级配累积曲线是土工中最常用的曲线,从曲线上可以直接了解土的粗细、粒径分布的均匀程度和级配的优劣。

1）观察土的组成情况

通过曲线可以查出土的粒径范围及各粒径的相对含量,可用于粗粒土的分类并大致确定土的工程性质。

2）判断土的级配是否良好

判断土颗粒级配是否良好,常用不均匀系数 C_u 和曲率系数 C_c,这两个指标分别描述级配曲线的坡度和形状。C_u 愈大,土粒愈不均匀,即土中粗、细颗粒相差悬殊;反之,土粒愈均匀。

$$C_u = \frac{d_{60}}{d_{10}} \tag{1.1.1}$$

式中　d_{60}——限制粒径或限定粒径,土中小于此粒径的土的质量占总土质量的 60%;

　　　d_{10}——有效粒径,土中小于此粒径的土的质量占总土质量的 10%。

不均匀系数 C_u 反映级配曲线坡度的陡缓,表明土粒大小的不均匀程度,是反映土粒组成不均匀程度的参数。工程上常把 $C_u \leqslant 5$ 的土称为匀粒土,属级配不良;反之,$C_u > 5$ 的土则称为非匀粒土。

若土颗粒级配曲线不连续,则不包含某种粒径的土粒,这种土在同样的压实条件下,密实度不如级配曲线连续的土高,其工程性质也较差。因此,为了确定土颗粒级配曲线的形状,尤其是确定其是否连续,可用曲率系数 C_c 来反映:

$$C_c = \frac{d_{30}^2}{d_{10} d_{60}} \tag{1.1.2}$$

式中　d_{30}——土中小于此粒径的土的质量占总土质量的 30%。当级配连续时,C_c 的范围为 1 ~3,因此当 $C_c < 1$ 及 $C_c > 3$ 时,均表示级配曲线不连续。

在工程中,对粗粒土级配是否良好的判断规定如下。

①良好级配的材料。一般来说,多数级配曲线呈凹面朝上的形式,坡度较缓,粒径级配连续,粒径曲线分布范围较宽,同时满足 $C_u > 5$ 及 $C_c = 1 ~3$ 的条件。

②不良级配的材料。这类材料颗粒较均匀,曲线坡度陡,分布范围狭窄,不能同时满足 $C_u > 5$ 及 $C_c = 1 ~3$ 的条件。

2. 土中的水

组成土的第二种主要成分是土中水。在自然条件下,土总是含水的。土中水可以处于液态、固态或气态。研究土中水,必须考虑到水的存在状态及其与土粒的相互作用。

土中细粒越多,即土粒的分散度越大,水对土的性质的影响也越大。

存在于土粒矿物的晶体格架内部或是参与矿物构造的水称为矿物内部结合水,它只有在比较高的温度下才能化为气态水而与土粒分离。从土的工程性质分析,可以把矿物内部结合水当作矿物颗粒的一部分。

存在于土中的液态水可分为结合水和自由水两大类。

（1）结合水

结合水系指受电分子吸引力吸附于土粒表面的土中水,这种电分子吸引力高达几千到几万个标准大气压(1 标准大气压 = 101 325 Pa),使水分子和土粒表面牢固地黏结在一起。

结合水因离颗粒表面远近不同,受电场作用力的大小也不同,所以分为强结合水和弱结合水。

1）强结合水（吸着水）

强结合水是指紧靠土粒表面的结合水,它没有溶解盐类的能力,不能传递静水压力,只有吸热变成蒸汽时才能移动。这种水极其牢固地结合在土粒表面上,其性质接近于固体,密度为

$1.2 \sim 2.4$ g/cm³,冰点为 -78 ℃,具有极大的黏滞度、弹性和抗剪强度。如果将干燥的土移到天然湿度的空气中,则土的质量将增加,直到土中吸着的强结合水达到最大吸着度为止。

2)弱结合水(薄膜水)

弱结合水紧靠强结合水的外围形成一层结合水膜。它仍然不能传递静水压力,但水膜较厚的弱结合水能向邻近较薄的水膜缓慢移动。当土中含有较多的弱结合水时,土具有一定的可塑性。砂土比表面积较小,几乎不具可塑性;而黏土的比表面积较大,可塑性范围较大。比表面积是指单位质量物料所具有的总面积,国标单位为 m²/g。

弱结合水离土粒表面愈远,其受到的电分子吸引力愈小,并逐渐过渡到自由水。

(2)自由水

自由水是存在于土粒表面电场影响范围以外的水。它的性质和普通水一样,能传递静水压力,冰点为 0 ℃,有溶解能力。

自由水按其移动所受到作用力的不同,可以分为重力水和毛细水。

1)重力水

重力水是存在于地下水位以下的透水土层中的地下水,它是在重力或压力差作用下运动的自由水,对土粒有浮力作用,重力水对土中的应力状态和开挖基槽、基坑以及修筑地下构筑物时所应采取的排水、防水措施有重要的影响。

2)毛细水

毛细水是受到水与空气交界面处表面张力作用的自由水。其形成机理通常用物理学中的毛细管现象解释。分布在土粒内部相互贯通的孔隙,可以看成是许多形状不一、直径各异、彼此连通的毛细管。

3. 土中的气体

土的孔隙中没有被水占据的部分充满了气体。土中的气体除来自空气外,也可由生物化学作用和化学反应生成。土中气体除含有空气中的主要成分 O_2 外,还含有水汽、CO_2、N_2、CH_4、H_2S 等气体。土中气体按其所处状态和结构特点,可分为吸附气体、溶解气体、密闭气体及自由气体。

1.1.3   土的结构与构造

土的结构是指土粒(或团粒)的大小、形状、互相排列及联结的特征。

土的结构是在成土的过程中逐渐形成的,它反映了土的成分、成因和年代对土的工程性质的影响。土的结构按其颗粒的排列和联结可分为图 1.1.2 所示的三种基本类型。

1. 单粒结构

单粒结构是碎石土和砂土的结构特征。其特点是土粒间没有联结存在,或联结非常微弱,可以忽略不计。疏松状态的单粒结构在荷载作用下,特别是在振动荷载作用下会趋向密实,土粒移向更稳定的位置,同时产生较大的变形;密实状态的单粒结构在剪应力作用下会发生剪

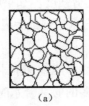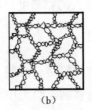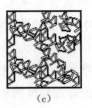

（a）　　　　　　　（b）　　　　　　　（c）

图 1.1.2　土的结构的基本类型
（a）单粒结构　（b）蜂窝状结构　（c）絮状结构

胀,即体积膨胀、密度变小。单粒结构的紧密程度取决于矿物成分、颗粒形状、粒度成分及级配的均匀程度。片状矿物颗粒组成的砂土最为疏松;浑圆的颗粒组成的土比带棱角的容易趋向密实;土粒的级配愈不均匀,结构愈紧密。

2. 蜂窝状结构

蜂窝状结构是以粉粒为主的土的结构特征。粒径为 0.002 ~ 0.02 mm 的土粒在水中沉积时,基本上是单个颗粒下沉,在下沉过程中碰上已沉积的土粒时,如土粒间的引力相对自重而言已经足够大,则此颗粒就停留在最初的接触位置上不再下沉,形成大孔隙的蜂窝状结构。

3. 絮状结构

絮状结构是黏土颗粒特有的结构特征。当介质发生变化时,悬浮在水中的黏土颗粒互相聚合,以边—边、面—边的接触方式形成絮状物下沉,沉积为大孔隙的絮状结构。

土的结构形成以后,当外界条件变化时,土的结构会发生变化。例如,土层在上覆土层作用下压密固结时,结构会趋于更紧密的排列;卸载时土体的膨胀会松动土的结构(例如钻探取土时土样的膨胀或基坑开挖时基底的隆起);当土层失水干缩或介质变化时,盐类结晶胶结能增强土粒间的联结;在外力作用下(例如施工时对土的扰动或切应力的长期作用)会弱化土的结构,破坏土粒原来的排列方式和土粒间的联结,使絮状结构变为平行的重塑结构,降低土的强度,增大压缩性。因此,在取土试验或施工过程中必须尽量减少对土的扰动,避免破坏土的原状结构。

1.2　土的物理性质指标及基本指标的测定

1.2.1　土的物理性质指标

土是由固相、液相和气相三相组成的,土的物理性质和状态会受到土的各部分含量的比例关系的直接影响。例如,同一种土,松散时强度较低,而经过压密后强度较高;同一种土,含水量较低的时候强度较高,含水量稍增加后其强度就有可能降低。所以,研究土的物理性质和状态首先得清楚土的三相组成,即土的物理性质指标。

土的物理性质指标可分为两类:一类是必须通过试验测定的试验指标,如含水量、密度和土粒比重;另一类是可以根据试验测定的指标换算的换算指标,如孔隙比、孔隙率和饱和度等。

在研究土的物理性质指标的时候,通常会将土中三相表示在一张图上面,即土的三相图(图1.1.3)。通过某一种土的三相图,可以明确地表示出该土中固、液、气的质量含量以及体积比例。

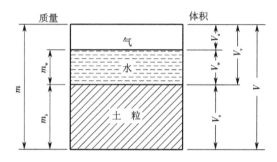

图 1.1.3　土的三相图

1. 含水量

土的含水量定义为土中水的质量与土粒质量之比,以百分数表示,即

$$\omega = \frac{m_w}{m_s} \times 100\% = \frac{m - m_s}{m_s} \times 100\% \qquad (1.1.3)$$

土的含水量也可用土的密度与干密度计算得到:

$$\omega = \frac{\rho - \rho_d}{\rho_d} \times 100\% \qquad (1.1.4)$$

天然状态下土的含水量称为土的天然含水量。一般砂土的天然含水量都不超过40%,以10%~30%最为常见;一般黏土大多为10%~80%,常见值为20%~50%。

室内测定含水量一般用烘干法,先称小块原状土样的湿土质量,然后置于烘箱内维持100~105℃烘至恒重,再称干土质量。湿、干土质量之差与干土质量的比值就是土的含水量。

土的孔隙全部被普通液态水充满时的含水量称为饱和含水量:

$$\omega_{sat} = \frac{V_v \rho_w}{m_s} \times 100\% \qquad (1.1.5)$$

其中 ρ_w 为水的密度。

饱和含水量又称饱和水密度,它既反映了水中孔隙充满普通液态水时的含水特性,又反映了孔隙的大小。

2. 土粒相对密度

土粒相对密度 d_s(也称为土粒比重或比密度,也可用 G_s 表示)表示土粒质量与同体积的4℃时纯水的质量之比,无量纲。土粒的相对密度变化幅度很小,可在实验室内用比重瓶法测定,通常也可按经验数值选用。

$$d_s = \frac{m_s}{V_s \rho_w} = \frac{\rho_s}{\rho_w} \quad\quad\quad (1.1.6)$$

一般土粒相对密度可参考以下取值范围：黏性土取 2.72～2.75，粉土取 2.70～2.71，砂土取 2.65～2.69。

3. 天然密度（湿密度）

土的天然密度常被叫作土的密度。它是指天然状态下土的总质量 m 与总体积 V 之比（单位：g/cm^3），用下式表示：

$$\rho = \frac{m}{V} = \frac{m_s + m_w}{V_s + V_v} \quad\quad\quad (1.1.7)$$

土的密度取决于土粒的密度、孔隙体积和孔隙中水的质量，它综合反映了土的物质组成和结构特征。

土的密度可在室内或野外现场直接测定。室内一般采用环刀法测定，野外现场可采用灌砂法测定。

土的天然密度与土的所在地周边环境关系密切，例如同一种土在气候干燥时天然密度小；反之，气候潮湿时天然密度大。

工程中常采用重度，用 γ 来表示，它是指单位体积土所受到的重力，即天然状态下土的总重量 mg 与总体积 V 之比，重度与土的天然密度之间只相差一个重力加速度，即 $\gamma = \rho g$，所以土的重度单位为 kN/m^3。

依此类推，后面将要讲到的干密度、饱和密度、浮密度均可表示成重度一样的形式：干重度（γ_d）、饱和重度（γ_{sat}）、浮重度（γ'），它们的单位和重度单位一样，均为 kN/m^3。

土的密度是指土的总质量 m 与总体积 V 之比，按孔隙中充水程度的不同，土的密度可分为天然密度、干密度和饱和密度。在不做特殊说明的情况下，本书中出现的土的密度均指土的天然密度。

4. 干密度

土的孔隙中完全没有水时的密度，称为干密度（单位：g/cm^3），是指土单位体积中土粒的质量，即固体颗粒的质量与土的总体积之比值。

$$\rho_d = \frac{m_s}{V} \quad\quad\quad (1.1.8)$$

干密度反映了土的孔隙比，因而可用于计算土的孔隙率，它往往通过土的密度及含水量计算得来，但也可以实测。

在工程上常把干密度作为评定土体紧密程度的标准，以控制填土工程的施工质量。土的干密度一般为 1.4～1.7 g/cm^3。

5. 饱和密度

土的孔隙完全被水充满时的密度称为饱和密度（单位：g/cm^3），即土的孔隙中全部充满液

态水时的单位体积质量,可用下式表示:

$$\rho_{sat} = \frac{m_s + V_v\rho_w}{V}$$ (1.1.9)

式中 ρ_w——水的密度(工程计算中可取 1 g/cm³)。

土的饱和密度一般为 1.8 ~ 2.30 g/cm³。

6. 浮密度

土的浮密度是土单位体积中土粒质量与同体积水的质量之差,即

$$\rho' = (m_s - V_s\rho_w)/V \quad 或 \quad \rho' = \rho_{sat} - \rho_w$$ (1.1.10)

7. 土粒密度

土粒密度是指固体颗粒的质量 m_s 与其体积 V_s 之比,即土粒的单位体积质量(单位:g/cm³):

$$\rho_s = \frac{m_s}{V_s}$$ (1.1.11)

土粒密度仅与组成土粒的矿物密度有关,而与土的孔隙大小和含水多少无关。实际上它是土中各种矿物密度的加权平均值。

砂土的土粒密度一般为 2.65 g/cm³ 左右,粉质砂土的土粒密度一般为 2.68 g/cm³ 左右,粉质黏土的土粒密度一般为 2.68 ~ 2.72 g/cm³,黏土的土粒密度一般为 2.7 ~ 2.75 g/cm³。土粒密度是实测指标。

一般情况下,土粒相对密度在数值上就等于土粒密度,但两者的含义不同,前者是两种物质密度之比,无量纲;而后者是一种物质(土粒)的质量密度,有单位。

由此可见,同一种土在体积不变的条件下,它的各种密度在数值上有如下关系:$\rho_s > \rho_{sat} > \rho > \rho_d > \rho'$。

8. 饱和度

土的饱和度定义为土中孔隙水的体积与孔隙体积之比,以百分数表示,即

$$S_r = \frac{V_w}{V_v} \times 100\%$$ (1.1.12)

或天然含水量与饱和含水量之比:

$$S_r = \frac{\omega}{\omega_{sat}} \times 100\%$$ (1.1.13)

饱和度越大,表明土中孔隙充水越多,土完全干燥时 $S_r = 0$,土中孔隙全部被水充填时,$S_r = 100\%$。工程上常把 S_r 作为砂土湿度划分的标准。$S_r < 50\%$ 为稍湿的;$S_r = 50\% \sim 80\%$ 为很湿的;$S_r > 80\%$ 为饱和的。

工程研究中,一般将 $S_r > 95\%$ 的天然黏性土视为完全饱和土;而对于砂土,$S_r > 80\%$ 时就认为已达到饱和了。

9. 孔隙率与孔隙比

孔隙率(n)是土的孔隙体积与土体积之比，或单位体积土中孔隙的体积，以百分数表示，即

$$n = \frac{V_v}{V} \times 100\% \qquad (1.1.14)$$

孔隙比是土中孔隙体积与土粒体积之比，以小数表示，即

$$e = \frac{V_v}{V_s} \qquad (1.1.15)$$

孔隙比和孔隙率都是用于表示孔隙体积含量的概念。两者有如下关系：

$$n = \frac{e}{1+e} \text{或} e = \frac{n}{1-n} \qquad (1.1.16)$$

土的孔隙比或孔隙率都可用来表示同一种土的松密程度。它们随土形成过程中所受的压力、粒径级配和颗粒排列的状况变化而变化。孔隙比可以用来评价天然土层的密实程度。一般 $e < 0.6$ 的土是密实的低压缩性土；$e > 1.0$ 的土是疏松的高压缩性土。

1.2.2 土的三相指标换算

土的基本试验指标有三个，即土的密度 ρ、土粒相对密度 d_s 以及土的含水量 ω，其他指标可以通过基本试验指标进行换算。为了更方便地进行土的物理性质指标的换算，在三相图基础上，假定土粒的体积 $V_s = 1$，得到土的三相指标换算图（图 1.1.4）。

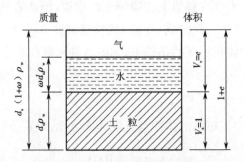

图 1.1.4 土的三相指标换算图

土的一系列物理性质指标无非是从不同角度去描述土的三相组成。只要弄清土的三相组成之间的比例关系就可以轻松得到各物理性质指标之间的关系。为了弄清土中三相的质量和体积之间的关系，有必要借助试验指标（试验指标可以通过简单试验测得，可视为已知）来表示各部分之间的比例关系。

土的三相指标换算图是这样考虑的：取一土样，假设土样中的土颗粒体积刚好为单位 1，即土粒体积 $V_s = 1$，通过孔隙比 $e = \frac{V_v}{V_s}$ 的定义可知，孔隙体积 $V_v = e$，则该土样体积 $V = V_s + V_v =$

$1 + e$；又由土粒相对密度及含水量的定义可得 $m_s = d_s\rho_w V_s = d_s\rho_w$，$m_w = \omega m_s = \omega d_s\rho_w$，则土样的总质量为 $m = d_s(1 + \omega)\rho_w$（其中土中气体的质量忽略不计）。

土的三相指标换算图中，三相质量、体积都是用试验指标表示的，孔隙比 e 除外，所以还要想办法用试验指标来表示"未知量"e 才能真正地反映土中三相之间的质量、体积比例。由土的天然密度定义 $\rho = \dfrac{m}{V}$ 得 $\rho = \dfrac{m}{V} = \dfrac{d_s(1+\omega)\rho_w V_s}{1+e} = \dfrac{d_s(1+\omega)\rho_w}{1+e}$，则

$$e = \frac{d_s(1+\omega)\rho_w}{\rho} - 1 \qquad (1.1.17)$$

这样土的三相指标换算图中的三相比例关系都能用试验指标表示了，所以其他指标的换算就显得比较简单了。表 1.1.2 列出了常用的土的三相比例指标的换算公式。

表 1.1.2　土的三相比例指标的换算公式

名称	符号	三相比例指标表达式	常用换算公式
含水量	ω	$\omega = \dfrac{m_w}{m_s} \times 100\%$	$\omega = \dfrac{S_r e}{d_s}$ 或 $\omega = \dfrac{\rho}{\rho_d} - 1$
土粒相对密度	d_s	$d_s = \dfrac{m_s}{V_s\rho_w} = \dfrac{\rho_s}{\rho_w}$	$d_s = \dfrac{S_r e}{\omega}$
密度	ρ	$\rho = \dfrac{m}{V}$	$\rho = \dfrac{d_s(1+\omega)\rho_w}{1+e}$ 或 $\rho = \rho_d(1+\omega)$
干密度	ρ_d	$\rho_d = \dfrac{m_s}{V}$	$\rho_d = \dfrac{d_s\rho_w}{1+e}$ 或 $\rho_d = \dfrac{\rho}{1+\omega}$
饱和密度	ρ_{sat}	$\rho_{sat} = \dfrac{m_s + V_v\rho_w}{V}$	$\rho_{sat} = \dfrac{d_s + e}{1+e}\rho_w$
浮密度	ρ'	$\rho' = \dfrac{m_s - V_s\rho_w}{V}$	$\rho' = \dfrac{d_s - 1}{1+e}\rho_w$ 或 $\rho' = \rho_{sat} - \rho_w$
孔隙比	e	$e = \dfrac{V_v}{V_s}$	$e = \dfrac{d_s(1+\omega)\rho_w}{\rho} - 1$ 或 $e = \dfrac{\omega d_s}{S_r}$
孔隙率	n	$n = \dfrac{V_v}{V} \times 100\%$	$n = \dfrac{e}{1+e}$ 或 $n = 1 - \dfrac{\rho_d}{d_s\rho_w}$
饱和度	S_r	$S_r = \dfrac{V_w}{V_v} \times 100\%$	$S_r = \dfrac{\omega d_s}{e}$ 或 $S_r = \dfrac{\omega \rho_d}{n\rho_w}$
重度	γ	$\gamma = \dfrac{m}{V}g = \rho g$	$\gamma = \dfrac{d_s(1+\omega)\gamma_w}{1+e}$
干重度	γ_d	$\gamma_d = \dfrac{m_s g}{V} = \rho_d g$	$\gamma_d = \dfrac{d_s\gamma_w}{1+e}$
饱和重度	γ_{sat}	$\gamma_{sat} = \dfrac{m_s g + V_v\gamma_w}{V} = \rho_{sat}g$	$\gamma_{sat} = \dfrac{(d_s + e)\gamma_w}{1+e}$
浮重度	γ'	$\gamma' = \dfrac{m_s - V_s\rho_w}{V}g = \rho'g$	$\gamma' = \dfrac{d_s - 1}{1+e}\gamma_w$

例 1.1.1 某原状土样,经试验测得天然密度 $\rho = 1.67 \text{ g/cm}^3$,含水量 $\omega = 12.9\%$,土粒比重 $d_s = 2.67$,求孔隙比 e、孔隙率 n 和饱和度 S_r。

解: 绘三相草图(土的三相指标换算图,同图 1.1.4)。

假设 $V_s = 1 \text{ cm}^3$,已知 $\rho_w = 1 \text{ g/cm}^3$,根据土的三相指标换算:

$$m_s = d_s\rho_w V_s = 2.67 \times 1 \text{ g/cm}^3 \times 1 \text{ cm}^3 = 2.67 \text{ g}$$

$$m_w = \omega d_s\rho_w V_s = 12.9\% \times 2.67 \times 1 \text{ g/cm}^3 \times 1 \text{ cm}^3 = 0.344 \text{ g}$$

$$m = m_s + m_w = 2.67 \text{ g} + 0.344 \text{ g} = 3.014 \text{ g}$$

代入式(1.1.17),其中 $V_s = 1 \text{ cm}^3$,有

$$V_v = e = \frac{d_s(1+\omega)\rho_w V_s}{\rho} - 1 = \frac{2.67(1+12.9\%) \times 1 \text{ g/cm}^3 \times 1 \text{ cm}^3}{1.67 \text{ g/cm}^3} - 1 = 0.8 \text{ cm}^3$$

$$V = V_s + V_v = 1 \text{ cm}^3 + 0.8 \text{ cm}^3 = 1.8 \text{ cm}^3$$

根据公式 $V_w = \dfrac{m_w}{\rho_w}$ 有

$$V_w = \frac{m_w}{\rho_w} = \frac{0.344 \text{ g}}{1 \text{ g/cm}^3} = 0.344 \text{ cm}^3$$

所求的 e、n、S_r 分别为

$$e = \frac{V_v}{V_s} = \frac{0.8 \text{ cm}^3}{1 \text{ cm}^3} = 0.8$$

$$n = \frac{V_v}{V} \times 100\% = \frac{0.8 \text{ cm}^3}{1.8 \text{ cm}^3} \times 100\% = 44.4\%$$

$$S_r = \frac{V_w}{V_v} \times 100\% = \frac{0.344 \text{ cm}^3}{0.8 \text{ cm}^3} \times 100\% = 43\%$$

如果需要求解其他指标,同样可以套用上面的方法,计算出土中三相的质量和体积后就可以根据所求指标定义代入数值轻松求解。

在应用过程中有时候不一定以试验指标作为已知条件,但是可以用同样的方法找到已知的指标和未知试验指标之间的关系,先解得试验指标,得到土的三相的质量和体积,最终求解出其他指标。

例 1.1.2 某原状土样,经试验测得天然密度 $\rho = 1.67 \text{ g/cm}^3$,孔隙比 $e = 0.8$,土粒比重 $d_s = 2.67$,求含水量 ω、孔隙率 n 和饱和度 S_r。

解: 假设 $V_s = 1 \text{ cm}^3$,已知 $\rho_w = 1 \text{ g/cm}^3$,根据土的三相指标换算:

$$m_s = d_s\rho_w V_s = 2.67 \times 1 \text{ g/cm}^3 \times 1 \text{ cm}^3 = 2.67 \text{ g}$$

$$m_w = \omega d_s\rho_w V_s = \omega \times 2.67 \times 1 \text{ g/cm}^3 \times 1 \text{ cm}^3 = 2.67\omega \text{ g}$$

$$m = m_s + m_w = 2.67 \text{ g} + 2.67\omega \text{ g} = 2.67(1+\omega) \text{ g}$$

代入式(1.1.17),其中 $V_s = 1 \text{ cm}^3$,有

$$V_v = e = \frac{d_s(1+\omega)\rho_w V_s}{\rho} - 1 = \frac{2.67(1+\omega) \times 1 \text{ g/cm}^3 \times 1 \text{ cm}^3}{1.67 \text{ g/cm}^3} - 1 \text{ cm}^3 = [1.60(1+\omega) - 1] \text{ cm}^3$$

$$V = V_s + V_v = 1 \text{ cm}^3 + [1.60(1+\omega) - 1] \text{ cm}^3 = 1.60(1+\omega) \text{ cm}^3$$

根据公式 $V_w = \dfrac{m_w}{\rho_w}$ 有

$$V_w = \frac{m_w}{\rho_w} = \frac{2.67\omega \text{ g}}{1 \text{ g/cm}^3} = 2.67\omega \text{ cm}^3$$

$$e = \frac{V_v}{V_s} = \frac{[1.60(1+\omega) - 1]\text{cm}^3}{1 \text{ cm}^3} = 0.8$$

$$\omega = (0.8+1)/1.60 - 1 = 12.5\%$$

则

$$V_v = [1.60(1+\omega) - 1]\text{cm}^3 = 0.8 \text{ cm}^3$$

$$V_w = 2.67\omega \text{ cm}^3 = 0.334 \text{ cm}^3$$

$$V = 1.60(1+\omega)\text{ cm}^3 = 1.8 \text{ cm}^3$$

所求的 ω、n、S_r 分别为

$$\omega = 12.5\%$$

$$n = \frac{V_v}{V} \times 100\% = \frac{0.8 \text{ cm}^3}{1.8 \text{ cm}^3} \times 100\% = 44.4\%$$

$$S_r = \frac{V_w}{V_v} \times 100\% = \frac{0.334 \text{ cm}^3}{0.8 \text{ cm}^3} \times 100\% = 42\%$$

在计算中,由于假设 $V_s = 1 \text{ cm}^3$,在各计算数据体积单位统一的情况下,体积单位作为系数是可以略掉的,即假设 $V_s = 1$。在例题 1.1.1 与例题 1.1.2 中,为了严密地推导单位间的换算才将其数值和单位代入。实际计算过程中要注意单位的统一。

例 1.1.3　薄壁取样器采取的土样,测得其体积 V 与质量 m 分别为 38.4 cm³ 和 67.21 g,把土样放入烘箱烘干,并在烘箱内冷却到室温后,测得质量为 49.35 g($G_s = 2.69$)。试求土样的 ρ(天然密度),ρ_d(干密度),ω(含水量),e(孔隙比),n(孔隙率),S_r(饱和度)。

解:

$$\rho = \frac{m}{V} = \frac{m_s + m_w}{V_s + V_v} = \frac{67.21}{38.40} = 1.750 \text{ g/cm}^3$$

$$\rho_d = \frac{m_s}{V} = \frac{m - m_w}{V} = \frac{49.35}{38.40} = 1.285 \text{ g/cm}^3$$

$$\omega = \frac{m_w}{m_s} \times 100\% = \frac{m - m_s}{m_s} \times 100\% = \frac{67.21 - 49.35}{49.35} \times 100\% = 36.19\%$$

$$e = \frac{G_s \rho_w}{\rho_d} - 1 = \frac{2.69 \times 1}{1.285} - 1 = 1.093$$

$$n = \frac{e}{1+e} = \frac{1.093}{1+1.093} \times 100\% = 52.22\%$$

$$S_r = \frac{\omega G_s}{e} = \frac{36.19\% \times 2.69}{1.093} = 89.07\%$$

1.3　无黏性土的密实度和黏性土的物理特性

土的物理状态的不同,很大程度上会影响土的工程性质。所谓土的物理状态,对于粗粒土

（砂土）来讲，就是指它的密实程度；对于细粒土（黏性土），则是指它的软硬程度，即黏性土的稠度。为了反映砂土的密实度和黏性土的稠度，相应出现了一些不同的方法和指标去测量和描述它们。

1.3.1 无黏性土的密实度

1. 土的相对密实度（D_r）

土的密实度即土的密实程度。土的密实度是指单位体积中土粒的含量及分布。土粒含量越多，土粒分布越均匀越密实（即土颗粒级配越好越密实）。据此可知土的三相指标中孔隙比、干密度以及孔隙率均能从一定程度上反映土的密实度。但是它们都有一个明显的缺点，就是没有考虑土颗粒的级配这一重要的因素。因此工程中常用土的相对密实度来描述无黏性土的密实度。

相对密实度是采用现场土的孔隙比 e 与该种土能达到的最密实状态时的孔隙比 e_{min} 和最疏松状态时的孔隙比 e_{max} 相对比的方法，来表示现场土的密实度，这一指标用 D_r 表示，即

$$D_r = \frac{e_{max} - e}{e_{max} - e_{min}} \tag{1.1.18}$$

式中　e——现场土的孔隙比；

e_{min}——土的最小孔隙比，测定方法是将风干的土装在金属容器内，按照规定方法锤击和振动，直至密度不再提高，求得最大干密度后换算得到（详见《土工试验规程》）；

e_{max}——土的最大孔隙比，测定方法是将松散的风干土样通过长颈漏斗轻轻倒入容器，避免重力冲击，求得土的最小干密度后再经换算得到（详见《土工试验规程》）。

这样就可以利用砂土的相对密实度来对其进行分类了。具体判定标准为：

①$0 < D_r \leqslant 0.33$，疏松；

②$0.33 < D_r \leqslant 0.67$，中密；

③$0.67 < D_r \leqslant 1$，密实。

例 1.1.4　某天然砂层，密度为 $1.47\ \text{g/cm}^3$，含水量为 13%，由试验求得该砂土的最小干密度为 $1.20\ \text{g/cm}^3$，最大干密度为 $1.66\ \text{g/cm}^3$，问该砂层处于哪种状态？

解：已知 $\rho = 1.47\ \text{g/cm}^3$，$\omega = 13\%$，$\rho_{dmin} = 1.20\ \text{g/cm}^3$，$\rho_{dmax} = 1.66\ \text{g/cm}^3$，由公式 $\rho_d = \dfrac{\rho}{1 + \omega}$ 得

$$\rho_d = \frac{1.47}{1 + 13\%} = 1.30\ \text{g/cm}^3$$

$$D_r = \frac{e_{max} - e}{e_{max} - e_{min}} = \frac{(\rho_d - \rho_{dmin})\rho_{dmax}}{(\rho_{dmax} - \rho_{dmin})\rho_d} = \frac{(1.30 - 1.20) \times 1.66}{(1.66 - 1.20) \times 1.30} = 0.28$$

$$D_r = 0.28 < 0.33$$

故该砂层处于疏松状态。

2. 标准贯入试验

由于天然状态土的 e 值不易确定,所以相对密实度的应用受到了限制。因此,工程实践中常采用标准贯入锤击数来划分砂土的密实度。

标准贯入试验是一种采用规定锤重(63.5 kg)和落距(76 cm),把标准贯入器(带有刃口的对口管,外径50 mm,内径35 mm)打入土中,记录贯入一定深度(30 cm)所需的锤击数 N 值的原位测试方法。标准贯入试验的贯入锤击数反映了土层的松密和软硬程度,是一种简便的测试手段。划分标准见表1.1.3。

表1.1.3　按标准贯入锤击数 N 值确定砂土密实度

N 值	密实度	N 值	密实度
$N \leqslant 10$	松散	$15 < N \leqslant 30$	中密
$10 < N \leqslant 15$	稍密	$N > 30$	密实

1.3.2　黏性土的物理状态指标

黏性土最主要的物理状态指标就是它的稠度。稠度是指土的软硬程度或土对外力引起变形或破坏的抵抗能力。

黏性土的稠度会受到其含水量的影响。当含水量很大时,土呈流动状态;随着含水量减小,土浆变稠,逐渐变为可塑状态;含水量再减小,土则进入半固态;含水量减小到一定程度,土变成固态。相邻的两个稠度状态,既相互区别,又是逐渐过渡的,稠度状态之间的转变界限叫稠度界限,用含水量表示,也称界限含水量。如图1.1.5所示,ω_s 为缩限,ω_P 为塑限,ω_L 为液限。

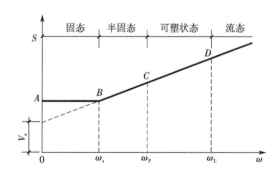

图1.1.5　黏性土状态转变过程

在稠度的各界限值中,塑性上限液限(ω_L)和塑性下限塑限(ω_P)的实际意义最大。它们是区别三大稠度状态的具体界限,简称液限和塑限。

土所处的稠度状态,一般用液性指数 I_L 来表示:

$$I_L = \frac{\omega - \omega_P}{\omega_L - \omega_P} \qquad (1.1.19)$$

式中　ω——天然含水量;

　　　ω_L——液限含水量;

　　　ω_P——塑限含水量。

按液性指数 I_L,黏性土的物理状态可分为以下几类。

①坚硬:$I_L \leqslant 0$。

②硬塑:$0 < I_L \leqslant 0.25$。

③可塑:$0.25 < I_L \leqslant 0.75$。

④软塑:$0.75 < I_L \leqslant 1$。

⑤流塑:$I_L > 1$。

液性指数的分母 $\omega_L - \omega_P$ 常以指标 I_P 来代替,即

$$I_P = \omega_L - \omega_P \qquad (1.1.20)$$

指标 I_P 称为塑性指数,用百分数表示。据其物理意义可理解为,在可塑状态范畴内,黏土颗粒吸附弱结合水的能力。因为弱结合水的存在是土具有可塑性的原因,那么 I_P 越大,同样质量的土粒可吸附更多的弱结合水,这样的黏性土塑性更强,因为它可以在更大含水量范围内保持土体的塑性状态。因此,塑性指数 I_P 也常作为细粒土工程分类的依据。

例 1.1.5 从某地基取原状土样,测得土的液限为 37.4%,塑限为 23.0%,天然含水量为 26.0%,问地基土处于何种状态?

解:已知 $\omega_L = 37.4\%$,$\omega_P = 23\%$,$\omega = 26.0\%$,有

$$I_P = \omega_L - \omega_P = 37.4\% - 23\% = 14.4\%$$

$$I_L = \frac{\omega - \omega_P}{I_P} = \frac{0.26 - 0.23}{0.144} = 0.21$$

$$0 < I_L \leqslant 0.25$$

该地基土处于硬塑状态。

1.4　土的渗透性、土的压实性和土的可松性

1.4.1　土的渗透性

土允许水透过的性能被称为土的渗透性。土之所以有渗透性是因为土体是由固相的颗粒、孔隙中的液体和气体三相组成的,而土中的孔隙具有连续性,在地基中存在地下水且有一定的水头差的情况下,水会从水位较高的一侧透过土体的孔隙流向水位较低的一侧。

土的渗透性的存在对地基的影响比较大,它可以引起土体内部应力状态的变化,从而改变

地基的稳定条件,甚至还会酿成破坏事故。

1.4.2　土的压实性

1.土的压实性的概念

土的压实性是指土体在压实能量的作用下,土颗粒克服粒间阻力,产生位移,使土中的孔隙减小,土的密实度增加的性质。

工程中经常遇到填土的情况,例如地基填土、路基填土以及土堤、土坝填土等。为了提高填土的密实度、强度,保证地基和土工构筑物的稳定,充分掌握土的压实性是非常必要的。

实践经验表明,不同粒径范围的土的压实性是不一样的,因此采用的方法也有所不同。细粒土的压实宜采用夯击机具或压强较大的碾压机具,同时必须控制好土的含水量,含水量太高或太低都得不到好的压实效果;粗粒土的压实宜采用振动机具,同时应充分洒水。所以,土的压实性可以分为细粒土的压实性和粗粒土的压实性。

2.土的压实性及其影响因素

(1)细粒土的压实性及其影响因素

研究细粒土(黏性土)的压实性,可以通过现场试验或实验室试验对其击实规律进行总结。下面介绍室内击实试验。室内击实试验近似地模拟现场填筑情况,是一种半经验性的试验,用锤击方法将土击实,以研究土在不同含水量下的击实特性,以便取得有参考价值的设计数值。在实验室中,一般将同一种土样分成6~7等份,每份土和以不同的水量,从而得到不同含水量的土样。然后将各份土样分别装入击实仪内,用完全相同的方法加以击实。击实后分别测量各压实土样的含水量和干密度。以含水量为横坐标,干密度为纵坐标绘制含水量—干密度曲线,如图1.1.6所示。这种试验称为土的击实试验(详见《土工试验规程》)。

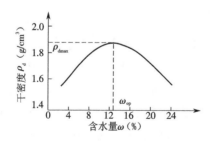

图1.1.6　含水量—干密度曲线

1)含水量对土的压实性的影响

在图1.1.6的击实曲线上,峰值干密度ρ_{dmax}对应的含水量,称为最优含水量ω_{op}。它表示要想使得此种土得到最大干密度,就必须使其含水量接近最优含水量。土的最优含水量随土的性质而异,试验表明ω_{op}在土的塑限ω_P附近。

土存在最优含水量的说法可以这样理解:当含水量很小时,土颗粒表面的水膜很薄,要使颗粒之间发生相对移动需要克服很大的粒间阻力。随着含水量的增加,水膜逐渐增厚,粒间阻力必然减小,此时水膜起润滑的作用,所以颗粒之间自然容易发生相对移动。但是,当含水量超过最优含水量 ω_{op} 后,水膜继续增厚引起的润滑作用表现已不再明显,因为此时土中剩余的空气已经不多,且多数处于与外界大气隔绝的封闭状态,而由于黏性土的渗透性小,在碾压过程中,土中水来不及排出,所以此时如果含水量增加势必降低土的干密度。

2)压实功能对土的压实性的影响

前面的击实试验中讲到"用完全相同的方法加以击实",实际上就是排除了压实功能对土的压实性的影响。为了反映压实功能对土的压实性的影响,可以对同一种土以不同的压实功能来做击实试验。这样就可以得到不同的压实功能下的击实曲线,见图1.1.7。

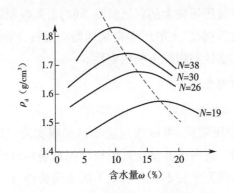

图 1.1.7　不同压实功能下的击实曲线

图中曲线表明,压实功能越大,得到的最优含水量就越小,相应的最大干密度就越大。所以对于同一种土,最优含水量和最大干密度并不是恒定值,而是随着压实功能的变化而变化的。

(2)粗粒土的压实性

粗粒土(砂和砂砾)的压实性其实也与其含水量有关,只不过不存在最优含水量。一般在完全干燥或者充分洒水饱和的情况下,粗粒土基本上可以被压实达到较大的干密度。影响粗粒土的压实性的最主要的因素就是毛细水的作用,毛细水产生的毛细压力会增加粒间阻力,从而降低其压实性和干密度。试验统计,粗砂含水量为 4% ~5% ,中砂含水量为 7% 左右时,其压实性能最小,如图1.1.8所示。所以,在压实粗颗粒土时应该充分洒水,使土料饱和。

3. 土的碾压标准控制

充分考虑填土性质后,控制好其含水量、压实功能等从理论上就可以达到所需要的密实程度了。但是在实际施工过程中难免会出现一些偏差,所以碾压完成后,会用一系列相关指标来作为填土的碾压标准,比如相对密实度 D_r、压实系数(压实度)λ_c、孔隙率 n、地基系数 k_{30} 等。其中相对密实度和压实系数比较常用。

相对密实度 D_r 是无黏性土(如砂类土)最大孔隙比(e_{max})与天然孔隙比(e)之差和最大孔

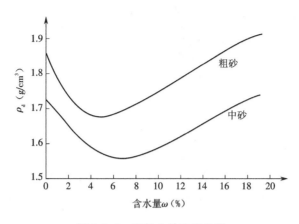

图1.1.8　粗粒土的击实曲线

隙比(e_{max})与最小孔隙比(e_{min})之差的比值;压实系数指现场填土实际达到的干密度与由击实试验得到的试样的最大干密度的比值,用百分数表示。压实系数愈接近1,表明压实质量要求越高。

(1)细粒土的碾压标准

由于细粒土(黏性土)存在最优含水量,因此填土施工时应将含水量控制在最优含水量附近($\omega_{op} \pm (2\% \sim 3\%)$),这样就可以用最小的能量获得最好的密度。在现场施工时也可用一种比较直观粗略的方法来判断土是否处于最优含水量:用手抓一把回填用土,用力能攥成团且松手落地能散开的为最合适。虽然含水量的控制可以使填土有压实的可能,但是最终还得有一个标准对其压实效果进行评价。一般可用压实系数来描述细粒土的压实程度。

填土的含水量一般控制在$\omega_{op} \pm (2\% \sim 3\%)$。含水量从$\omega_{op}$干侧($<\omega_{op}$)和湿侧($>\omega_{op}$)靠近其实是有区别的。当含水量在$\omega_{op}$的干侧时,击实土常有凝聚结构特征。这种土比较均匀,强度较高,但较脆硬,不易压密,且在浸水时容易产生附加沉降。当含水量在ω_{op}的湿侧时,土具有分散结构特征。这种土的可塑性大,适应变形能力强,但强度低,且有不等向性。

(2)粗粒土的碾压标准

粗粒土的压实性虽然与含水量有关,但是不像细粒土有一个最优含水量,所以在施工时尽量洒水使填土饱和的情况下,一般依靠相对密实度作为碾压标准。因为相对密实度能很直观、形象地描述填土的压实程度,所以水利、铁路部门均采用相对密实度作为粗粒土的碾压标准。

另外,由于压实系数的试验方法较相对密实度的试验方法简单,所以工民建与公路行业仍然用压实系数作为粗粒土的碾压标准(表1.1.4)。

表 1.1.4　土的碾压标准

细粒土碾压标准	粗粒土碾压标准	参考文献
$\lambda_c = 0.95 \sim 1.0$	$D_r = 0.70 \sim 0.75$	《碾压式土石坝设计规范》(DL/T 5395—2007)
$\lambda_c = 0.9$	$D_r = 0.7$	《铁路路基设计规范》(TB 10001—2005)
$\lambda_c = 0.94 \sim 0.97$	$\lambda_c = 0.94 \sim 0.97$	《建筑地基处理技术规范》(JGJ 79—2012)
$\lambda_c = 0.94 \sim 0.97$	$\lambda_c = 0.94 \sim 0.97$	《建筑地基基础设计规范》(GB 50007—2011)
$\lambda_c = 0.85 \sim 0.94$	$\lambda_c = 0.85 \sim 0.94$	《公路路基设计规范》(JTG D30—2015)

注:①压实系数(λ_c)为填土的实际干密度(ρ_d)与最大干密度(ρ_{dmax})之比;

②该表未详细列举各细分填料、填土位置、填土用途以及是否处于地震区等情况的规定,具体规定参考相应规范。

1.4.3　土的可松性

土的可松性是指土经扰动后,结构性遭到破坏,体积增加的性质,之后虽经回填压实,但仍不能恢复到原来的体积。土的可松性程度一般用可松性系数表示,它是挖填土方时,计算土方机械生产率、回填土方量、运输机具数量、进行场地平整规划竖向设计、土方平衡调配的重要参数。

土的可松性系数可分为最初可松性系数 K_s 和最终可松性系数 K_s'(可松性系数也可用 K_p, K_p' 来表示)。假定原状土的体积为 V_1,经扰动后体积膨胀变成了 V_2,而扰动状态的土(体积 V_2)经压实回填后体积变为 V_3,虽比 V_2 小,但仍然恢复不到原状土的体积 V_1。此时,最初可松性系数定义为 $K_s = V_2/V_1$,而最终可松性系数定义为 $K_s' = V_3/V_1$。所以,最初和最终可松性系数均大于1,且最初可松性系数大于最终可松性系数。

注意:一般基坑(槽)开挖时,开挖前土的状态为原状土,回填土一般为压实状态,弃土为松散状态。

1.4.4　土体边坡坡度

土体边坡坡度是指为保持土体施工阶段的稳定性而放坡的程度,用土方边坡高度 H 与边坡底宽 B 之比来表示,即

$$土体边坡坡度 = H/B = 1 : m \qquad (1.1.21)$$

式中　$m = B/H$ 称为土体边坡系数。

当土体坡度系数 m 和边坡高度 H 为已知时,边坡的宽度 B 等于 mH。若土方土壁高度较高时,土方边坡可根据各土层土质及土体所承受的压力做成折线形或阶梯形。

土体边坡坡度的大小,应根据土质条件、开挖深度、地下水位、施工方法、工期长短、附近堆土及相邻建筑物情况等因素确定。

1.5　土的工程分类及现场鉴别方法

1.5.1　土的工程分类

目前,国内外采用的土的工程分类方法并不统一,即使同一国家,不同行业或部门采用的分类方法可能都不相同,它们都是结合自身专业特点制定的。不管是何种分类,都是为了给工程提供一个可用的、便利的、能描述与评价土的标准。

从分类体系来看,我国土的分类体系主要可分为建筑工程系统分类体系和工程材料系统分类体系。工程材料系统分类体系侧重把土作为建筑材料,用于路堤、土坝和填土地基工程,研究对象主要为扰动土,例如《土的工程分类标准》(GB/T 50145—2007)中土的分类等。建筑工程系统分类体系侧重把土作为建筑地基和环境,研究对象主要为原状土,例如《建筑地基基础设计规范》(GB 50007—2011)中的地基土分类方法等。

下面具体介绍几种国内常见的土的分类方法。

1. 按《土的工程分类标准》分类

《土的工程分类标准》(GB/T 50145—2007)中土的分类方法与国际上采用的土的分类方法较接近,仅根据我国实际情况做了适当的修正。该种分类方法主要根据土颗粒的组成及其特征、土的塑性指标(液限、塑限和塑性指数)和土中有机质含量三类指标进行分类。按照不同粒组的相对含量,土可划分为巨粒类土(巨粒 > 15%)、粗粒类土(粗粒 > 50%)和细粒类土(细粒 > 50%)。粒组划分见表 1.1.5。

表 1.1.5　粒组划分

粒组	颗粒名称		粒径 d 的范围(mm)
巨粒	漂石(块石)		$d > 200$
	卵石(碎石)		$60 < d \leqslant 200$
粗粒	砾粒	粗砾	$20 < d \leqslant 60$
		中砾	$5 < d \leqslant 20$
		细砾	$2 < d \leqslant 5$
	砂粒	粗砂	$0.5 < d \leqslant 2$
		中砂	$0.25 < d \leqslant 0.5$
		细砂	$0.075 < d \leqslant 0.25$
细粒	粉粒		$0.005 < d \leqslant 0.075$
	黏粒		$d \leqslant 0.005$

（1）巨粒类土

巨粒类土的分类见表1.1.6。

表1.1.6　巨粒类土的分类

土类	粗粒含量		土类代号	土类名称
巨粒土	巨粒含量>75%	漂石含量>卵石含量	B	漂石（块石）
		漂石含量≤卵石含量	Cb	卵石（碎石）
混合巨粒土	50%<巨粒含量≤75%	漂石含量>卵石含量	BS1	混合土漂石（块石）
		漂石含量≤卵石含量	CbS1	混合土卵石（碎石）
巨粒混合土	15%<巨粒含量≤50%	漂石含量>卵石含量	S1B	漂石（块石）混合土
		漂石含量≤卵石含量	S1Cb	卵石（碎石）混合土

注：试样中巨粒含量不大于15%时，可扣除巨粒，按粗粒类土或细粒类土的相应规定分类；当巨粒对土的
　　总体性状有影响时，可将巨粒归入砾粒组进行分类。

（2）粗粒类土

粗粒类土的分类见表1.1.7和表1.1.8。

表1.1.7　砾类土的分类

土类	粗粒含量		土类代号	土类名称
砾	细粒含量<5%	$C_u \geqslant 5, 1 \leqslant C_c \leqslant 3$	GW	级配良好砾
		级配:不同时满足上述要求	GP	级配不良砾
含细粒土砾	5%≤细粒含量<15%		GF	含细粒土砾
细粒土质砾	15%≤细粒含量<50%	细粒中粉粒含量≤50%	GC	黏土质砾
		细粒中粉粒含量>50%	GM	粉土质砾

表1.1.8　砂类土的分类

土类	粗粒含量		土类代号	土类名称
砂	细粒含量<5%	$C_u \geqslant 5, 1 \leqslant C_c \leqslant 3$	SW	级配良好砂
		级配:不同时满足上述要求	SP	级配不良砂
含细粒土砂	5%≤细粒含量<15%		SF	含细粒土砂
细粒土质砂	15%≤细粒含量<50%	细粒中粉粒含量≤50%	SC	黏土质砂
		细粒中粉粒含量>50%	SM	粉土质砂

（3）细粒类土

细粒类土的分类是根据所含细粒土的塑性指数在塑性图（图1.1.9）中的位置及所含粗粒的类别，按表1.1.9的规定进行的。

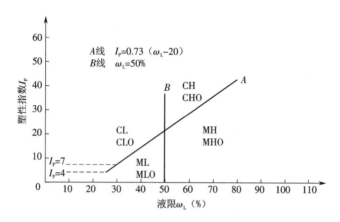

图1.1.9　塑性图

表1.1.9　细粒类土的分类

土的塑性指数在塑性图中的位置		土类代号	土类名称
$I_P \geqslant 0.73(\omega_L - 20)$	$\omega_L \geqslant 50\%$	CH	高液限黏土
或 $I_P \geqslant 7$	$\omega_L < 50\%$	CL	低液限黏土
$I_P < 0.73(\omega_L - 20)$	$\omega_L \geqslant 50\%$	MH	高液限粉土
或 $I_P < 4$	$\omega_L < 50\%$	ML	低液限粉土

塑性图分类法现为世界通用的一种细粒土分类方法。此法兼顾塑性指数和液限两个方面：一方面，塑性指数能综合反映土的颗粒组成、矿物成分以及土粒表面吸附阳离子成分等特性；另一方面，液限进一步限定土的种类，因为塑性指数相同的土有可能不是同一种土。

2. 按《建筑地基基础设计规范》分类

《建筑地基基础设计规范》（GB 50007—2011）中土的分类比较关注土的天然结构性、土的变形和土的强度。它根据土颗粒的大小、粒组的土颗粒含量，把作为建筑地基的土分为碎石土、砂土、粉土、黏性土、淤泥、红黏土、人工填土、膨胀土和湿陷性土等。

（1）碎石土

碎石土为粒径大于2 mm的颗粒含量超过全重50%的土。碎石土可按表1.1.10分为漂石、块石、卵石、碎石、圆砾和角砾。

表 1.1.10　碎石土的分类

土的名称	颗粒形状	粒组含量
漂石	圆形及亚圆形为主	粒径大于 200 mm 的颗粒含量超过 50%
块石	棱角形为主	
卵石	圆形及亚圆形为主	粒径大于 20 mm 的颗粒含量超过 50%
碎石	棱角形为主	
圆砾	圆形及亚圆形为主	粒径大于 2 mm 的颗粒含量超过 50%
角砾	棱角形为主	

注:分类时应根据粒组含量栏从上到下以最先符合者确定。

（2）砂土

砂土为粒径大于 2 mm 的颗粒含量不超过全重 50%、粒径大于 0.075 mm 的颗粒超过全重 50% 的土。砂土可按表 1.1.11 分为砾砂、粗砂、中砂、细砂和粉砂。

表 1.1.11　砂土的分类

土的名称	粒组含量
砾砂	粒径大于 2 mm 的颗粒含量超过全重的 25% ~ 50%
粗砂	粒径大于 0.5 mm 的颗粒含量超过全重的 50%
中砂	粒径大于 0.25 mm 的颗粒含量超过全重的 50%
细砂	粒径大于 0.075 mm 的颗粒含量超过全重的 85%
粉砂	粒径大于 0.075 mm 的颗粒含量超过全重的 50%

注:分类时应根据粒组含量栏从上到下以最先符合者确定。

（3）粉土

粉土为介于砂土与黏性土之间,塑性指数 I_P 小于或等于 10 且粒径大于 0.075 mm 的颗粒含量不超过全重 50% 的土。

（4）黏性土

黏性土为塑性指数 I_P 大于 10 的土,可按表 1.1.12 分为黏土和粉质黏土。

表 1.1.12　黏性土的分类

塑性指数 I_P	土的名称
$I_P > 17$	黏土

塑性指数 I_p	土的名称
$10 < I_\mathrm{p} \leqslant 17$	粉质黏土

注:塑性指数由相应于 76 g 圆锥体沉入土样中深度为 10 mm 时测定的液限计算而得。

（5）淤泥

淤泥为在静水或缓慢的流水环境中沉积,并经生物化学作用形成,其天然含水量大于液限、天然孔隙比大于或等于 1.5 的黏性土。天然含水量大于液限而天然孔隙比小于 1.5 但大于或等于 1.0 的黏性土或粉土为淤泥质土。含有大量未分解的腐殖质,有机质含量大于 60% 的土为泥炭,有机质含量大于或等于 10% 且小于或等于 60% 的土为泥炭质土。

（6）红黏土

红黏土为碳酸盐岩系的岩石经红土化作用形成的高塑性黏土。其液限一般大于 50%。红黏土经再搬运后仍保留其基本特征,其液限大于 45% 的土为次生红黏土。

（7）人工填土

人工填土根据其组成和成因,可分为素填土、压实填土、杂填土、冲填土。素填土为由碎石土、砂土、粉土、黏性土等组成的填土。经过压实或夯实的素填土为压实填土。杂填土为含有建筑垃圾、工业废料、生活垃圾等杂物的填土。冲填土为由水力冲填泥砂形成的填土。

（8）膨胀土

膨胀土为土中黏粒成分主要由亲水性矿物组成,同时具有显著的吸水膨胀和失水收缩特性,其自由膨胀率大于或等于 40% 的黏性土。

膨胀率是指原状土在侧限压缩仪中,在一定压力下,浸水膨胀稳定后,土样增加的高度与原高度之比;自由膨胀率是指人工制备的磨细烘干土样,经无颈漏斗注入量杯,量其体积,然后倒入盛水的量筒中,经充分吸水膨胀稳定后,再测其体积,增加的体积与原体积的比值。

（9）湿陷性土

湿陷性土为在一定压力下浸水后产生附加沉降,其湿陷系数大于或等于 0.015 的土。

湿陷系数是指单位厚度的环刀试样,在一定压力下,下沉稳定后,试样浸水饱和所产生的附加沉降。

3. 按开挖难易程度分类

定额和建筑施工手册中常将土按照其开挖难易程度分类。这种分类方法在施工管理及费用结算等方面较为实用。表 1.1.13 为《建筑施工手册》对土的分类,表中一至四类为土,五至八类为岩石。

表1.1.13　土的工程分类

土的分类	土的级别	土的名称	密度(t/m³)	开挖方法及工具
一类土 (松软土)	I	砂土、粉土、冲积砂土层、疏松的种植土、淤泥(泥炭)	0.6～1.5	用锹、锄头挖掘,少许用脚蹬
二类土 (普通土)	II	粉质黏土,潮湿的黄土,夹有碎石、卵石的砂,粉土混卵(碎)石、种植土、填土	1.1～1.6	用锹、锄头挖掘,少许用镐翻松
三类土 (坚土)	III	软及中等密实黏土,重粉质黏土、砾石土,干黄土,含有碎石和卵石的黄土、粉质黏土,压实的填土	1.75～1.9	主要用镐,少许用锹、锄头挖掘,部分用撬棍
四类土 (砂砾坚土)	IV	坚硬密实的黏性土或黄土,含碎石和卵石的中等密实的黏性土或黄土,粗卵石,天然级配砂石,软泥灰岩	1.9	整个先用镐、撬棍,后用锹挖掘,部分用楔子及大锤
五类土 (软石)	V～VI	硬质黏土,中密的页岩、泥灰岩、白垩土,胶结不紧的砾岩,软石灰及贝壳石灰石	1.1～2.7	用镐或撬棍、大锤挖掘,部分使用爆破方法
六类土 (次坚石)	VII～IX	泥岩、砂岩、砾岩,坚实的页岩、泥灰岩,密实的石灰岩;风化花岗岩、片麻岩及正长岩	2.2～2.9	用爆破方法开挖,部分用风镐
七类土 (坚石)	X～XIII	大理石,辉绿岩,粉岩,粗、中粒花岗岩,坚实的白云岩、砂岩、砾岩、片麻岩、石灰岩,微风化安山岩、玄武岩	2.5～3.1	用爆破方法开挖
八类土 (特坚石)	XIV～XVI	安山岩,玄武岩,花岗片麻岩,坚实的细粒花岗岩、闪长岩、石英岩、辉长岩、辉绿岩、粉岩、角闪岩	2.7～3.3	用爆破方法开挖

注:土的级别相当于一般16级土石分类(普氏)级别。

1.5.2　土的现场鉴别

1. 砂石土、砂土的现场鉴别方法

砂石土、砂土的现场鉴别方法见表1.1.14。

表1.1.14　砂石土、砂土的现场鉴别方法

类别	土的名称	观察颗粒粗细	干燥时的状态	湿润时拍击状态	黏着程度
砂砾石	卵(碎)石	一半以上的粒径超过20 mm	颗粒完全分散	表面无变化	无黏着感
	圆(角)砾	一半以上的粒径超过2 mm(小高粱粒大小)	颗粒完全分散	表面无变化	无黏着感

续表

类别	土的名称	观察颗粒粗细	干燥时的状态	湿润时拍击状态	黏着程度
砂土	砾砂	有 1/4 以上的粒径超过 2 mm(小高粱粒大小)	颗粒完全分散	表面无变化	无黏着感
	粗砂	有一半以上的粒径超过 0.5 mm(细小米大小)	颗粒完全分散,但有个别胶结一起	表面无变化	无黏着感
	中砂	有一半以上的粒径超过 0.25 mm(白菜籽大小)	颗粒完全分散,局部胶结但一碰即散	表面偶有印痕	无黏着感
	细砂	大部分颗粒粒径超过 0.007 5 mm(粗豆粉颗粒大小)	颗粒大部分分散,少量胶结,部分稍加碰撞即散	表面偶有水印(翻浆)	偶有轻微黏着感
	粉砂	大部分颗粒与小米粉近似	颗粒少部分分散,大部分胶结,稍加压力可分散	表面有显著翻浆现象	有轻微黏着感

注:在观察颗粒进行分类时,应将鉴别的土样从表中颗粒最粗类别开始逐级查对,当首先符合某一类土的条件时,即按该土定名。

2. 碎石类土密实度现场鉴别方法

碎石类土密实度现场鉴别方法见表 1.1.15。

表 1.1.15　碎石类土密实度现场鉴别方法

密实度	骨架和填充物	天然坡和可挖性	可黏性
密实	骨架颗粒含量大于总重的 70%,呈交错紧贴,连续接触,孔隙填满,充填物密实	天然陡坡较稳定,坎下堆积物较少,镐挖掘困难,用撬棍方能松动。坑壁稳定,从坑壁取出大颗粒处能保持凹面状态	钻进困难,冲击钻探时钻杆、吊锤跳动剧烈,孔壁较稳定
中密	骨架颗粒含量为总重的 60%~70%,呈交错排列,大部分接触,孔隙填满,充填物中密	天然坡不宜陡立或陡坎下堆积物较多,但坡度大于粗粒径的安息角。镐可挖掘,坑壁有掉块现象,从坑壁取出大颗粒处砂土不易保持凹面状态	钻进较困难,冲击钻探时钻杆、吊锤跳动不剧烈,孔壁有坍塌现象
稍密	骨架颗粒含量小于总重的 60%,排列混乱,大部分不接触,孔隙中的充填物稍密	不能形成陡坡,天然坡接近粗颗粒的安息角。锹可挖掘,坑壁坍塌,从坑壁取出大颗粒处砂土即塌落	钻进较容易,冲击钻探时,钻杆稍有跳动,孔壁易坍塌

注:碎石类土的密实度应按表中各项综合确定。

3. 黏性土的现场鉴别方法

黏性土的现场鉴别方法见表 1.1.16。

表 1.1.16　黏性土的现场鉴别方法

土的名称	干土的状态	湿土的状态	湿润时用刀切	用手捻摸的感觉	黏着程度	湿土搓条情况
黏土	坚硬,用碎块能打碎,碎块不会碎落	黏塑的,腻滑的,黏连的	切面非常光滑规则,刀刃有涩滞、有阻力	湿土用手捻有滑腻感觉,当水分较大时极为黏手,感觉不到有颗粒存在	湿土极易黏着物体,干燥后不易剥去,反复洗才能去掉	能搓成0.5mm粗的土条(长度不短于手掌),手持一端不致断裂
亚黏土	用锤击或手压土块容易碎开	塑性的,弱黏连	稍有光滑面,切面有规则	仔细捻摸感到有少量细颗粒,稍有滑腻感和黏滞感	能黏着物体,干燥后较易剥落	能搓成0.5~2 mm粗的土条
轻亚黏土	用锤击或手压土块容易碎开	塑性的,弱黏连	无光滑面,切面比较粗糙	感觉有细颗粒存在或粗糙,有轻微黏滞感觉或无黏滞感	一般不黏着物体,干燥后一碰即碎	能搓成2~3 mm粗的土条

4. 人工回填土、淤泥、泥炭的现场鉴别方法

人工回填土、淤泥、泥炭的现场鉴别方法见表 1.1.17。

表 1.1.17　人工回填土、淤泥、泥炭的现场鉴别方法

土的名称	观察颜色	夹杂物	形状(构造)	浸入水中的现象	搓土条情况	干燥后强度
人工填土	无固定颜色	砖瓦、碎块、垃圾、炉灰等	夹杂物呈现于外,构造复杂	大部分变成微软淤泥,其余部分为碎瓦、炉渣,在水中单独出现	一般能搓成3 mm粗的土条但易断,遇到杂质多时不能搓成条	干燥后部分杂质脱落,故无定型,稍微一加力就破碎
淤泥	灰黑色,有臭味	池沼中的半腐朽的细小动植物遗体,如草根、小螺壳等	仔细观察可以发现夹杂物,构造呈层状,但有时不明显	外观无显著变化,在水面上出气泡	一般淤泥质土接近于轻亚黏土,故能搓成3 mm粗的土条(长至少30 mm),容易断裂	干燥后体积显著收缩,强度不大,锤击时呈粉末状,用手指能捻碎

续表

土的名称	观察颜色	夹杂物	形状(构造)	浸入水中的现象	搓土条情况	干燥后强度
黄土	黄褐两色的混合色	有白色粉末出现在纹理之中	夹杂物常清晰显现,构造上有垂直大孔(肉眼可见)	即行崩散,在水面出现很多白色液体	搓条情况与正常的亚黏土类似	一般黄土相当于亚黏土,干燥后强度很高,手指不易捻碎
泥炭	深灰或黑色	有半腐朽的动植物遗体,其含量超过60%	夹杂物有时可见,构造无规律	极易崩碎,变为细软淤泥,其余部分为植物根、动物残体、渣子,悬浮于水	一般能搓成1~3 mm粗的土条,但残渣很多时,仅能搓成3 mm粗以上的土条	干燥后大量收缩,部分杂质脱落,故有时无定型

复习思考题

1. 不均匀系数的定义是什么?其意义何在?

2. 试比较土中各类水的特征,并分析它们对土的性质的影响。

3. 进行土的三相指标换算必须已知哪几个指标?为什么?

4. 土的三相比例指标有哪些?哪些可以通过试验直接测定?如何测定?

5. 说明密度、饱和密度、浮密度和干密度的物理概念,并比较它们的大小。

6. 两种土的含水量相同时,其饱和密度是否也相同?

7. 试比较说明用孔隙比和相对密实度作为砂土密实度评价指标的优缺点。

8. 何为塑性指数?其数值大小与颗粒粗细有何关系?塑性指数较大的土具有哪些特点?何为液性指数?如何利用液性指数来评价土的工程性质?

9. 简述国内几种常见的土的分类方法。

10. 进行土的现场鉴别时主要从哪些方面进行鉴别?

综合练习题

1. 在某土层中,用体积为72 cm³ 的环刀取样。经测定,土样质量为129.1 g,烘干质量为121.5 g,土粒相对密度为2.70。问该土样的含水量、湿重度、饱和重度、浮重度、干重度各为多少?按上述计算结果,试比较该土样在各种情况下的重度值有何区别。

2. 某饱和土的干重度为16.2 kN/m³,含水量为20%,试求土粒相对密度、孔隙比和饱和重度。

3.已知某土样的天然含水量 $\omega = 28\%$,液限 $\omega_L = 36\%$,塑限 $\omega_P = 18\%$,试求:

(1)土样的塑性指数 I_P ;

(2)土样的液性指数 I_L ;

(3)确定土的名称及其状态。

4.岩土工程勘察中,原状土土样重 83.5 g,烘干后重 73.9 g,体积为 50 cm³,土粒相对密度为 2.67,试计算该土的含水量、天然密度、饱和密度、浮密度、孔隙率、孔隙比以及饱和度。

5.某一原状土经试验测得基本指标为: $\rho = 1.65$ g/cm³ , $\omega = 11.2\%$, $d_s = 2.65$,试求该土的 e 、 n 、 ρ 、 ρ_d 、 ρ_{sat} 、 ρ' 、 S_r 。

6.已知某砂土土层饱和重度为 20 kN/m³ ,土粒相对密度为 2.67,其最大和最小孔隙比分别为 0.74 和 0.58,求其相对密实度。

7.从 A、B 两地不同的黏土土层中各取土样进行界限含水量试验,两种土样液、塑限相同,且 $\omega_L = 40\%$, $\omega_P = 20\%$,但是 A 地黏土天然含水量 $\omega = 25\%$,B 地黏土天然含水量 $\omega = 45\%$,问两地黏土的液性指数各为多少?各处于何种状态?哪一处更适合作为地基?

任务 2　判断土体是否破坏

土体是一种多孔分散介质,在外荷和自重的作用下,除了发生变形外,还存在强度的问题。而土体的破坏形式通常都是剪切破坏,因此土体的强度问题实质上就是土的抗剪强度问题。边坡滑坡、建筑物地基失稳等都与此有关。例如:加拿大特朗斯康谷仓严重倾倒(图1.2.1),就是地基整体滑动强度破坏的典型工程实例。

滑动面

图 1.2.1　加拿大特朗斯康谷仓严重倾倒

加拿大特朗斯康谷仓平面呈矩形,长 59.44 m,宽 23.47 m,高 31.00 m,容积 36 368 m³。谷仓为圆筒仓,每排 13 个圆筒仓,5 排,一共 65 个圆筒仓。谷仓的基础为钢筋混凝土筏基,厚 610 mm,基础埋深 3.66 m。

该谷仓于 1911 年开始施工,1913 年秋完工。谷仓自重 20 000 t,相当于装满谷物后满载总质量的 42.5%。1913 年 9 月起往谷仓装谷物,仔细地装载,使谷物均匀分布。10 月,当谷仓装了 31 822 m³ 谷物时,发现 1 h 内垂直沉降达 305 mm。结构物向西倾斜,并在 24 h 内谷仓倾倒,倾斜度离垂线达 26°53′。谷仓西端下沉 7.32 m,东端上抬 1.52 m。

在工程实践中,与土的抗剪强度有关的工程研究主要有以下三类:第一类是以土为建造材料的土工构筑物的稳定性研究,如土坝、路堤等填方边坡以及天然土坡等的稳定性,如图 1.2.2(a)所示;第二类是土作为工程构筑物环境的安全性研究,即土压力计算,如挡土墙、地下结构等的周围土体,它的强度破坏将造成对墙体过大的侧向土压力,可能导致这些工程构筑物发生滑动、倾覆等破坏事故,如图 1.2.2(b)所示;第三类是土作为建筑物地基的承载力研究,如果基础下的地基土体产生整体滑动或因局部剪切破坏而导致过大的地基变形,将会造成上部结构的破坏或影响其正常使用功能,如图 1.2.2(c)所示。

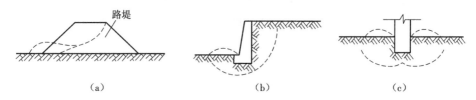

图 1.2.2　与土的抗剪强度相关的工程示例图
(a)稳定性　(b)安全性　(c)承载力

2.1　土的抗剪强度

2.1.1　土的抗剪强度的定义

当土体受到外力作用时,其内部将产生由外力引起的剪应力和相应的剪切变形,而土体本身具有抵抗这种变形的能力,所以土体能保持稳定状态。但是,当外力逐渐增加,土体无法抵抗这种变形,将要失去其稳定状态时,土体处于剪切破坏的极限状态,同时即将形成一个连续的滑动面。该状态下,土体抵抗剪切破坏的极限能力即土的抗剪强度,其数值等于剪切破坏时滑动面上的剪应力,用 τ_f 表示,单位为 kN/m²。

2.1.2　土的抗剪强度的影响因素

1. 土的矿物成分、颗粒形状和级配

黏性土的抗剪强度的主要影响因素是矿物成分。不同的黏性土具有不同的晶格构造,它

们的稳定性、亲水性和胶体特征各不相同,对黏性土的抗剪强度影响非常大(主要对黏聚力)。一般而言,在黏性土中,黏土矿物含量越大,抗剪强度越大,胶体活动性越强,抗剪强度越大。

砂土的抗剪强度的主要影响因素是土颗粒的形状、大小及级配。一般情况下,土中的粗颗粒越多,形状越不规则,表面越粗糙,则内摩擦角越大,抗剪强度越大。

2.含水量

随着土的含水量的增加,土的抗剪强度降低。这是因为,对于粗颗粒而言,水分起到颗粒之间的润滑作用;对于黏土颗粒而言,其颗粒表面结合水膜的增厚会使原始黏聚力减小。试验表明,含水量对砂土的抗剪强度影响较小,对黏性土的抗剪强度影响较大。这是由于砂土无论是在干燥还是在饱和状态,其内摩擦角 φ 值变化特别小(仅 $1° \sim 2°$),而黏性土的抗剪强度却是随着含水量的增高急剧下降。

3.原始密度

一般情况下,土的原始密度越大,其抗剪强度越大。粗颗粒土的原始密度越大,土颗粒之间的咬合作用就更强,摩阻力越大;细颗粒土的原始密度越大,则土颗粒之间的间距越小,水膜越薄,原始黏聚力越大。例如,同一种不同密实度的砂土在相同的围压下受剪时,应力—应变关系和体积变化关系如图 1.2.3 所示。密砂的抗剪强度峰值明显大于松砂。

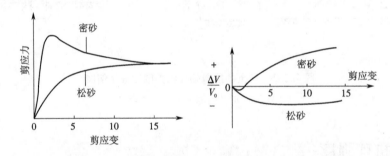

图 1.2.3 砂土受剪时应力—应变关系和体积变化关系

整个剪切过程中,密砂的抗剪强度达到峰值前体积随着剪应变的增大而变小,这说明土体被压缩。但是,抗剪强度达到峰值后,其体积不再被压缩反而不断增加(剪胀性),所以此时其密度不是增加而是降低,其强度也随之降低。在一定应变范围内,松砂的剪应力随着剪应变的增加缓慢地逐渐增大并趋于某一最大值,其体积在受剪时相应减小(剪缩性),整个过程中松砂密度一直在变大,其强度也随之缓缓增大。在实际允许的较小剪应变条件下,密砂的抗剪强度明显大于松砂。

4.黏性土结构性

土中颗粒的组成、土颗粒的排列与组合、颗粒间的作用力导致土形成不同的结构。这种结构对土的强度、渗透性和应力—应变关系特性有极大的影响。土的结构对土的力学性质的影响的强烈程度,可称为土的结构性强弱。对于黏性土而言,灵敏度是其结构性的一个重要指标。在黏土地基中取样时难免会扰动原状试样,势必会影响黏性土的强度,灵敏度越高的黏性土,受到的影响就越明显。另外,黏性土受到扰动后其强度不会单纯地削弱,黏性土的强度因受到扰动而削弱,但经过静置一段时间后会有一定的恢复,黏性土的这种性质被称为触变性。黏性土的触变性是由其结构的扰动与恢复所引起的。

在实践中,根据黏性土的这些性质可知,如果在黏性土中打桩,桩侧土因受到扰动导致强度降低,但停止打桩后,其强度又逐渐恢复,所以在黏性土中打桩时,要一气呵成,尽量减少对地基的扰动,保证桩基的承载力,同时,可使打桩更为顺利。

灵敏度反映的是扰动土(重塑土)与原状土的强度之间的关系;触变性反映的是扰动对土的强度的影响(扰动的影响有两个方面:一是强度降低;二是强度有一定的恢复)。

5. 土的应力历史

土体受力的历史(应力历史)也会影响土体的试验结果。如图 1.2.4(a)所示,土体在 p_{c1} 的压力作用下被压缩到达 1 点,然后卸载,土体回弹,但是由于压缩过程中土体发生部分塑性变形,所以曲线回到 2 点,此时孔隙比由初始孔隙比 e_{01} 减小到 e_{02}。同上,当土体再受到另外一个压力 p_{c2} 作用时,曲线由 2 点回到 1 点,然后再到达 4 点,此时孔隙比由 e_{02} 减小到 e_{03}。所以无论土体是第一次受力被压缩还是第二次、第三次⋯⋯第 n 次,每一次土体被压缩时,它们的孔隙比都不尽相同,因为它们有不同的应力历史。

如图 1.2.4(b)所示,在加载 p_{c2} 时,p_{c1} 是土体曾经承受过的压力,这个压力已经使得土体由初始孔隙比 e_{01} 减小到 e_{02}。所以,土体在比 p_{c1} 更大的 p_{c2} 作用下其强度包线为 $2' \rightarrow 1' \rightarrow 3'$。同样在 p_{c2} 卸载后,再用一个大于 p_{c2} 的压力作用于土体,则土体的强度包线会变为 $4' \rightarrow 3' \rightarrow 5'$。两种情况下,强度包线的关系表明,一般情况下,对于同一种土,拥有过较大压力的应力历史的土体拥有更高的抗剪强度。

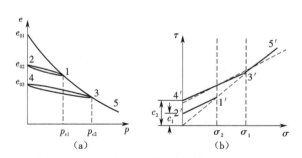

**图 1.2.4　土体在循环加载和卸载下的 e—p 曲线
和相应的抗剪强度包线**

(a)e—p 曲线　(b)抗剪强度包线

应力历史对土体的抗剪强度的影响其实就是土体受荷载作用后,土的孔隙比、含水量、土粒的相互位置等均发生了变化,从而影响土的抗剪强度。

2.1.3 土的抗剪强度的破坏理论

随着科学技术的发展,土的抗剪强度的研究考虑的因素越来越多,与工程越来越贴近,因此各式各样的破坏理论应运而生,这里将详细介绍的是与其相关的、经过长期实践证明的、最基本的理论和分析方法。

1. 库仑定律

1773 年,法国学者库仑(Coulomb)根据砂土的室内剪切试验,提出了土的抗剪强度表达式:

$$\tau_f = \sigma \tan \varphi \qquad\qquad (1.2.1)$$

由于该式仅适用于表示砂土的强度,所以,1776 年,库仑又提出了适合黏性土的抗剪强度表达式:

$$\tau_f = c + \sigma \tan \varphi \qquad\qquad (1.2.2)$$

式中 τ_f——土的抗剪强度(kPa);

σ——剪切面上的法向应力(kPa);

φ——土的内摩擦角(°);

c——土的黏聚力(kPa)。

这样,无论是砂土还是黏性土都有了其抗剪强度表达式,这就是表示土的抗剪强度的库仑定律。

由库仑定律可知以下两点。

①无论是砂土还是黏性土,其抗剪强度 τ_f 和剪切面上的法向应力 σ 总是成正比关系,如图 1.2.5 所示。

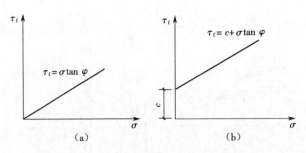

图 1.2.5　土的抗剪强度与法向应力之间的关系

(a)砂土　(b)黏性土

②土的抗剪强度一般由两部分组成:一部分是土的摩擦力,即内摩阻力($\sigma \tan \varphi$),产生于土颗粒之间的摩擦与咬合,其大小取决于土颗粒表面的粗糙程度、土的密实度以及颗粒级配等因素;另一部分是土颗粒之间的黏聚力(c),产生于土颗粒之间的原始分子引力以及土中化合物的胶结作用,对于砂土而言,可认为其黏聚力为零。

砂土的内摩擦角 φ 变化范围不是很大,中砂、粗砂、砾砂一般为 32°～40°;粉砂、细砂一般为 28°~36°。孔隙比愈小，φ 愈大，但含水饱和的粉砂、细砂很容易失去稳定，因此对其内摩擦角的取值需慎重，有时规定取 $\varphi=20°$ 左右。砂土有时也有很小的黏聚力 $c(10\ \mathrm{kPa}$ 以内)，这可能是由于砂土中夹有一些黏土颗粒，也可能是由于毛细黏聚力的缘故。

黏性土的抗剪强度指标的变化范围很大，它与土的种类有关，并且与土的天然结构、试样的排水固结程度及试验方法等因素有关。内摩擦角 φ 的变化范围为 $0°~30°$；黏聚力 c 则可从小于 10 kPa 变化到 200 kPa 以上。

2. 莫尔–库仑强度理论

1910 年莫尔（Mohr）提出材料的剪切破坏理论：当任一平面上的剪应力等于材料的抗剪强度时，该点即发生破坏。并提出，在该破坏面上的剪应力（抗剪强度 τ_f）是该面上法向应力 σ 的函数，即

$$\tau_f = f(\sigma) \tag{1.2.3}$$

该函数在 τ_f—σ 坐标系下，一般呈曲线分布，见图 1.2.6。该曲线称为莫尔抗剪强度包线。大多数情况下，该曲线与库仑定律中的斜直线较为接近，也常用库仑定律中的直线方程代替莫尔抗剪强度包线，因此也称为莫尔–库仑强度理论。

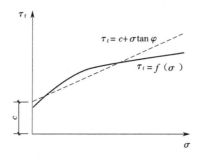

图 1.2.6 莫尔抗剪强度包线

2.2 土的极限平衡条件

2.2.1 土的极限平衡方程

如果土体的剪切破坏面能预先确定，就可以算出作用于该面上的应力（包括剪应力和正应力），也就可以判别剪切破坏是否会发生。但是，事实上可能发生剪切破坏的面一般是不可预知的，所以在研究土体剪切破坏的时候，土体的应力分析还得从土体的任意点的应力着手，只要土体中有一点发生剪切破坏，那么相应地就会有更多的点即将发生破坏，最终形成连续的破坏面。

当土中某点的某一方向的平面上的剪应力达到土的抗剪强度时，该点就将发生剪切破坏，并处于极限平衡状态。该点处于极限平衡状态时，各种应力的相互关系即该点的剪切破坏条件，称为土的极限平衡条件。莫尔–库仑破坏准则就是这样一个反映土体剪切破坏的极限平

衡条件。

1. 应力圆的引入

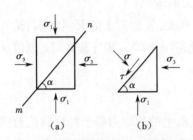

图1.2.7 一点的应力状态分析模型
(a)单元体 (b)隔离体

为了研究土体中某一点的应力情况,可假定在土中取一微单元(该单元体积可视为零),如图1.2.7(a)所示,mn为剪切破坏面,它与大主应力的作用面呈α角,mn将单元体分为两个部分,去掉上面部分,得到余下部分(隔离体)如图1.2.7(b)所示,通过该隔离体的静力平衡条件可推导出土体中某点的任意方向的斜截面上的应力表达式(提示:该隔离体三角形的三条边实际上是三个面,可以根据几何关系确定其比值;三个面上标注的是所受应力,求解静力平衡时必须将其换算成力)。然后结合莫尔－库仑强度理论就可以得到土的极限平衡条件。

通过静力平衡可得α面上的应力分别为:

$$\sigma = \frac{1}{2}(\sigma_1 + \sigma_3) + \frac{1}{2}(\sigma_1 - \sigma_3)\cos 2\alpha \tag{1.2.4}$$

$$\tau = \frac{1}{2}(\sigma_1 - \sigma_3)\sin 2\alpha \tag{1.2.5}$$

通过上面两个式子可知,σ和τ仅仅和α有关,于是将两式变为:

$$\sigma - \frac{1}{2}(\sigma_1 + \sigma_3) = \frac{1}{2}(\sigma_1 - \sigma_3)\cos 2\alpha \tag{1.2.6}$$

$$\tau = \frac{1}{2}(\sigma_1 - \sigma_3)\sin 2\alpha \tag{1.2.7}$$

上式两边平方并相加可以消去含α的项,得到下式:

$$\left(\sigma - \frac{\sigma_1 + \sigma_3}{2}\right)^2 + \tau^2 = \left(\frac{\sigma_1 - \sigma_3}{2}\right)^2 \tag{1.2.8}$$

通过观察可知该式是一个圆的方程,圆心为$\left(\frac{\sigma_1 + \sigma_3}{2}, 0\right)$,半径为$\frac{\sigma_1 - \sigma_3}{2}$。该圆被称为应力莫尔圆,简称莫尔圆,如图1.2.8所示。

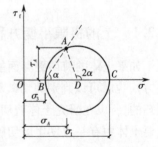

图1.2.8 莫尔圆

莫尔圆上的任意一点均代表与σ_1作用面成α角的斜面(图1.2.8),A点表示与σ_1作用面成α角的斜面,图中α角即为AB连线与σ轴线之间的夹角,也可以说α角是面A和面C的法线之间的夹角;在应力圆中AD与DC的夹角实际上是α的2倍,A点纵坐标代表该面上的剪应力,横坐标代表该面上的法向应力。莫尔圆可以表示该点在任何方向的斜截面上的应力分布情况,所以它可以表示一点的应力状态。

莫尔圆的引入是因为莫尔圆能形象地反映一点的应力状态,这样就可以结合莫尔 - 库仑强度理论去判断土体中任意一点是否有破坏的可能。

2. 莫尔圆的绘制

当已知土体中某点的大小主应力,或者两个相互垂直面上的法向应力与切向应力时,就可以很方便地绘制应力圆,同时也可以很方便地求出该点各个不同倾斜面上的法向应力和剪应力。

现以已知量相互垂直的斜面上的法向和切向应力为例,如图 1.2.9(a)所示,在 τ_f—σ 坐标系中,由微单元体可知,x 方向与 y 方向相互垂直,两个相互垂直面上的应力分别为 σ_x、τ_{yx} 和 σ_y、τ_{xy},对应为莫尔圆(图 1.2.9(b))上的两点 $D_1(\sigma_x,\tau_{yx})$ 和 $D_2(\sigma_y,\tau_{xy})$,且两点连线定通过圆心 C,知道了应力圆的圆心 C 和圆上两点 D_1、D_2,应力圆就可以轻松绘出(大小主应力作用面也相互垂直,可以看成此种情况的特例,所以如果仅知道大小主应力,只需将该例中的 σ_x、σ_y 替换成 σ_1、σ_2,并令 $\tau_{xy}=\tau_{yx}=0$ 就可以了)。

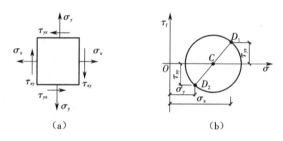

图 1.2.9　莫尔圆的绘制

(a)微单元体　(b)莫尔圆

计算过程中要特别注意斜面上应力的正负符号确定,法向应力以压应力为正,以拉应力为负;剪应力以逆时针方向为正,顺时针方向为负。

在 τ_f—σ 坐标系下,由莫尔 - 库仑理论可知,莫尔圆上所有点都处于强度包线下方,说明土体中该点处于安全状态(Ⅰ);莫尔圆与强度包线相割表明该点已被破坏(Ⅲ);莫尔圆与强度包线相切则表明该点处于极限平衡状态(Ⅱ),且莫尔圆与强度包线之间的切点所代表的斜面即将被剪坏,如图 1.2.10 所示。故只需弄清莫尔圆与强度包线的关系就可以判断土体是否处于稳定状态,是否会被破坏。

根据莫尔圆与抗剪强度包线相切的几何关系,可建立黏性土与无黏性土的极限平衡条件。土中一点的极限平衡条件,是指该点处于极限平衡状态时,应力与抗剪强度的关系。对于黏性土,由图 1.2.11 的几何关系可知:

$$\sin \varphi = \frac{AD}{RD} = \frac{AD}{RO + OD} \tag{1.2.9}$$

而
$$RO = c\cot \varphi \tag{1.2.10}$$

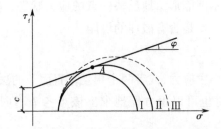

图 1.2.10　莫尔圆与抗剪强度包线之间的关系

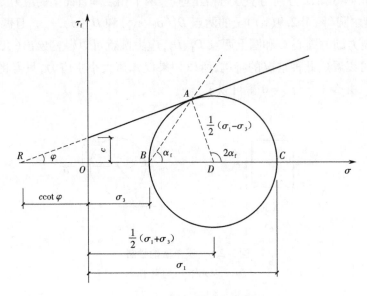

图 1.2.11　极限平衡状态时的莫尔圆

$$AD = \frac{\sigma_1 - \sigma_3}{2} \tag{1.2.11}$$

$$OD = \frac{\sigma_1 + \sigma_3}{2} \tag{1.2.12}$$

代入上式得

$$\sin \varphi = \frac{\frac{1}{2}(\sigma_1 - \sigma_3)}{c\cot \varphi + \frac{1}{2}(\sigma_1 + \sigma_3)} = \frac{\sigma_1 - \sigma_3}{\sigma_1 + \sigma_3 + 2c\cot \varphi} \tag{1.2.13}$$

经整理可得,黏性土的极限平衡条件为:

$$\sigma_1 = \sigma_3 \tan^2\left(45° + \frac{\varphi}{2}\right) + 2c\tan\left(45° + \frac{\varphi}{2}\right) \tag{1.2.14}$$

或

$$\sigma_3 = \sigma_1 \tan^2\left(45° - \frac{\varphi}{2}\right) - 2c\tan\left(45° - \frac{\varphi}{2}\right) \tag{1.2.15}$$

无黏性土的极限平衡条件为:

$$\sigma_1 = \sigma_3 \tan^2\left(45° + \frac{\varphi}{2}\right) \tag{1.2.16}$$

或

$$\sigma_3 = \sigma_1 \tan^2\left(45° - \frac{\varphi}{2}\right) \tag{1.2.17}$$

2.2.2　平衡条件的应用

1. 破坏面的讨论

通过极限平衡条件可以判断土体中任一点是否破坏,并且土体剪坏时,破坏面发生在莫尔圆与抗剪强度包线相切的切点所表示的斜面上,即与大主应力面成 $\alpha_f = \left(45° \pm \frac{\varphi}{2}\right)$ 夹角的斜面上,不发生在抗剪强度最大的剪应力作用面即 $\alpha = 45°$ 的斜面上。

2. 如何判断土体是否破坏

采用以下两种方法均可判断土体是否安全。

(1)假设在最小主应力 σ_3(实测)已知的状态下求解最大主应力 σ_{1f}

由最小主应力 σ_3(实测)及公式 $\sigma_1 = \sigma_3 \tan^2\left(45° + \frac{\varphi}{2}\right) + 2c\tan\left(45° + \frac{\varphi}{2}\right)$,可求得土体处于极限平衡状态时所能承受的最大主应力 σ_{1f}(计算),与 σ_1(实测)进行比较即可判断土体是否安全。

具体判断方法为:

当 $\sigma_{1f} > \sigma_1$ 时,土体处于稳定平衡(安全状态);

当 $\sigma_{1f} = \sigma_1$ 时,土体处于极限平衡(临界状态);

当 $\sigma_{1f} < \sigma_1$ 时,土体处于失稳状态(破坏状态)。

(2)假设在最大主应力 σ_1(实测)已知的状态下求解最小主应力 σ_{3f}

由大主应力 σ_1(实测)及公式 $\sigma_3 = \sigma_1 \tan^2\left(45° - \frac{\varphi}{2}\right) - 2c\tan\left(45° - \frac{\varphi}{2}\right)$,可求得土体处于极限平衡状态时所能承受的最小主应力 σ_{3f}(计算),与小主应力 σ_3(实测)进行比较即可判断土体是否安全。

具体判断方法为:

当 $\sigma_{3f} < \sigma_3$ 时,土体处于稳定平衡(安全状态);

当 $\sigma_{3f} = \sigma_3$ 时,土体处于极限平衡(临界状态);

当 $\sigma_{3f} > \sigma_3$ 时,土体处于失稳状态(破坏状态)。

例 1.2.1 设黏性土地基中某点的主应力 $\sigma_1 = 300$ kPa, $\sigma_3 = 100$ kPa, 土的抗剪强度指标 $c = 20$ kPa, $\varphi = 26°$, 试问该点处于什么状态?

解: 当该点处于极限平衡状态时, 由式 (1.2.15) 可得

$$\sigma_{3f} = \sigma_1 \tan^2\left(45° - \frac{\varphi}{2}\right) - 2c\tan\left(45° - \frac{\varphi}{2}\right) = 90 \text{ kPa}$$

因 $\sigma_{3f} < \sigma_3 = 100$ kPa, 故可判定该点处于稳定状态。

或由式 (1.2.14) 可得

$$\sigma_{1f} = \sigma_3 \tan^2\left(45° + \frac{\varphi}{2}\right) + 2c\tan\left(45° + \frac{\varphi}{2}\right) = 320 \text{ kPa}$$

因 $\sigma_{1f} > \sigma_1 = 300$ kPa, 故亦可判定该点处于稳定状态。

2.3 抗剪强度的测定

测定土的抗剪强度指标的试验方法主要有室内剪切试验和现场剪切试验两大类。室内剪切试验常用的方法有直接剪切试验、三轴压缩试验和无侧限抗压强度试验等, 现场剪切试验常用的方法主要有十字板剪切试验。

2.3.1 直接剪切试验

1. 试验原理

直接剪切试验(简称直剪试验)是测定土的抗剪强度的最简单的方法, 它通过人为控制剪切破坏面测得土的抗剪强度及强度指标。直剪试验所使用的仪器称为直剪仪, 按加荷方式的不同, 直剪仪可分为应变控制式和应力控制式两种。前者是以等速水平推动试样产生位移并测定相应的剪应力; 后者则是对试样分级施加水平剪应力, 同时测定相应的位移。我国目前普遍采用的是应变控制式直剪仪, 该仪器主要由固定的上盒和活动的下盒组成, 试样放在盒内上下两块透水石之间, 如图 1.2.12 所示。试验时, 由杠杆系统通过加压活塞和透水石对试样施加某一法向应力 σ, 然后等速推动下盒, 使试样在上下盒之间的水平面上受剪直至破坏, 剪应力 τ 的大小可借助与上盒接触的量力环测定。

试验中通常对同一种土取 3~4 个试样, 分别在不同的法向应力下剪切破坏, 可将试验结果绘制成抗剪强度 τ_f 与法向应力 σ 的关系图。试验结果表明, 对于砂性土, 抗剪强度与法向应力的关系图是一条通过原点的斜直线, 直线方程可用库仑公式 $\tau_f = \sigma\tan\varphi$ 表示; 对于黏性土, 抗剪强度与法向应力也基本呈斜直线关系, 该直线与横轴的夹角为内摩擦角 φ, 在纵轴上的截距为黏聚力 c, 直线方程可用库仑公式 $\tau_f = c + \sigma\tan\varphi$ 表示。所以, 用直剪试验可以测定土体的抗剪强度指标 c 和 φ, 结合库仑公式可以知道土体在任意大小的法向应力作用下, 土体的抗剪强度 τ_f。

量力环是力学性质较为稳定的钢环, 由于个体的差异性, 每一个量力环都有一个编号和一

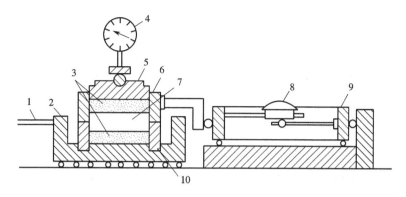

图 1.2.12 应变控制式直剪仪

1—轮轴;2—底座;3—透水石;4—百分表;5—活塞;6—上盒;7—土样;

8—百分表;9—量力环;10—下盒

张力与变形量对应的表格,通过对量力环变形量的测定,可以换算施加在量力环上的力的大小。

2. 试验方法

为了更好地模拟实际工程情况,直剪试验根据排水条件不同具体可分为慢剪试验(S)、固结快剪试验(CQ)和快剪试验(Q)三种。

慢剪(固结排水剪)试样在垂直压力下排水固结后缓慢进行剪切,剪切过程中孔隙水可以自由排出,适用于一般细粒土。例如,透水性较好的低塑性土以及软弱饱和土层上的高填土分层控制填筑等加荷速度慢、排水条件较好、施工工期长的工程。

固结快剪(固结不排水剪)试样在垂直压力排水固结后快速进行剪切,剪切过程中由于速度较快,孔隙水来不及自由排出,故可认为剪切过程中排水条件为不排水,适用于渗透系数小于 10^{-6} cm/s 的细粒土。

快剪(不排水剪)试样在施加垂直压力后立即进行快速剪切,整个过程中同固结快剪一样孔隙水来不及自由排出,适用于渗透系数小于 10^{-6} cm/s 的细粒土。

2.3.2 三轴压缩试验

1. 试验原理

三轴压缩试验使用的仪器是三轴压缩仪(也称三轴剪切仪),如图 1.2.13 所示,主要由三个部分所组成:主机、稳压调压系统以及量测系统。

主机部分包括压力室、轴向加荷系统等,如图 1.2.13 右侧部分所示。压力室是三轴压缩仪的主要组成部分,如图 1.2.14 所示,它是一个由金属上盖、底座以及透明有机玻璃圆筒组成的密闭容器,压力室底座通常有 3 个小孔分别与稳压系统以及体积变形和孔隙水压力量测系统相连。

图 1.2.13　应变控制式三轴仪

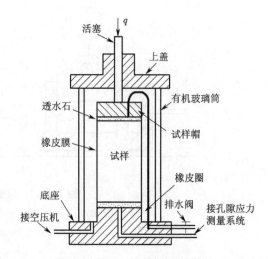

图 1.2.14　压力室示意图

稳压调压系统由压力泵、调压阀和压力表等组成,如图 1.2.13 左侧部分所示。试验时通过压力室对试样施加周围压力,并在试验过程中根据不同的试验要求对压力予以控制或调节,如保持恒压或变化压力等。

量测系统由排水管、体变管和孔隙水压力量测装置等组成,穿插于主机与稳压调压系统之间。试验时用于测定试样受力后土中排出的水量以及土中孔隙水压力的变化。对于试样的竖向变形,则利用置于压力室上方的测微表或位移传感器测读。

真正意义上的三轴仪应该可以模拟试样所受三个主应力不相等的情况($\sigma_1 > \sigma_2 > \sigma_3$),而常见的三轴仪仅可模拟试样所受两个主应力不相等的情况,故常称其为"假三轴仪"($\sigma_1 > \sigma_2 = \sigma_3$)。从研究土的不同力学性质出发,可将三轴仪分为静三轴仪和动三轴仪,它们分别用于测量土体的静态力学性质和动态力学性质,静三轴仪较为常见。根据研究对象的不同,要求的精度不一样或者工程的要求不一样,常见的三轴仪还有非饱和土三轴仪、可燃冰三轴仪和大型三轴仪等。

2. 试验方法

根据试验过程中排水情况的不同,分为以下三种。

(1)不固结不排水剪切试验(简称 UU 试验)

试样在完全不排水条件下施加周围压力后,增加轴向压力到试样破坏。整个试验过程中没有水的排出。

(2)固结不排水剪切试验(简称 CU 试验)

在周围压力作用下打开排水阀,使压力室中的土样排水固结,然后关闭排水阀,使土样在不排水条件下增大轴向压力到试样破坏。

(3)固结排水剪切试验(剪切 CD 试验)

在周围压力作用下打开排水阀,使压力室中的土样排水固结,然后继续在排水条件下缓慢增大轴向压力到试样破坏。

2.3.3　无侧限抗压强度试验

无侧限抗压强度试验是三轴试验的一种特殊情况,即围压 $\sigma_3 = \sigma_2 = 0$ 的三轴试验,所以又称单轴试验。无侧限抗压强度试验所使用的无侧限压力仪如图 1.2.15 所示,主要由升降装置(电动或手动抬升试样)、反力装置(量力环、加压框架,提供试样的轴向压力)和测量装置(量表、量力环)构成。但现在也常利用三轴仪做该种试验,试验时,在不加任何侧向压力的情况下,对圆柱体试样施加轴向压力,直至试样剪切破坏为止。试样破坏时的轴向压力以 q_u 表示,称为无侧限抗压强度。

由于不能施加周围压力,因而根据试验结果,只能作一个极限应力圆,难以得到破坏包线,如图 1.2.16 所示。饱和黏性土的三轴不固结不排水试验结果表明,其破坏包线为一水平线,即 $\varphi = 0$。因此,对于饱和黏性土的不排水抗剪强度,就可利用无侧限抗压强度 q_u 来得到,即

$$\tau_f = c_u = \frac{q_u}{2}$$

式中　τ_f——土的不排水抗剪强度(kPa);

　　　c_u——土的不排水黏聚力(kPa);

　　　q_u——无侧限抗压强度(kPa)。

图 1.2.15　无侧限压力仪

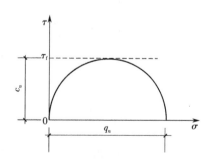

图 1.2.16　无侧限极限莫尔圆

无侧限抗压强度试验常用来测定土的灵敏度。土的灵敏度是指,一种土的原状试样与重塑试样无侧限抗压强度的比值,用 s_t 表示,即 $s_t = q_u/q_u'$。其中,q_u 为某土原状土试样的无侧限抗压强度值;q_u' 为某土重塑土试样的无侧限抗压强度值。

根据灵敏度的大小,可将饱和黏性土分为低灵敏土($1 < s_t \leq 2$)、中灵敏土($2 < s_t \leq 4$)和高

灵敏土($s_t > 4$)。灵敏度越高的土,受到扰动后土的强度降低得越多。

2.3.4 十字板剪切试验

十字板剪切试验适用于原位测定饱水软黏土的不排水抗剪强度。所测得的抗剪强度值,相当于试验深度处天然土层在原位压力下固结的不排水抗剪强度。由于十字板剪切试验不需要采取土样,避免了土样扰动及天然应力状态的改变,是一种有效的现场测试方法。该试验适合于在现场测定饱和黏性土的原位不排水抗剪强度,特别适用于灵敏度小于10的均匀饱和软黏土。对于不均匀土层,特别是夹有薄层粉细砂或粉土的软黏土,十字板剪切试验会有较大的误差,使用时必须谨慎。

十字板剪切试验采用的试验设备主要是十字板剪力仪。十字板剪力仪通常由十字板头、扭力装置和量测装置三部分组成,如图1.2.17所示。根据十字板剪力仪的不同,十字板剪切试验可分为普通十字板剪切试验和电测十字板剪切试验;根据贯入方式的不同,又可分为预钻孔十字板剪切试验和自钻式十字板剪切试验。随着科技的发展和工程要求的提高,自钻式电测十字板剪力仪越来越具有明显的优势。

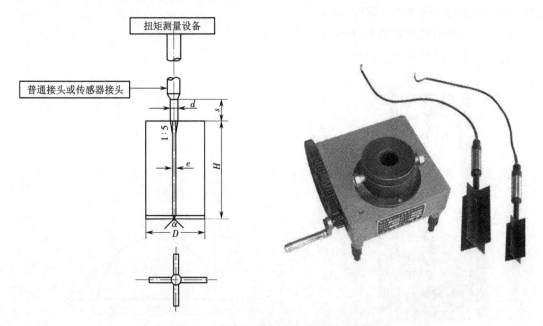

图1.2.17 现场十字板剪力仪示意图及实物图

试验(预钻孔十字板剪切)时,先把套管打到要求测试深度以上75 cm处,将套管内的土清除,再通过套管将安装在钻杆下的十字板压入土中至测试的深度。加荷时由地面上的扭力装置对钻杆施加扭矩,使埋在土中的十字板扭转,直至土体剪切破坏。

十字板剪切试验中,土体剪切破坏面类似于圆柱体的表面,如图1.2.18所示,由于钻杆和十字剪切板连接的缘故,十字板顶部的剪切破坏面是一个圆环。结合施加的扭矩的大小可计算得到土体的抗剪强度(假定各个剪切破坏面的切应力均相等)。

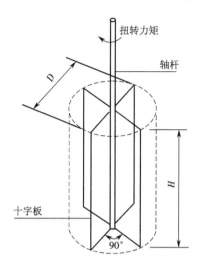

图1.2.18　十字板剪切原理图

复习思考题

1. 何为抗剪强度？何为极限平衡条件？
2. 试阐述土的内摩擦角和黏聚力的含义。
3. 直剪试验和三轴试验有哪些优缺点？
4. 土的抗剪强度的主要影响因素有哪些？
5. 简述室内测定土的抗剪强度指标的基本方法及特点。

综合练习题

1. 已知地基土中某点的大主应力 $\sigma_1 = 500$ kPa，小主应力 $\sigma_3 = 200$ kPa，试绘制该点应力状态的应力莫尔圆；求解与大主应力面成30°夹角的斜面上的正应力和剪应力。

2. 地基内某点的小主应力 $\sigma_3 = 100$ kN/m²，该地基土的抗剪强度指标为内摩擦角 $\varphi = 30°$，黏聚力 $c = 50$ kN/m²，试求剪切破坏时该点的大主应力 σ_1 为多少？

3. 用三轴仪测得某饱和黏性土的有效抗剪强度指标为 $c' = 25$ kPa，$\varphi' = 30°$，如果这个试样受到 $\sigma_1 = 200$ kPa，$\sigma_3 = 150$ kPa 的作用，测得孔隙水压力 $u = 120$ kPa，试问该试样是否破坏？

4. 某地基内摩擦角 $\varphi = 35°$，黏聚力 $c = 12$ kPa，$\sigma_3 = 160$ kPa，求剪切破坏时的大主应力。

5. 某砂样进行直剪试验，$\sigma = 300$ kPa，$\tau_f = 200$ kPa，求:

①砂样的内摩擦角；

②破坏时的大小主应力；

③大主应力作用面与剪切面所成夹角。

任务 3　计算场地平整土方量、编制调配方案并指导土方的调配

3.1　场地平整的程序

3.1.1　场地平整施工方案选择

场地平整施工方案选择应依据工程规模、地质水文条件、运输条件、技术力量、机械装备、施工工期要求等综合确定。

1.施工方法与施工顺序

场地平整的施工方法有人工挖运和机械挖运两种。人工挖运法是指采用人工及简单的工具进行平整场地的施工。人工挖运法适用于数量小、范围小、高差小的"三小"土方工程的施工，或者与机械化施工配合，进行整理、修边等工作。机械挖运法是指采用各种大型的土方施工机械进行平整场地的施工。机械挖运法适用于大、中型土方的施工。

场地平整的施工顺序主要确定和解决的内容：土方施工的起始点及流向；各调配区内土方施工的起始点及流向；各主要工种之间的施工顺序；不同专业之间的穿插与配合等。

2.土方施工机械及配套方案选择

土方施工主要包括开挖、运输、填筑、压实等工序。在场地平整时应尽可能选择适合施工条件的土方机械配套方案进行施工，以期达到提高施工机械效率、缩短施工工期、提高施工效益的目的。

（1）推土机施工

推土机由履带式拖拉机、推土板等组成，如图 1.3.1 所示。按其行走方式分为履带式和轮胎式两种，按其操作方式分为液压操纵和钢丝绳操纵两种。推土机具有操作灵活、转运方便、所需场所小、能爬 30°左右的缓坡等优点。为提高推土机的生产效率，缩短施工时间，减少推土失散量，施工时采用下坡推土法、分批集中一次推运法、槽形推土法、并列推运法等推土方法。

推土机多用于场地平整和清理，适用于推挖一类至三类土，开挖深度 1.5 m 以内的基槽及

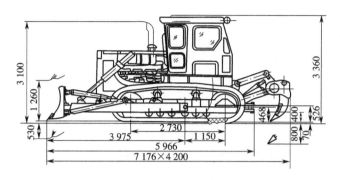

图 1.3.1　T-18 型推土机示意图

填平沟坑等。经济运距 100 m 以内,40~60 m 时效率最高。

（2）铲运机施工

铲运机是一种集铲土、装土、运土、卸土、压实和平土于一身的施工机械。按行走方式不同分为自行式铲运机（图 1.3.2）和拖拉式铲运机（图 1.3.3）两种。按其铲斗的操作系统可分为液压操纵和钢丝绳操纵两种。常用的铲运机斗容量为 1.5 ~7 m³。铲运机具有操纵简单灵活、行驶速度快、铲运效率高、转运费用低等优点。

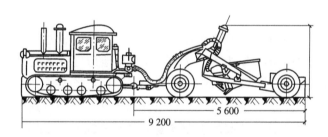

图 1.3.2　自行式铲运机示意图

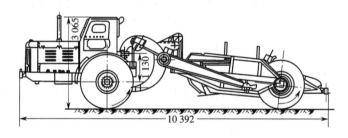

图 1.3.3　拖拉式铲运机示意图

铲运机可直接铲运一类至三类土,多用于大面积的场地平整、大型基坑的开挖或堤坝与路基的填筑等土方工程。自行式铲运机的经济运距以 800 ~1 500 m 为宜,拖拉式铲运机的经济运距以 200 ~300 m 为宜。因此,在规划铲运机开行路线时,应力求满足经济运距的要求。

为了提高铲运机的生产效率,应根据施工现场的具体情况,选择合理的开行路线并采取适宜的施工技术措施。

1)铲运机开行路线的选择

当施工地段较短,地形起伏不大,土需对侧调运时,应采用图1.3.4(a)所示的开行路线;土需同侧调运时,应采用图1.3.4(b)所示的开行路线。当挖、填交替,挖、填之间的距离较短,土需同侧调运时,应采用图1.3.4(c)所示的开行路线。当地势起伏较大,施工地段较宽时,应采用图1.3.4(d)所示的"8"字形开行路线。

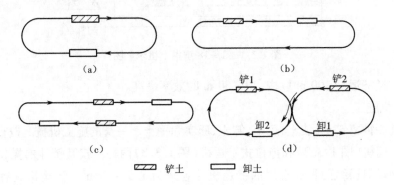

铲土 ▨▨▨　　卸土 ▭

图1.3.4 铲运机开行路线

(a)、(b)环形路线 (c)大循环路线 (d)"8"字形路线

2)提高铲运机生产效率的施工技术措施

①采用下坡铲土。当地形坡度为5°~7°时,可利用地形进行下坡铲土,借助铲土的重力加大铲斗的切土深度,以缩短装土时间,同时可提高铲运机生产效率。

②采取间隔铲土。间隔铲土能形成若干个土槽和土埝。土槽可减少铲土时土的外撒量,提高铲运生产效率。一般情况土槽间的土埝高度不得大于300 mm,宽度不得大于拖拉机两个履带净宽,以保证铲除土埝时阻力小、工效高。

③选用推土机助铲。当土质较硬时,可另配1台推土机对铲运机进行协助铲土,这样可加大铲刀切削力、切土深度和铲土速度。一般1台推土机可对3台或4台铲运机助铲。推土机在助铲间隙可用于松土和平土,为铲运机施工创造良好条件。

(3)单斗挖土机施工

单斗挖土机在土石方工程尤其是场地平整中应用广泛。按其行走方式不同,分为履带式和轮胎式两类。按其操纵方式不同,分为液压式和机械式两类。按其工作方式不同,分为正铲、反铲、拉铲和抓铲等,如图1.3.5所示。

1)正铲挖土机施工

正铲挖土机的挖土特点是向前向上,强制切土。其挖土能力强,生产效率高,适用于开挖停机面以上一类至四类土。它与自卸汽车配合,可完成大型干燥基坑或土丘的挖运任务。正铲挖土机的技术性能见表1.3.1和表1.3.2,供土方施工时选用。

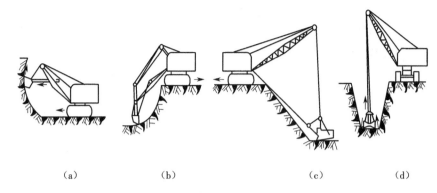

（a）　　　　　　（b）　　　　　　（c）　　　　　　（d）

图 1.3.5　挖土机工作简图

（a）正铲挖土机　（b）反铲挖土机　（c）拉铲挖土机　（d）抓铲挖土机

表 1.3.1　正铲挖土机技术性能

项次	工作项目	W_1-50		W_1-100		W_1-200	
1	动臂倾角 $\alpha(°)$	45	60	45	60	45	60
2	最大挖土高度 H_1(m)	6.5	7.9	8.0	9.0	9.0	10
3	最大挖土半径 R(m)	7.8	7.2	9.8	9.0	11.5	10.8
4	最大卸土高度 H_2(m)	4.5	5.6	5.5	6.0	6.0	7.0
5	最大卸土时卸土半径 R_2(m)	6.5	5.4	8.0	7.0	10.2	8.5
6	最大卸土半径 R_3(m)	7.1	6.5	8.7	8.0	10	9.6
7	最大卸土半径时卸土高度 H_3(m)	2.7	3.0	3.3	3.7	3.75	4.7
8	停机面处最大挖土半径 R_1(m)	4.7	4.35	6.4	5.7	7.4	6.25
9	停机面处最小挖土半径 R_1'(m)	2.5	2.8	3.3	3.6	—	—

注：W_1-50 指斗容为 0.5 m^3；W_1-100 指斗容为 1 m^3；W_1-200 指斗容为 2 m^3。

表 1.3.2　单斗液压挖掘机正铲技术性能

符号	名称	WY 60	WY100	WY160
	铲斗容量(m^3)	0.6	1.5	1.6
	动臂长度(m)	—	3	—
	斗柄长度(m)	—	2.7	2
A	停机面上最大挖掘半径(m)	7.6	7.7	7.7
B	最大挖掘深度(m)	4.36	2.9	3.2
C	停机面上最小挖掘半径(m)	—	—	2.3

符号	名称	WY 60	WY100	WY160
D	最大挖掘半径(m)	7.78	7.9	8.05
E	最大挖掘半径时挖掘高度(m)	1.7	1.8	2
F	最大卸载高度时卸载半径(m)	4.77	4.5	4.6
G	最大卸载高度(m)	4.05	2.5	5.7
H	最大挖掘高度时挖掘半径(m)	6.16	5.7	5
I	最大挖掘高度(m)	6.34	7.0	8.1
J	停机面上最小装载半径(m)	2.2	4.7	4.2
K	停机面上最大水平装载行程(m)	5.4	3.0	3.6

　　根据正铲挖土机的开行路线与运输设备位置的不同,其开挖方式可分为正向挖土侧向卸土和正向挖土后方卸土两种,如图1.3.6所示。

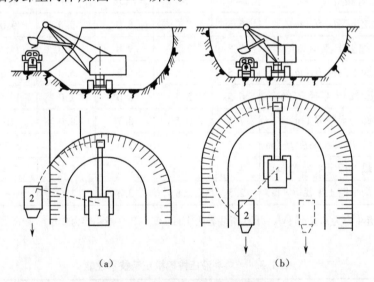

图1.3.6　正铲挖土机的开挖方式
(a)正向挖土侧向卸土　(b)正向挖土后方卸土
1—正铲挖土机;2—自卸式汽车

　　为了提高正铲挖土机的生产效率,首先工作面高度应满足装满铲斗的要求,其次应合理选择开挖方式并合理搭配运土机械,同时应尽量减小回转角度,缩短每次挖土卸土的循环时间。
　　2)反铲挖土机施工
　　反铲挖土机的挖土特点是后退向下,强制切土。其挖掘力比正铲挖土机小,常用于开挖停机面以下的一类至三类土,适用于开挖基坑、基槽或管沟,有地下水的土层或泥泞的土壤等。

反铲挖土机可与自卸式汽车配合进行装土、运土,根据不同的情况亦可将弃土堆于基坑(槽)附近。液压反铲挖土机的技术性能见表1.3.3,供施工时选用。

表1.3.3 单斗液压反铲挖掘机技术性能

符号	名称	WY40	WY60	WY100	WY160
	铲斗容量(m³)	0.4	0.6	1~1.2	1.6
	动臂长度(m)	—	—	5.3	—
	斗柄长度(m)	—	—	2	—
A	停机面上最大挖掘半径(m)	6.9	8.2	8.7	9.8
B	最大挖掘深度时挖掘半径(m)	3.0	4.7	4.0	4.5
C	最大挖掘深度(m)	4.0	5.3	5.7	6.1
D	停机面上最小挖掘半径(m)	—	8.2	—	3.3
E	最大挖掘半径(m)	7.18	8.63	9.0	10.6
F	最大挖掘半径时挖掘高度(m)	1.97	1.3	1.8	2
G	最大卸载高度时卸载半径(m)	5.267	5.1	4.7	5.4
H	最大卸载高度(m)	3.8	4.48	5.4	5.83
I	最大挖掘高度时挖掘半径(m)	6.367	7.35	6.7	7.8
J	最大挖掘高度(m)	5.1	6.025	7.6	8.1

使用反铲挖土机挖土时,可采用沟端开挖和沟侧开挖两种方式,如图1.3.7所示。

3)拉铲挖土机施工

拉铲挖土机的挖土特点是后退向下,自重切土。其开挖半径及挖土深度较大,但不如反铲挖土机灵活,开挖的准确性不易控制。适用于开挖停机面以下的一类、二类土,可用于开挖大而深的基坑(槽),亦可用于挖取水下泥土等。

拉铲挖土机的开挖方式与反铲挖土机的开挖方式相似,可采用沟端开挖,亦可采用沟侧开挖。

4)抓铲挖土机施工

抓铲挖土机的挖土特点是直上直下,自重切土。其挖掘力较小,适用于开挖停机面以下的一类、二类土,用于开挖窄而深的基坑(槽),抓取水中淤泥,装卸碎石、矿渣等松散性材料。

3.土方挖运机械配套方案选择要点

选择土方施工机械时,通常应首先依据土方工程特点及施工单位现有技术装备,提出几种可行方案,然后进行技术经济比较,选择效率高、成本低的机械配套方案进行施工。土方施工机械配套方案选择要点如下。

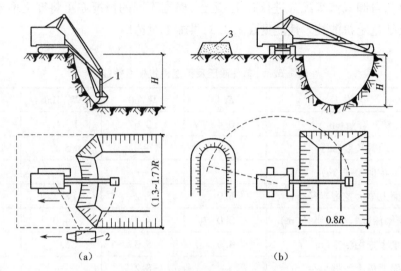

图 1.3.7　反铲挖土机的开挖方式

（a）沟端开挖　（b）沟侧开挖

1—反铲挖土机;2—自卸式汽车;3—弃土土堆

①当地形起伏不大,其坡度在 20°以内,挖填平整的土方面积较大,土的含水量适当,平均运距在 1 km 以内时,宜选用铲运机施工方案。当土的含水量大于 25% 时,须使土中的水疏干后再施工,否则要陷车。

②当地形为起伏较大的丘陵地带,一般挖土高度在 3 m 以上,平均运距在 1 km 以上,土方工程量较大且集中时,常选择正铲挖土机配合自卸式汽车的施工配套方案,必要时可在弃土区配备推土机平整土堆。当开挖土方量小于 1.5 万 m³ 时,可选用 0.5 m³ 容量的铲斗;当开挖土方量大于 1.5 万 m³ 时,宜选用 1.0 m³ 容量的铲斗。

③对于含水量较小、挖深较小、运距较短的基坑,开挖时可选择推土机、铲运机或正铲挖土机配合自卸式汽车的施工配套方案;当地下水位较高、土质松软时,可采用反铲、拉铲或抓铲挖土机配合自卸式汽车的施工配套方案。

④对于移挖作填或基坑及管沟的回填,其运距在 60 ~ 100 m 以内时,可选用推土机进行施工。

4. 场地平整安全技术要点

场地内应设置临时排水沟及截水沟,保证排水畅通,必要时应有防泥石流、滑坡的安全措施（如防滑桩）;交叉道及转弯处应设明显安全标志;运输道路的坡度、转弯度均应符合安全要求;标明道路和桥梁通过的允许吨位及限高等;提出场地平整的质量标准和技术保证措施。

3.1.2　施工场地准备

1. 场地清理

凡是位于场地平整规划范围以内的建筑物、构筑物和古墓等均应拆除,对有保护和使用价值的建筑,应有计划地组织拆除或迁移;对通信、电力设施、地下水管道等应进行拆迁或改建;对耕植土及淤泥等应及时清除;对树木进行移栽。

2. 清除地面积水

对一般地势可选用截面为 0.5 m×0.5 m 的排水沟进行排水;对山坡地带应设置临时截水沟,用于拦截山洪水;对低洼地带则应设临时排水沟或挡水堤坝等设施,阻止场外水流入施工场地。排水沟、截水沟的纵向坡度:一般地势不小于3‰,平坦地势不小于2‰,沼泽地区可减至1‰。

3. 修筑临时设施

在场地平整施工之前应按施工组织设计要求,做好"四通"(通路、通水、通电、通信)、"两堂一舍"(食堂、澡堂、宿舍)及其他准备工作。

3.1.3　机械化场地平整施工

1. 定位、放线、抄平、找坡

场地平整的定位主要是确定场地的施工范围。放线主要是根据场地平整设计要求进行放线(方格网、调配区),以确定控制桩。抄平是根据永久水准点进行抄平,检查场地平整度是否符合设计要求。找坡则是根据场地的设计要求做成一定的坡度,以确保场地的排水通畅。

2. 土方开挖

根据场地平整施工组织设计所确定的调配方案及施工方法分区分层进行开挖。用留设标志土桩的方法或现场抄平的方法控制场地标高及挖方数量。用放坡或支护措施来保证场地土体边坡的稳定性。

3. 土方运输

场地平整时的土方运输机械,应按土方施工设计要求的运行路线组织运输和调配,以保证开挖、运输等工序的连续性和均衡性,尽量减少场内的二次运输。

4. 土方填筑

为保证填方的填土能满足其建造房屋所需的强度、变形及稳定性方面的要求,不仅要正确选择填土的土料,而且还应合理选择填筑方法和压实方法,以保证土方填筑质量。

(1)对土料的选择

填方土料应符合设计要求,如无具体要求时可将碎石类土、爆破石渣、砂土等,用作表层以下的填料;含水量符合压实要求的黏性土,可用作平场的各层填土;草皮土和有机质含量大于8%的土,只用于无压实的填土;淤泥或淤泥质土,一般不能用作填土,但经处理的软土或沼泽土,可用作次要部位的填土;冻土或碱性盐含量大于2%、硫酸盐含量大于5%、氯盐含量大于8%的土,一般不用作填土。

(2)填筑施工要求

平场时的填土应尽量采用同类土分层填筑,如采用不同性质的土填筑,应将透水性大的土放在下层,把透水性小的土放在上层;填筑凹坑时,应将其斜坡面挖成台阶状(台阶宽度不小于1 m)后再填土,并将凹坑周围的填土夯实;对于有压实要求的填土,不能将各种杂土混杂使用,以避免地基不均匀沉降而导致建筑物上部结构破坏。

5.填土压实方法

填土压实方法有碾压法、夯实法、振动压实法及运土工具压实法。对于大面积填土,多采用碾压和利用运土工具压实;对于较小面积填土,宜采用夯实机具进行压实。

(1)碾压法

碾压法是利用机械碾轮(重8~12 t)的压力压实填土,使之达到所需要的密实度。常用机械有平碾、羊足碾和振动碾。

平碾是一种以内燃机为动力的自行式压路机,对砂类土和黏性土均可压实,其行驶速度为2 km/h;羊足碾一般自身不带动力,要靠拖拉机牵引,碾压黏性土效果很好,其行驶速度为3 km/h;振动碾是一种振动和碾压同时作用的高效能压实机械,适用于压实石渣、碎石、杂填土和轻亚黏土等,其行驶速度为2 km/h。

(2)夯实法

夯实法是利用夯锤自由下落的冲击力来夯实填土。夯实机械有夯锤、内燃机夯土机和蛙式打夯机。在夯实机械不能作业的地方或土方压实量较小的黄土、砂土、杂土及有石块的填土,可采用人工夯实法,如木夯、石夯、飞硪夯。

(3)振动压实法

振动压实法是将振动压实机放在土层表面,借助振动机械使压实机振动,使土颗粒发生相对位移而达到密实状态,此法适用于振实非黏性土。

(4)运土工具压实法

运土工具压实法是利用铲运机、推土机工作时的压力来压实土层。在一般条件下,压四遍便可压实填土。如利用运土的自卸汽车进行压实或运土工具压实填土,应当合理组织,使运土工具的行驶路线大体均匀地分布在填土的全部面积上,并达到要求的重复行驶遍数。

6.填土压实原理

填土的压实质量与许多因素有关,其中主要因素有作用在填土上的压实功、填土的含水量、施工时填土的虚铺厚度。

(1)填土所需压实功

压实机械对土方所做的功称为压实功。压实功的大小对填土的压实质量有直接影响,如

图 1.3.8 所示。压土机械开始压实时,土的密度急剧增加,当土达到最大密度时,压实功虽增加许多,但土的密度几乎不变。由此可知,对填土进行多次压实,无实际意义。在土方填筑中,应根据不同的填土、压实机械及压实密度要求等来确定其填土压实的遍数,详见表 1.3.4。

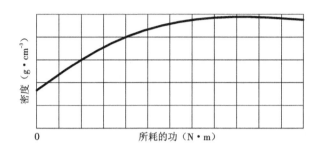

图 1.3.8　压实功与土密度的关系示意图

表 1.3.4　土方填筑铺设和压实要求

压实机具类型	每层铺土厚度(m)	每层压实遍数(遍)
羊足碾	0.20 ~ 0.35	8 ~ 16
平碾	0.20 ~ 0.30	6 ~ 8
拖拉机	0.20 ~ 0.30	8 ~ 16
推土机	0.20 ~ 0.30	6 ~ 8
蛙式打夯机	0.20 ~ 0.25	3 ~ 4
人工打夯	不大于 0.20	3 ~ 4

(2)填土的含水量

在压实功相同的条件下,土的含水量大小直接影响填土压实的质量,如图 1.3.9 所示。若填土的含水量过小,则引起土颗粒间的摩擦阻力增大,土不易压实,可将其洒水湿润后再碾压。若填土的含水量太大,颗粒间的大部分空隙全被水充填而呈饱和状态,碾压时由于水的隔离作用,不能把压实功有效地作用在土的颗粒上,土反而压不实,应将土翻松晾干(亦可掺入同类干土或吸水性土料)后再碾压。

常见土的最佳含水量(质量比):砂土 8% ~ 12%,黏土 19% ~ 23%,粉质黏土 12% ~ 15%,粉土 16% ~ 22%。现场检查填土的含水量是否合适,可用"手捏土成团,土团落地散开"判断。

(3)填土的虚铺厚度

填土在压实功的作用下,其应力随深度增加而逐渐减小(图 1.3.10),因而土的密度亦随深度的加大而减小。填土厚度过小会增加机械的总碾压遍数;填土厚度过大,压很多遍后才能达到规定的密实度,甚至可能出现"表实底疏"的情况。因此,填土虚铺厚度应小于压实机械压土时的作用深度,一次填土最佳厚度见表 1.3.4。

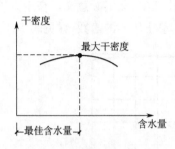

图 1.3.9　填土压实干密度
与含水量的关系

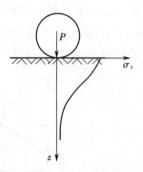

图 1.3.10　压实作用对
填土厚度的影响曲线

P—压实机具的质量;σ_z—压实机
具所产生的压应力;z—填土深度

3.1.4　填筑质量检查与评定

检查土的填筑质量,主要是检查其密实度。

1. 实测取样

用标准环刀按每层 $400 \sim 900 \ m^2$ 取 1 组,取样部位应在每层压实后的下半部,试样取出后通过实验测定其天然密度和含水量。

2. 测定土的实际干密度

每个试样要达到:

$$\rho_0 \geqslant \rho_d \tag{1.3.1}$$

$$\rho_0 = \frac{\rho}{1 + 0.01\omega} \tag{1.3.2}$$

$$\rho_d = D_y \cdot \rho_{dmax} \tag{1.3.3}$$

式中　ρ_0——土的实际干密度(g/cm^3);

　　　ρ——土的天然密度(实测)(g/cm^3);

　　　ω——土的含水量(实测)(%);

　　　ρ_d——土的控制干密度(g/cm^3),黏土取 $1.55 \ g/cm^3$,砂土取 $1.45 \ g/cm^3$;

　　　D_y——压实系数,一般取 $0.93 \sim 0.96$;

　　　ρ_{dmax}——土的最大干密度(实验)(g/cm^3)。

3. 填土的质量评定

填土的质量应根据所有测点(试样)的实际干密度来确定。规范要求应有 90% 以上的试样结果符合要求,其余 10% 以内的最低值与设计值的差,不得大于 $0.08 \ g/cm^3$,且应分散。

3.1.5　场地平整检查验收

1. 初验、复检、修整

大面积的场地机械化平整施工后,应进行必要的初验。初验时应复核其标高、坡度、填土质量等是否满足设计要求。对平整质量要求高的,还应检查其平整度,并做好终验的准备。

2. 检查验收

①检查验收有关技术资料:土石方竣工图和施工记录,有关变更和补充设计的图纸或文件,施工实测图和隐蔽工程验收记录,永久性控制桩和水准点的测量结果,填土边坡质量检查和验收记录。

②实地抽查检测。坐标、高程符合测量精度要求;标高(平整度):人工 ±50 mm,机械 ±100 mm;中线位置符合设计要求,断面尺寸不应偏小;边坡坡度不应偏陡;水沟排水设施符合设计要求;填土质量符合设计规范要求。

③做出验收结论。根据上述验收资料和检测结果,应做出平整场地验收是否合格的结论。

3.2　场地平整土方量计算

场地平整施工时,对挖填方量较大的工地,一般应先平整整个场地,然后开挖建筑物的基坑(槽),以便大型土方机械有较大的工作面,能充分发挥其效能,亦可减少对其他工序的干扰。

场地平整前,一般采用方格网法计算场地平整时的土方量。其基本思路:先根据建筑设计文件的规定要求,确定场地平整后的设计标高;再由场地设计标高和自然地形地面的标高之差,计算场地各方格角点的施工高度,即土的挖方或填方高度,并根据施工高度计算整个场地的挖方和填方工程量;最后由挖方、填方量的大小确定挖方、填方的平衡调配,并根据工程的总体规划、规模、工期要求、土方施工机械设备条件等,拟定土方施工方案。

利用方格网法计算场地平整土方量的步骤如下。

1. 划分方格网

根据地形图(1∶500),将平场范围划分成由若干个方格组成的方格网。方格边长一般为20~40 m。为便于计算,应对方格网角点进行编号,其编号标注在方格角点的左上角。

2. 场地平整高度的计算

(1)确定各方格角点的地面标高 H_{ij}

根据地形图上的等高线,用插入法确定 H_{ij}。插入法分为解析法和图解法。解析法相对准确,但计算较烦琐。图解法计算较快,其精确度相对于解析法要低,但一般能满足施工需要。在实际工作中,一般采用一种方法即可。如果没有地形图,可在地面上用木桩打好方格网,用测量仪器直接测出各方格角点的地面标高。

1)解析法

在地形方格网图上,过某一方格角点作一条与该角点两侧等高线大致垂直的直线,并假想沿该直线截开,再利用相似三角形原理,求解该角点的地面标高,如图1.3.11所示。

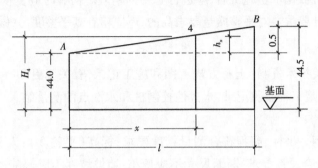

图1.3.11　解析法示意图

根据相似三角形原理,$h_x : 0.5 = x : l$,所以$h_x = 0.5x/l$,只要在地形图上量出x和l的长度,便可计算出角点4的地面标高,即$H_4 = 44.0 + h_x$。

2)图解法

在一张透明纸上画6条等间隔的相互平行的细直线,然后把该透明纸放在标有方格网的地形图上,最外两根直线分别对准方格与等高线的交点(A、B点),则透明纸上的平行线就将A、B之间的高差分成5等份。此时,用插入法便可在透明纸上直接读出角点4的地面标高H_4,如图1.3.12所示。依此类推,其他各点的地面标高均可用此法求出。

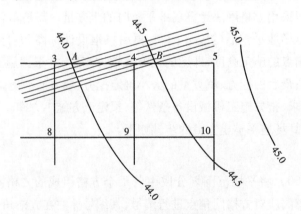

图1.3.12　图解法示意图

角点的地面标高求出后,标注在相应方格角点的左下方。

(2)确定场地设计标高H_0

场地平整后的标高是进行平整和土方计算的依据,合理确定场地的设计标高,对减少挖填方量、节约土方运输费用、加快施工进度等具有重要的经济意义。

当场地设计标高为 H_0 时,挖方与填方基本平衡,可移挖作填,挖方就地处理。若场地设计标高定得过低,挖方土用于填方后有剩余,则需要向场外弃土;若场地设计标高定得过高,挖方土不足以填平场地,则需要从场外取土作填土。无论是弃土还是取土,都要增加运输等费用。因此,在确定场地设计标高时,须结合地形条件,进行技术经济比较,确定一个合理的场地标高。

确定场地设计标高 H_0 的原则:场地内的挖方与填方应基本平衡,以减少运输等费用;尽量考虑自然地形,以减少挖、填方量;能满足施工工艺和运输的要求;具有一定的泄水坡度,能满足排水要求;考虑最高洪水位对建筑物的影响。

根据场地平整前后土方量相等的原则和 H_{ij},确定出场地平整后的标高等于 H_0 的水平面,由此可用四角棱柱体法计算出 H_0,即

$$H_0 = \frac{\sum H_1 + 2\sum H_2 + 3\sum H_3 + 4\sum H_4}{4N} \tag{1.3.4}$$

式中　H_0——场地平整的设计标高(m);

　　　H_1——1 个方格拥有的角点标高(m);

　　　H_2——2 个方格共有的角点标高(m);

　　　H_3——3 个方格共有的角点标高(m);

　　　H_4——4 个方格共有的角点标高(m);

　　　N——方格网数(个)。

(3)确定各方格角点的设计标高 H_{ij}'

平整后的场地根据排水要求应具有一定的泄水坡度。因此,场内各角点应按泄水要求计算其设计标高。

1)单向坡排水

如图 1.3.13 所示,设单向排水坡度为 i,取场地中心线为 $H_0 H_0$。

场地内任意方格角点的设计标高

$$H_{ij}' = H_0 \pm li \tag{1.3.5}$$

式中　H_{ij}'——场地内任意方格角点的设计标高(m);

　　　l——场地中心线到各方格角点的距离(m);

　　　i——单向排水坡度,一般 $i \not< 2‰$;

　　　±——若该方格角点标高低于 H_0,取" - ",反之取" + "。

2)双向坡排水

如图 1.3.14 所示,设 x 轴方向排水坡度为 i_x,y 轴方向排水坡度为 i_y,则场内各角点的设计标高为

$$H_{ij}' = H_0 \pm l_x i_x \pm l_y i_y \tag{1.3.6}$$

式中　l_x、l_y——该角点在 x—x、y—y 方向至场地中心的距离(m);

　　　i_x、i_y——该角点在 x—x、y—y 方向的泄水坡度。

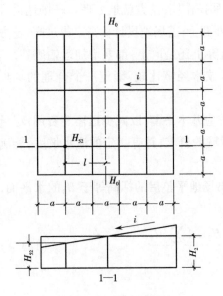

图 1.3.13　单向坡排水

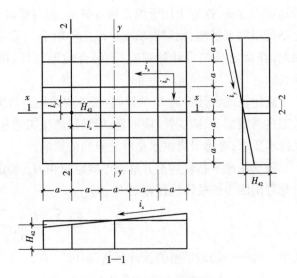

图 1.3.14　双向坡排水

角点设计标高 H'_{ij} 求出后,标注在相应角点的右下角。

(4)计算各方格角点的施工高度 h_{ij}

各方格角点的施工高度为

$$h_{ij} = H_{ij} - H'_{ij} \tag{1.3.7}$$

式中　H_{ij}——角点的地面标高(m);

　　　H'_{ij}——角点的设计标高(m);

若计算出的 h_{ij} 为正,即表示该角点的挖土深度;若计算出的 h_{ij} 为负,即表示该角点的填土深度。

计算出的各角点施工高度,标注在相应方格角点的右上角。

3.场地平整土方工程量的计算

(1)确定零点、零线,划分挖填区

如果方格边两端的施工高度符号不同,则说明在该方格边上有零点(不挖不填点)存在。先把方格边上的零点找出来,再把相邻两个零点连接起来,这条线即为零线(挖方区与填方区的分界线)。确定零点的方法有解析法和图解法,在工作中采用一种方法即可。

1)解析法

由图 1.3.15 可得

$$h_1 : x_A = h_2 : x_B$$

$$h_1 : x_A = h_2 : (a - x_A)$$

$$x_A = \frac{ah_1}{h_1 + h_2} \quad x_B = a - x_A \tag{1.3.8}$$

式中　x_A、x_B——角点 A、B 至零点的距离(m);

　　　　h_1、h_2——角点 A、B 的施工高度(均用绝对值)(m);

　　　　a——方格的边长(m)。

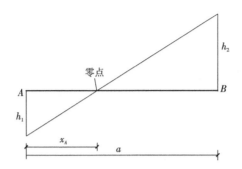

图 1.3.15　用解析法求解零点

2)图解法

以有零点的方格边为纵轴,以有零点方格边两端的方格边为横轴(为折线),然后用直尺将有零点的方格边两端的施工高度按比例标于纵轴两侧的横轴上。若角点的施工高度为"+",其比例长度在纵轴的右侧量取;若角点的施工高度为"-",则比例长度应在纵轴的左侧量取。然后用直尺将两个比例长度的终点相连,直尺与纵轴的交点,即为该方格边上的零点。用此法将方格网中的所有零点找出,依次将相邻的零点连接起来,即得到零线,如图 1.3.16 所示。

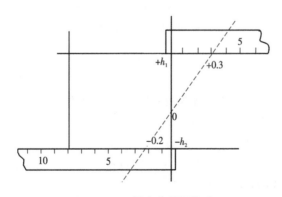

图 1.3.16　零点位置图解法

用图解法确定零点甚为快捷,可避免计算或查表出错,故在工程中常用此法求解零线。

(2)计算场地内各方格内挖方、填方的土方量

零线求出后,场地的挖方区、填方区随之确定。由于地形的不同,挖、填方式亦不同,故方格内的挖、填方式有四点挖方(四点填方)、三点挖方(三点填方)、两点挖方(两点填方)和一点挖方(一点填方)四种类型。计算各方格内的挖、填方量,通常采用平均高度法,各种类型的土方量计算方法见表 1.3.5。

表 1.3.5　各种类型方格的土方量计算表

项目	图式	计算公式
一点填方或挖方（三角形）		$V = \dfrac{1}{2} bc \dfrac{\sum h}{3} = \dfrac{bch_3}{6}$ 当 $b = c = a$ 时，$V = \dfrac{a^2 h_3}{6}$
两点填方或挖方（梯形）		$V_+ = \dfrac{b+c}{2} a \dfrac{\sum h}{4} = \dfrac{a}{8}(b+c)(h_1+h_3)$ $V_- = \dfrac{d+e}{2} a \dfrac{\sum h}{4} = \dfrac{a}{8}(d+e)(h_2+h_4)$
三点填方或挖方（五角形）		$V = \left(a^2 - \dfrac{bc}{2}\right) \dfrac{\sum h}{5} = \left(a^2 - \dfrac{bc}{2}\right) \dfrac{h_1+h_2+h_4}{5}$
四点填方或挖方（正方形）		$V = \dfrac{a^2}{4} \sum h = \dfrac{a^2}{4}(h_1+h_2+h_3+h_4)$

注：①a 为方格网的边长（m）；b、c 为零点到方格同一角的边长（m）；h_1、h_2、h_3、h_4 分别为方格网四个角点的施工高度（绝对值），（m）；Σh 为挖方或填方施工高度（绝对值）之和（m）；V 为挖方或填方量（m³）。
②本表中的各公式系按计算图形底面积乘以施工高度而得。

4.边坡土方量

在场地平整施工中，一般情况下场地四周应做成一定的坡度（图 1.3.17），以保持土体稳定，防止塌方，保证正常施工和使用安全。边坡坡度大小按设计规定选取。

场地边坡土方量的计算步骤：在方格网上标出零线位置和场地 4 个角点挖、填高度；根据土质条件确定挖、填边坡的边坡度系数 m_1、m_2；计算出场地 4 个角点的放坡宽度；按比例绘出场地及边坡平面图；计算边坡土方量。

场地的边坡可划分为三角棱锥体和三角棱柱体两种几何形体，按场地边坡的类型及个数分别进行计算。

三角棱锥体体积的计算公式：

$$V_i = \dfrac{A_i l_i}{3} \qquad (1.3.9)$$

式中　V_i——第 i 个三角棱锥体体积（m³）；

　　　A_i——第 i 个三角棱锥体底面积（m²）；

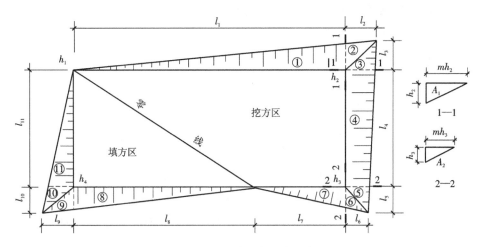

图 1.3.17　场地土方边坡示意图

l_i——第 i 个三角棱锥体的长度(m)。

三角棱柱体体积的计算公式:

$$V'_i = \frac{A_{i1} + A_{i2}}{2}l'_i$$ 　　　　　　(1.3.10)

式中　V'_i——第 i 个三角棱柱体体积(m^3);

　　　A_{i1}、A_{i2}——第 i 个三角棱柱体两端的断面面积(m^2);

　　　l'_i——第 i 个三角棱柱体的长度(m)。

5.计算场地平整的土方总量

将场地平整时方格内的挖方、填方量及边坡挖填方量进行汇总,即得到该场地挖方和填方的总土方量。此时应初步检验挖方、填方是否大致平衡。

如果挖方量大大超过填方量,则需要降低场地的设计标高;反之,则应提高场地的设计标高。

3.3　平整场地的土方调配

平整场地的土方工程量算出后,紧接着进行土方调配。土方调配是对挖土、填土和弃土三者之间的关系进行综合协调处理,其目的在于确定挖方区和填方区土方的调配方向、调配数量及平均运距,使土方运输量最小或运输费用最少。

土方调配的内容主要包括划分土方调配区、计算土方调配区的平均运距、确定土方的最优调配方案及编制土方调配成果图表。

1.土方调配原则

编制土方调配方案时应做到:力求就近调配,使挖方、填方平衡和运距最短;应考虑近期施工和后期利用相结合,避免重复挖运;选择适当的调配方向、运输路线,以方便施工,提高施工效率;填土材料尽量与自然土相匹配,以提高填土质量;借土、弃土时,应少占或不占农田。

2.土方调配图表的编制

(1)划分土方调配区,计算各调配区土方量

①确定挖方区和填方区。在土方施工中,要确定场地的挖方区和填方区,应首先确定零线。根据地形起伏的变化,零线可能是一条,亦可能是多条。一条零线时,场地分为一个挖方区,一个填方区;若为多条零线,则场地分为多个挖方区和多个填方区。

②划分土方调配区。场地挖方区和填方区可根据工程的施工顺序、分期施工要求,使近期施工和后期利用相结合;调配区大小应满足土方机械和运输机械的技术性能要求,使其达到最大效率;调配区范围应与计算方格网相协调,即一个调配区土方量由若干方格的土方量所组成。

③计算各调配区土方量。将各调配区土方量算出,并标注在土方初始调配图上。

(2)计算各调配区间的平均运距或综合单价

单机施工时,一般采用平均运距作为调配参数。多机施工时,则采用综合单价(单位土方施工费用)作为调配参数。计算各调配区间的平均运距,实际上是计算挖方区重心(形心)至填方区重心(形心)的距离。

①计算各方格的重心位置。现以场地的左下角为原点,场地的纵、横边为坐标轴,建立直角坐标系,计算各方格的重心位置(x,y)。

②计算各调配区的重心位置。

$$x_g = \frac{\sum V \cdot x}{\sum V} \qquad y_g = \frac{\sum V \cdot y}{\sum V} \qquad (1.3.11)$$

式中　x_g、y_g——挖方或填方调配区的重心坐标(m);

　　　V——每个方格的土方量(m^3);

　　　x、y——每个方格的重心坐标(m)。

③求每一调配区间的平均运距。用数学方法确定每一调配区间的平均运距,即

$$L_0 = \sqrt{(x_{gt} - x_{gw})^2 + (y_{gw} - y_{gt})^2} \qquad (1.3.12)$$

式中　x_{gt}、y_{gt}——填方区的重心坐标(m);

　　　x_{gw}、y_{gw}——挖方区的重心坐标(m)。

每一调配区间的平均运距应标注在土方调配区图上,如图1.3.18所示。

(3)编制土方初始调配方案

土方初始调配方案是土方调配优化的基础。土方初始调配方案是将土方调配图中的主要参数填入土方初始方案表中。

编制土方初始调配方案的方法:采用最小元素法,即运距(综合单价)最小,而调配的土方量最大,即"最小元素,最大满足"。

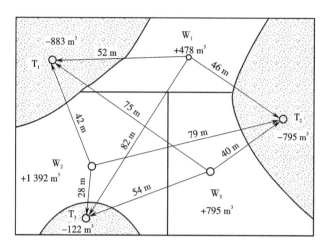

图 1.3.18　土方调配区示意图

编制初始调配方案的步骤如下。

①在运距表(小方格)中找一个最小值,并使相应方格内的值尽可能大。如表 1.3.6 所示,小方格内的最小值为 $c_{23}=28$,于是应使 x_{23} 的值尽可能大,即 $x_{23}=122$。虽第 2 挖方区的总量为 1 392 m^3,但第 3 填方区的需要量只有 122 m^3,即将 122 m^3 挖方全部填于该区的填方。

②在得不到挖方土的填方区方格内打上"×"号。表 1.3.6 中,因 W_2 的土方量全部调配到 T_1、T_3、T_4,所以 $x_{22}=0$,故应在 x_{22} 的方格内打上"×"号。同理,W_1 所对应的方格 $x_{11}=x_{13}=0$;W_3 所对应的方格 $x_{31}=x_{33}=x_{34}=0$,故亦应打上"×"号。

③绘制土方初始调配方案。土方初始调配方案如表 1.3.6 所示。

表 1.3.6　土方初始调配表

填方区 挖方区	T_1		T_2		T_3		T_4		挖方量(m^3)
W_1		52		46		82		100	478
	×		156		×		322		
W_2		42		79		28		66	1 392
	883		×		122		387		
W_3		75		40		54		92	795
	×		795		×		×		
填方量(m^3)	883		951		122		709		2 665 2 665

(4)确定最优调配方案

土方调配方案的优化以线性规划为基础,采用"表上作业法"进行求解。通过优化的方案为最优调配方案。

采用最小元素法编制的初始调配方案,考虑了就近调配的原则,求得的总运输量是较小的,但并不能保证其运输量是最小的。因此,还需要对初始调配方案进行判断。判断时一般采用位势法,其实质是用检验数 λ_{ij} 来进行判断,即

$$\lambda_{ij} \geq 0 \text{ 或 } \lambda_{ij} < 0 \qquad (1.3.13)$$

若调配方案表中所有方格的检验数 $\lambda_{ij} \geq 0$ 时,则该调配方案为最优。否则,该方案不是最优,需进一步调整。

土方调配方案的优化步骤如下。

1)求检验数 λ_{ij}

令挖方区的位势数为 $u_i(i=1,2,3,\cdots,m)$,填方区的位势数为 $v_i(i=1,2,3,\cdots,n)$,则各方格间的平均运距(或综合单价)为

$$c_{ij} = u_i + v_i \qquad (1.3.14)$$

式中　c_{ij}——平均运距(或综合单价);

　　　u_i——挖方区的位势数;

　　　v_i——填方区的位势数。

位势数求出后,便可用下式计算各方格的检验数:

$$\lambda_{ij} = c_{ij} - u_i - v_i \qquad (1.3.15)$$

表 1.3.6 中各挖方、填方的位势数及各方格的检验数计算如下。

①令 W_1 的位势数 $u_1 = 0$,则 T_2、T_4 的位势数为

$$v_2 = c_{12} - u_1 = 46 - 0 = 46$$
$$v_4 = c_{14} - u_1 = 100 - 0 = 100$$

W_2、T_1、T_3 的位势数为

$$u_2 = c_{24} - v_4 = 66 - 100 = -34$$
$$v_1 = c_{21} - u_2 = 42 - (-34) = 76$$
$$v_3 = c_{23} - u_2 = 28 - (-34) = 62$$

W_3 的位势数为

$$u_3 = c_{32} - v_2 = 40 - 46 = -6$$

②各方格的检验数 λ_{ij} 如下。

$$\lambda_{11} = c_{11} - u_1 - v_1 = 52 - 0 - 76 = -24$$
$$\lambda_{12} = c_{12} - u_1 - v_2 = 46 - 0 - 46 = 0$$
$$\lambda_{13} = c_{13} - u_1 - v_3 = 82 - 0 - 62 = +20$$
$$\lambda_{14} = c_{14} - u_1 - v_4 = 100 - 0 - 100 = 0$$
$$\lambda_{21} = c_{21} - u_2 - v_1 = 42 - (-34) - 76 = 0$$
$$\lambda_{22} = c_{22} - u_2 - v_2 = 79 - (-34) - 46 = +67$$
$$\lambda_{23} = c_{23} - u_2 - v_3 = 28 - (-34) - 62 = 0$$
$$\lambda_{24} = c_{24} - u_2 - v_4 = 66 - (-34) - 100 = 0$$
$$\lambda_{31} = c_{31} - u_3 - v_1 = 75 - (-6) - 76 = +5$$

$$\lambda_{32} = c_{32} - u_3 - v_2 = 40 - (-6) - 46 = 0$$

$$\lambda_{33} = c_{33} - u_3 - v_3 = 54 - (-6) - 62 = -2$$

$$\lambda_{34} = c_{34} - u_3 - v_4 = 92 - (-6) - 100 = -2$$

将上述计算结果填入表 1.3.7 中,检验数可只写"＋"或"－",不必填入数值。

由表 1.3.7 可知,表内仍有负检验数存在,说明该方案不是最优调配方案,尚需进一步调整,直至方格内全部检验数 $\lambda_{ij} \geqslant 0$ 为止。

表 1.3.7　检验数计算表

填方区 挖方区	位势数 u_i \ v_i	T_1 $v_1 = 76$	T_2 $v_2 = 46$	T_3 $v_3 = 62$	T_4 $v_4 = 100$
W_1	$u_1 = 0$	52 -24	46 0	82 $+20$	100 0
W_2	$u_2 = -34$	42 0	79 $+67$	28 0	66 0
W_3	$u_3 = -6$	75 $+5$	40 0	54 -2	92 -2

2)方案调整

①找出调整对象。在所有负检验数中选一个(一般可选最小的一个,如表 1.3.7 中的 λ_{11}),把它所对应的变量作为调整对象。

②找出变量的闭合回路。从变量 x_{11} 方格出发,沿水平或垂直方向前进,遇到适当的有数字的方格作 90°转弯。然后,依次继续前进,最后回到出发点,形成一条闭合回路。本例从 $x_{11} \rightarrow x_{21} \rightarrow x_{23} \rightarrow x_{24} \rightarrow x_{14} \rightarrow x_{12} \rightarrow x_{11}$,见表 1.3.8。

表 1.3.8　与调整对象相关的闭合回路

填方区 挖方区	T_1	T_2	T_3	T_4
W_1	x_{11} ←	← 156 ←		← 322
W_2	↓ 883	← 122 ←		↑ 387 →
W_3		795		

③找一个适当的调整对象。从空格出发,沿着闭合回路的垂直(水平)方向前进,在奇数

次转角点的数字(原调配量)中,挑选一个最小的数字作为重新调整对象。表 1.3.8 中奇数次转角点的数字中,有 883 和 322,选 322 作为最小的调配对象。

④对调配方案进行调整。将调配对象沿闭合回路向空格内调配。在闭合回路的奇数次转角点减去调配对象的数量,在偶数次转角点加上调配对象的数量,以求得挖填方、行列的平衡。通过调整得到新的调配方案。

如表 1.3.8 所示,将奇数次转角点中最小的 x_{14}(322)调配至 x_{11}。为求得平衡,应在 x_{21} 格减去 322,x_{24} 格加上 322,x_{14} 格上减去 322,即得出土方第 2 调配方案,见表 1.3.9。

表 1.3.9　土方第 2 调配方案

挖方区＼填方区	T_1		T_2		T_3		T_4		挖方量(m^3)
W_1		52		46		82		100	478
	322		156		×		×		
W_2		42		79		28		66	1 392
	561		×		122		709		
W_3		75		40		54		92	795
	×		795		×		×		
填方量(m^3)	883		951		122		709		2 665 ／ 2 665

对土方第 2 调配方案,仍需计算位势数,并用检验数判断其是否为最优。经检验,土方第 2 调配方案(表 1.3.9)为最优调配方案,其最小运输量为 129 492 $m^3 \cdot m$,而初始调配方案的运输量为 137 220 $m^3 \cdot m$。

(5)绘制土方调配图

根据最优调配方案中的调配参数,绘制出土方调配图。在该图上应标出土方调配区、调配区土方量、调配方向和数量和调配区间的平均运距,如图 1.3.19 所示。

例 1.3.1 已知条件如图 1.3.20 所示,现不考虑土的可松性和场地内挖方及填方的影响,试求该场地平场时土方施工的最优调配方案,并绘出其调配图。

解:(1)计算场地设计标高 H_0

$$\sum H_1 = 217.4 + 218.4 + 219.92 + 219.2 = 874.92 \text{ m}$$

$$2\sum H_2 = 2(218.6 + 220 + 220 + 218.66 + 217.5 + 219.6 + 218.5 + 218 + 220.5 + 219.8)$$
$$= 4 382.32 \text{ m}$$

$$3\sum H_3 = 0$$

$$4\sum H_4 = 4(219.56 + 219.95 + 219.3 + 220.5 + 219.7 + 219.31) = 5 273.28 \text{ m}$$

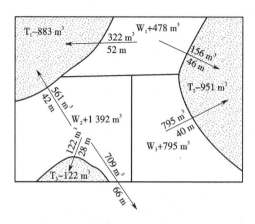

图 1.3.19 最优土方调配图(1:1 000)

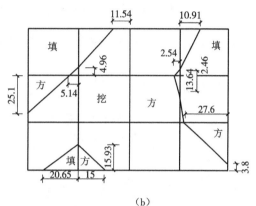

(a)   (b)

图 1.3.20 某场地平整时的方格网

(a)场地各方格角点参数 (b)场地挖方区及填方区

$$H_0 = \frac{\sum H_1 + 2\sum H_2 + 3\sum H_4 \sum + 4\sum H_4}{4N} = \frac{874.92 + 4\,382.32 + 0 + 5\,273.28}{4 \times 12}$$

$$= 219.39 \text{ m}$$

(2)计算各方格角点的设计标高 H'_{ij}

计算过程略,其计算结果见图1.3.20。

(3)计算平整场地的土方量

1—1 方格:$V^+_{1-1} = \dfrac{0 + 0 + 0.18}{3} \times \dfrac{1}{2} \times 5.14 \times 4.96 = 0.76 \text{ m}^3$

$V^-_{1-1} = \dfrac{0 + 0 + 2.22 + 0.96 + 0.87}{5} \times \left(30 \times 30 - \dfrac{1}{2} \times 5.14 \times 4.96\right) = -718.67 \text{ m}^3$

1—2 方格:$V^+_{1-2} = \dfrac{0 + 0 + 0.5 + 0.18 + 0.54}{5} \times \left(30 \times 30 - \dfrac{1}{2} \times 25.04 \times 18.46\right) = +163.21 \text{ m}^3$

$$V_{1-2}^+ = \frac{0+0+0.96}{3} \times \frac{1}{2} \times 25.04 \times 18.46 = -73.96 \text{ m}^3$$

1—3 方格：$V_{1-3}^+ = \frac{0+0+0.5+0.56+0.54}{5} \times \left(30 \times 30 - \frac{1}{2} \times 2.54 \times 2.46\right) = +287 \text{ m}^3$

$$V_{1-3}^- = \frac{0+0+0.5}{2} \times \frac{1}{2} \times 2.54 \times 2.46 = -0.05 \text{ m}^3$$

1—4 方格：$V_{1-4}^+ = \frac{0+0+0.56}{3} \times \frac{1}{2} \times 27.54 \times 10.91 = +28.05 \text{ m}^3$

$$V_{1-4}^- = \frac{0+0.98+0.05+1.79}{5} \times \left(30 \times 30 - \frac{1}{2} \times 10.91 \times 27.54\right) = -422.87 \text{ m}^3$$

2—1 方格：$V_{2-1}^+ = \frac{0+0+0.18+0.17+1.13}{5} \times \left(30 \times 30 - \frac{1}{2} \times 24.86 \times 25.1\right)$

$$= +174.05 \text{ m}^3$$

$$V_{2-1}^- = \frac{0+0+0.87}{3} \times \frac{1}{2} \times 24.86 \times 25.1 = -90.5 \text{ m}^3$$

2—2 方格：$V_{2-2}^+ = \frac{0.18+0.54+1.13+0.39}{4} \times 900 = +504 \text{ m}^3$

2—3 方格：$V_{2-3}^+ = \frac{0+0+0.54+0.39+0.06}{5} \times \left(30 \times 30 - \frac{1}{2} \times 13.64 \times 2.54\right)$

$$= +174.77 \text{ m}^3$$

$$V_{2-3}^- = \frac{0+0+0.05}{3} \times \frac{1}{2} \times 2.54 \times 13.64 = -0.29 \text{ m}^3$$

2—4 方格：$V_{2-4}^+ = \frac{0.06+0+0}{3} \times \frac{1}{2} \times 16.36 \times 2.4 = +0.39 \text{ m}^3$

$$V_{2-4}^- = \frac{0+0+0.05+1.79+0.69}{5} \times \left(30 \times 30 - \frac{1}{2} \times 16.36 \times 2.4\right) = -445.47 \text{ m}^3$$

3—1 方格：$V_{3-1}^+ = \frac{0+0+0.17+1.13+0.58}{5} \times \left(30 \times 30 - \frac{1}{2} \times 20.65 \times 15.93\right) = +276.56 \text{ m}^3$

$$V_{3-1}^- = \frac{0+0+1.28}{3} \times \frac{1}{2} \times 20.65 \times 15.93 = -70.18 \text{ m}^3$$

3—2 方格：$V_{3-2}^+ = \frac{0+0+1.13+0.39+1.28}{5} \times \left(30 \times 30 - \frac{1}{2} \times 15.93 \times 15\right) = +437.09 \text{ m}^3$

$$V_{3-2}^- = \frac{0+0+1.28}{3} \times \frac{1}{2} \times 15.93 \times 15 = -50.98 \text{ m}^3$$

3—3 方格：$V_{3-3}^+ = \frac{0.39+0.06+1.28+0.64}{4} \times 30 \times 30 = +533.25 \text{ m}^3$

3—4 方格：$V_{3-4}^+ = \frac{0.06+0.64+0.1+0+0}{5} \times \left(30 \times 30 - \frac{1}{2} \times 27.6 \times 26.2\right) = +86.15 \text{ m}^3$

$$V_{3-4}^- = \frac{0+0+0.69}{3} \times \frac{1}{2} \times 27.6 \times 26.2 = -83.16 \text{ m}^3$$

平场总挖方量：

$$V_{总}^{挖} = \sum V_{ij}^{挖} = +2\,665.28 \ \text{m}^3$$

平场总填方量：

$$V_{总}^{填} = \sum V_{ij}^{挖} = -1\,956.13 \ \text{m}^3$$

（4）土方调配方案

该场地平整时的土方调配方案如图 1.3.18、图 1.3.19 及表 1.3.6 至表 1.3.9 所示。为使挖方、填方在其调配过程中保持基本平衡，拟将挖、填方量的差 709 m³ 作为一个独立的弃土区（T₄），该弃土区距 W₁、W₂、W₃ 的距离分别为 100 m、66 m、92 m。

复习思考题

1. 在确定场地平整设计标高时，应考虑哪些因素？

2. 试简述用方格网法计算土方量的步骤和方法。

3. 为什么要进行土方调配？土方调配时应遵循哪些原则？土方调配区怎么划分？

4. 试简述表上作业法确定土方最优调配方案的步骤及方法。

5. 土方调配时如何才能使土方运输量最小？

综合练习题

1. 某场地方格网边长 a = 20 m，各方格角点的地面标高如图 1.3.21 所示。该场地地面设计为双向排水，坡度 $i_x = i_y = 2‰$。现不计土的可松性，根据挖填平衡原则，试求：

（1）场地各方格角点的设计标高；

（2）计算各角点的施工高度，并确定零线位置；

（3）计算该场地平整时的挖、填方量（不考虑边坡土方量）。

2. 已知：某场地有挖方区 W₁、W₂、W₃，填方区 T₁、T₂、T₃，其挖、填方量如图 1.3.22 所示；每一对调配区的平均运距如表 1.3.10 所示。试求：

（1）该场地平整时的土方量的最优调配方案，并用位势数予以检验；

（2）绘出土方调配图。

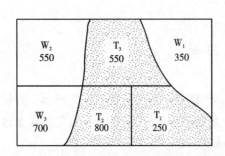

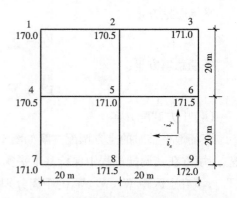

1.3.21 某场地方格网及各方格角点地面标高   图 1.3.22 场地挖填方调配区及其挖填方量

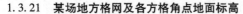

表 1.3.10 调配区的平均运距

填方区 挖方区	T_1		T_2		T_3		挖方量(m³)
W_1		90		65		40	350
W_2		100		80		60	550
W_3		85		30		75	700
填方量(m³)	250		800		550		1 600 1 600

3. 某工地采用方格网法平整场地,方格网如图 1.3.23 所示,尺寸 10 m × 10 m。根据甲方提供的控制点,施工人员进行了实地标高测量,图中数字为角点地面相对标高。监理要求按挖填平衡原则平整场地。

要求:

(1)计算本题设计标高(计算时不考虑泄水坡度、土的可松性和土方边坡);

(2)确定开挖零线。

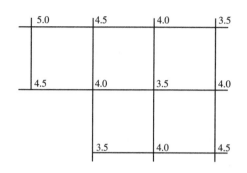

图列: 施工高度 | 地面标高
　　　角点编号 | 设计标高

图 1.3.23　某场地方格网及各方格角点地面标高

任务 4　正确选择爆破方法并指导爆破施工

4.1　爆破的基本知识

在平基土石方施工中,土方一般可用人工或机械进行开挖平场,但石方则必须采用爆破的方法先将岩石破碎,再用机械装运岩块进行平场。因此,学习和掌握一定的爆破基本知识,对于土建施工技术和管理人员显得十分重要。

4.1.1　土石爆破的基本概念

用钻孔机械在需要爆破的岩体上钻孔,把炸药和雷管装填于炮孔中,然后将其引爆,炸药在极短的时间内释放出大量的高温、高压和高速行进的爆炸冲击波,冲击和压缩周围的介质(土、石等),使岩石受到不同程度的破坏,从而达到破碎岩石的目的,这就叫爆破。

如果将一个球形或立方体形的炸药包置入岩体中进行爆破,称为集中装药爆破;若先用钻孔机械进行钻孔,再装入炸药卷进行爆破称为柱状装药爆破。

岩体与空气的接触面称为临空面。实践表明,岩体的临空面愈多,其爆破效果愈好。爆破时,装药中心至临空面的最短距离称为最小抵抗线,用 W 表示。

　1. 炸药的内部作用

地表不出现明显破坏的爆破作用称为炸药的内部作用。假设岩石为均匀介质,当炸药置于无限均质岩中爆炸时,在岩石中将形成以炸药为中心的由近及远的不同破坏区域,分别称为粉碎区(压缩区)、裂隙区及弹性振动区。

(1)粉碎区(压缩区)

炸药爆炸后,爆轰波和高温、高压爆炸气体迅速膨胀形成的冲击波作用在孔壁上,炮孔壁周围的介质被粉碎或强烈压缩,形成压缩区或粉碎区。

(2)裂隙区

爆炸冲击波通过粉碎区以后,在岩石中形成新鲜裂纹或激活原生裂纹,爆炸气体的高压气楔作用,对裂纹进行扩展,形成裂隙区。

(3)弹性振动区

裂隙区以外的岩体中,由于应力波和爆炸气体的能量不足以使岩石破坏,只能引起岩石质点做弹性振动,这个区域叫弹性振动区。

由于炸药爆炸的类型不同,被爆破的土石级别不同,其爆破作用范围大小亦不同。上述三个爆破作用范围,大致可用三个同心圆来表示,叫炸药爆破作用圈,如图1.4.1所示。

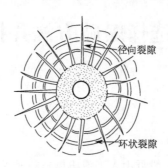

图1.4.1 爆破的内部作用

2.炸药的外部作用

当集中药包埋置在靠近地表的岩石中时,药包爆炸后除产生内部的破坏作用以外,还会在地表产生破坏作用,称为外部作用。

根据应力波反射原理,当药包爆炸以后,压缩应力波到达自由面时,便从自由面反射回来,变为性质和方向完全相反的拉伸应力波,这种反射拉伸应力波可以引起岩石"片落"和引起径向裂隙的扩展。

4.1.2 炸药性能及常用工业炸药

1.炸药的分类

炸药按照应用范围和成分可分为起爆炸药和猛炸药。

起爆炸药是一种烈性炸药,其感度极高,只要外界给它一定能量,就很容易爆炸。通常用于制造雷管、导爆索和起爆药包等,用于起爆其他类型的炸药。起爆炸药主要有雷汞、叠氮化铅、二硝基重氮酚(简称 DDNP)等,其中 DDNP 为目前国产雷管的主要起爆药。

猛炸药用于土石方的爆破,其稳定性好,只有在爆炸能的作用下,才能产生爆炸,在工程中常用雷管或者其他起爆器材起爆。猛炸药按组分又分为单质炸药和混合炸药。主要的单质猛炸药有三硝基甲苯(TNT)、黑索金、特屈儿、硝化甘油,主要的混合猛炸药有铵梯类炸药、铵油炸药、浆状炸药、乳化炸药等。

2. 炸药的起爆与感度

炸药是一个相对稳定的平衡系统,要使其发生爆炸必须要由外界施加一定的能量。通常将外界施加给炸药某一局部而引起炸药爆炸的能量称为起爆能,而引起炸药发生爆炸的过程称为起爆。

感度是指炸药在外能作用下发生爆炸反应的难易程度;炸药感度与所需的起爆能成反比,就是说感度高的炸药,所需起爆能小。

感度可分三类:热感度、机械感度、爆轰感度。

①热感度:炸药在热能作用下发生爆炸的难易程度,通常用爆发点和火焰感度来表示。

②机械感度:炸药在机械能作用下发生爆炸的难易程度,包括撞击感度和摩擦感度。

③爆轰感度:炸药在其他炸药的爆炸冲能作用下发生爆炸的难易程度,通常用极限起爆药量来表示。所谓极限起爆药量是指引起炸药发生爆炸所需的最小起爆药量。

实践表明,一个药包(卷)爆炸时,会在某种惰性介质中(如空气、水、砂土等)产生冲击波,这种冲击波的作用可以引起相隔一定距离的另一个药包(卷)发生爆炸,这种现象称为殉爆。

当主、从爆药卷为同一种炸药时,足以使从爆药卷全爆的药卷间最大距离叫作该炸药的殉爆距离,单位 cm。

注:同一炸药对不同形式起爆能的感度不存在一定的当量关系。

感度的作用:①关系到炸药在制造、运输、搬运、储存、使用过程中的安全;②关系到装药能否安全起爆,对爆破效果有重要作用。

3. 炸药的氧平衡

从元素组成来讲,炸药通常由碳、氢、氧、氮四种元素组成。氧平衡就是衡量炸药中所含的氧与将可燃元素完全氧化所需的氧两者是否平衡。所谓完全氧化,即碳原子完全氧化成二氧化碳,氢原子完全氧化成水。

4. 炸药的爆炸性能

(1)爆速

爆轰波沿炸药装药传播的速度称为爆速。必须指出,炸药的爆速与炸药的爆炸化学反应速度是本质不同的两个概念,即爆速是爆轰波阵面一层一层地沿炸药柱传播的速度,而爆炸化学反应速度是指单位时间内反应完成的物质的质量。

炸药的爆速是衡量炸药爆炸性能的重要标志量,也是目前可以比较准确测定的一个爆轰参数。

（2）爆力

爆力反映炸药爆轰在介质内部做功的性能,其主要取决于炸药爆炸时的爆热和所生成气体量的多少。我国用铅铸扩大法检测炸药爆力。

（3）猛度

炸药猛度反映炸药爆轰时对爆破对象表面的粉碎、冲击能力,其大小主要取决于炸药的爆速。我国用铅柱压缩法检测炸药猛度。

5. 常用的工业炸药

工业炸药一般常用硝酸铵类炸药,主要包括铵梯炸药、铵油炸药、浆状炸药、乳化炸药。

（1）铵梯炸药

成分:硝酸铵、木粉、TNT;以 2#岩石炸药为例:硝酸铵 85%、TNT 11%、木粉 4%。

（2）铵油炸药

成分:硝酸铵、柴油、木粉,配比分别为 92%、4%、4%;柴油的热值很高,多用轻柴油。当硝酸铵和木粉温度为 70~90 ℃时倒入柴油,以便混合均匀。

特性:成分简单,成本低;感度低,起爆困难,一般不能用雷管直接起爆;铵油炸药吸潮及固结的趋势较强。

（3）浆状炸药

浆状炸药是一种糨糊状的含水炸药,便于灌装炮孔。主要成分是硝酸铵、TNT。

特性:抗水性强,装药密度高,爆炸威力大,爆速一般在 4 000 m/s 以上,安全性好;但感度低,一般不能用雷管直接起爆。

（4）乳化炸药

主要成分:硝酸铵水溶液、乳化剂、敏化剂。

特性:

①密度比水大,可调范围为 1.8~1.45 g/cm^3;

②抗水性优良,比浆状炸药好;

③感度较高,可用 8 号雷管稳定起爆;

④爆速可达 3 500~5 000 m/s;

⑤猛度为 16~19 mm,比 2#岩石炸药猛度大 30%。

4.1.3 常用的起爆方法及器材

在工程爆破中,引爆药包中的工业炸药有两种方法:一种是通过雷管的爆炸起爆工业炸药;一种是用导爆索爆炸产生的能量去引爆工业炸药,而导爆索本身需要先用雷管将其引爆。

按雷管的点燃方式不同,起爆方法包括火雷管起爆法、电雷管起爆法、导爆管雷管起爆法。

1. 火雷管起爆法

火雷管起爆法由导火索传递火焰点燃火雷管,也称为导火索起爆法,是工程爆破中最早使用的起爆方法。

火雷管起爆法的特点是操作简单、成本较低,但需要在爆破工作面点火,安全性差,爆破前不能用仪器仪表检查工作质量,一次起爆能力小,不能精确控制起爆时间。

起爆过程:点火→导火索燃烧产生火焰→引爆火雷管→炸药包起爆,见图 1.4.2。

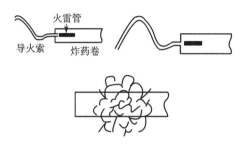

图 1.4.2 火雷管起爆法

导火索以黑火药为主装药,黑火药在生产和使用中极易发生安全事故。因此,我国已从 2008 年 1 月 1 日起停止生产民用导火索和火雷管,当年 6 月 30 日后停止使用。

(1)火雷管

火雷管由外壳、正副起爆药和加强帽等组成,如图 1.4.3 所示。雷管的规格有 1 号 ~ 10 号,号数愈大,其起爆能力愈强。在土石方爆破中,以 6 号和 8 号雷管应用最广。

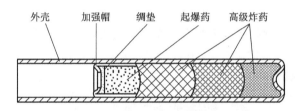

图 1.4.3 火雷管结构示意图

(2)导火索

由黑火药作为芯药,用棉线和纸条包缠而成,外观为白色,每卷 50 m,直径 5 ~ 6 mm,其正常燃速为 10 m/s,其结构见图 1.4.4。使用时用锋利的电工刀或剪刀将导火索所需要的长度切下,把插入雷管一端平切,将导火索谨慎地插入雷管空腔内,不准用力挤压或转动。导火索的长度以点火手能退至安全地点为宜(不小于 1 m)。在距雷管口 5 mm 处用雷管钳夹紧,亦可用胶布缠紧。

(3)起爆药卷

装有雷管的炸药卷称为起爆药卷。它可以产生巨大的爆炸能,使柱状装药连续起爆。制作时,先将炸药卷搓松,把上口掀开,用专用的木锥在药卷中央扎一雷管孔,再将点火管插入其中,然后药卷纸用细绳捆扎。

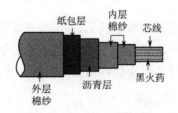

图 1.4.4 导火索结构

（4）装药结构

根据爆破设计的要求，炸药卷的聚能穴朝向孔底，用炮棍将炸药卷一节一节地送入炮孔内，在靠近孔口时装入起爆药卷，导火索留在孔口外，剩余的空孔段用炮泥进行填塞。

（5）点燃方法

导火索可用拉火管或火柴点燃，严禁点明火。看到冒烟，即已点燃。

2. 电雷管起爆法

电雷管起爆法采用电引火装置点燃雷管，故也称电力起爆法，是利用电源产生的电流起爆电雷管，从而使炮孔中的炸药爆炸。该法能同时起爆多个装药，能事先用仪表检查，且能远距离起爆，操作安全可靠，故大规模的爆破或一次起爆较多的炮孔装药，多采用电力起爆法。实施电力起爆的网路所需的主要器材有电雷管、导线、起爆电源和欧姆表等。

（1）电雷管

电雷管分为瞬发电雷管和延期电雷管。瞬发电雷管由火雷管和电力引火装置组成，如图1.4.5 所示。通电后，电雷管内脚线上的桥丝发热，点燃发火药头，使正起爆药爆炸，进而引起副起爆药爆炸，并产生爆炸能。

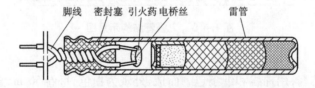

图 1.4.5 瞬发电雷管

延期电雷管是在发火药头与正起爆药之间装有延期装置（毫秒延期电雷管为延期药，秒延期电雷管为长度不等的导火索），如图 1.4.6 所示。延期电雷管可延长雷管的爆炸时间，能满足一次通电分次爆破的要求。秒延期电雷管的延期时间见表 1.4.1。

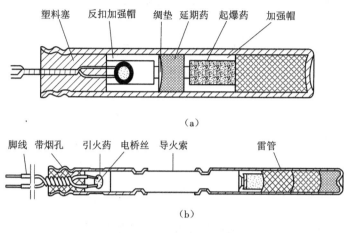

图 1.4.6　延期电雷管

（a）毫秒延期电雷管　（b）秒延期电雷管

表 1.4.1　秒延期电雷管的延期时间

段别	延期时间（s）	标志（脚线颜色）
1	不大于 0.1	灰蓝
2	1.0 + 0.5	灰白
3	2.0 + 0.6	灰红
4	3.1 + 0.7	灰绿
5	4.3 + 0.8	灰黄
6	5.6 + 0.9	黑蓝
7	7.0 + 1.0	黑白

（2）导线

导线是用来连接电雷管网路和起爆电源的,应遵循强度高、电阻小、绝缘良好、易铺设的原则,一般采用绝缘良好的铜芯线。起爆时,导线须与电雷管网路和起爆电源连接牢固。《爆破安全规程》规定,电力起爆网路的导线不宜使用裸露导线和铝芯线,电力起爆网路硐内导线应用绝缘性能良好的铜芯线。

（3）起爆电源

电爆网路的起爆电源应满足如下要求。

①有一定的电压,能克服网路电阻输出足够的电流,必须保证起爆网路中每个电雷管都能够获得足够的电流。

②有一定的容量,能满足各支路电流总和的要求。

③有足够大的发火冲能。对电容式起爆器等起爆电源,尽管其起爆电压很高,但作用时间

很短,要保证起爆网路安全准爆,还必须有足够的发火冲能。

常用的起爆电源有电池、动力交流电源和起爆器三种。

①电池,包括干电池和蓄电池。干电池电压低,内阻很高,容量有限,只能起爆少量的雷管。在实际工程中基本上不使用电池作为起爆电源。

②动力交流电源,有220 V的照明电和380 V的动力电。动力交流电源电压虽然不高,但输出容量大,适用于并联、串并联和并串并联等混合电爆网路。使用动力交流电源作为起爆电源,要进行电爆网路的计算和设计。

③起爆器。起爆器是目前工程爆破中使用最广泛的起爆电源,有手摇发电机起爆器和电容式起爆器两种。目前主要使用的是电容式起爆器。

(4)电爆网路检测仪表

检查、测量电雷管和电爆网路必须使用专用的爆破量测仪表,主要有导通器和爆破电桥等。这些仪表外壳应有良好的绝缘和防潮性能,输出电流必须小于30 mA。

导通器即爆破欧姆表,用于检查单个电雷管、导线和电爆网路电阻的大小,检测爆破网路是否通断。

爆破电桥的工作原理是利用电桥平衡原理来测量电雷管或电爆网路的电阻值。

3. 导爆管雷管起爆法

导爆管雷管起爆法是利用导爆管传递冲击波点燃雷管,进而起爆工业炸药,见图1.4.7。其特点是可以在有电干扰的环境下进行操作,连网时不会因为高压电网、静电等杂电的干扰引起早爆、误爆等事故,安全性较高;一般情况下,导爆管起爆网路起爆的药包数量不受限制,网路也不需要进行复杂的计算;导爆管起爆方法灵活,形式多样,可以实现多段延时起爆;导爆管网路连接操作简单,检查方便;导爆管传爆过程中声响小,没有破坏作用。而导爆管起爆网路的缺点是尚未有检测网路是否通顺的有效手段,而导爆管本身的缺陷、操作中的失误和对其轻微的损伤都有可能引起网路的拒爆。

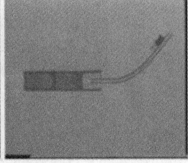

图1.4.7 导爆管起爆法

起爆过程:雷管(或炸药、导爆索、发令枪)→导爆管→毫秒雷管→炸药包。导爆管仅用来传递两个爆破器材之间的爆轰波。速度为 1 600～2 000 m/s。

在有瓦斯或矿尘爆炸危险的作业场所不能使用导爆管起爆法;水下爆破采用导爆管起爆网路时,每个起爆药包内安放的雷管不宜少于 2 发,并宜连成两套网路或复式网路同时起爆,并应做好端头的防水工作。

导爆管是一种内壁喷涂有混合炸药粉末的塑料软管,其结构如图 1.4.8 所示。

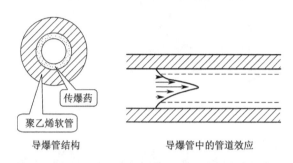

图 1.4.8　导爆管结构及其管道效应图

导爆管起爆装置由击发元件、连接装置和起爆元件组成,其中连接装置可分为两类:装置中不带雷管或炸药,导爆管通过插接方式实现网路连接,这样的装置称为连接元件;连接装置中带有雷管或炸药,通过雷管或炸药的爆炸将网路连接下去,这样的装置称为传爆元件。

(1)击发元件

击发导爆管可以采用各种工业雷管、导爆索、击发笔、电火花枪等。一般用雷管击发导爆管时,雷管聚能穴的方向与导爆管爆轰波传递方向应相反,即反接,因为爆轰波速度为 1 600～2 000 m/s,可能低于雷管外壳金属碎片的速度,反接可以防止金属碎片割断导爆管。

(2)连接元件

连接元件主要有分流式连接元件和反射式连接元件两种。

(3)传爆元件

传爆元件有两种形式。

①直接用导爆管雷管作为传爆元件。将被传爆的导爆管牢固地捆绑在传爆雷管周围,这种连接方法使用比较多,一般称之为捆联连接或簇联连接。

②传爆元件为塑料连接块,在连接块中间留有雷管孔,将传爆雷管插入孔内,被传爆的导爆管则插入连接块四周的孔内,通过传爆雷管的爆炸将被传爆导爆管击发起爆。

(4)起爆元件

起爆元件的作用是起爆炸药,导爆管不能直接起爆炸药,必须与雷管组合在一起才能完成起爆过程,即用导爆管雷管来起爆炸药。根据爆破的需要,导爆管雷管有瞬发、毫秒延期、半秒延期和秒延期导爆管雷管。导爆管与雷管的连接见图 1.4.9。

4.导爆索起爆法

起爆过程:雷管(炸药)→导爆索→炸药包,见图 1.4.10。

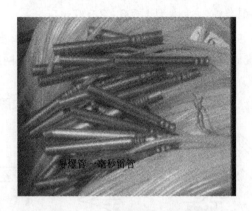

图1.4.9　导爆管与雷管的连接

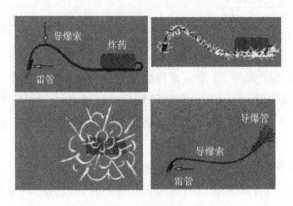

图1.4.10　导爆索起爆法

导爆索的结构与导火索相似,仅药芯不同,使用黑索金(白色粉末),中间三根线,其外有三层棉纱和纸条缠绕,有两层防潮层间隔开,最外面涂成红色以区别于导火索。

(1)导爆索起爆法的特点

导爆索(图1.4.11和图1.4.12)可以直接引爆工业炸药,但导爆索本身需要雷管先将其引爆。导爆索起爆法属于非电起爆法。

导爆索起爆法在装药、填塞和连网等施工过程中都没有雷管,不受雷电、杂散电流的影响,

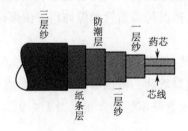

图1.4.11　导爆索结构

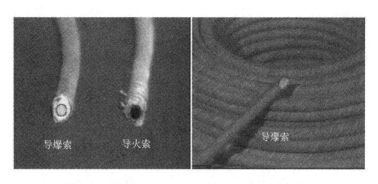

图 1.4.12　导爆索和导火索

导爆索的耐折和耐磨损能力远大于导爆管,安全性优于电爆网路和导爆管雷管起爆法;此外,导爆索起爆法传爆可靠,操作简单,可以使间隔装药结构中的各个药包同时起爆;导爆索有一定的抗水性能和耐高、低温性能,可以用在有水的爆破作业环境中。

导爆索起爆法的主要缺点是成本较高,不能用仪表检查网路质量;裸露在地表的导爆索网路,在爆破时会产生较大的响声和一定强度的空气冲击波,所以在浅孔爆破和拆除爆破中,不应使用导爆索起爆。

（2）导爆索的连接方法

导爆索起爆网路(图 1.4.13)的形式比较简单,无须计算,只要合理安排起爆顺序即可。导爆索传递暴轰波的能力有一定的方向性,因此在连接网路时必须使每一支线的接头迎着主线的传爆方向,其夹角应小于 90°。

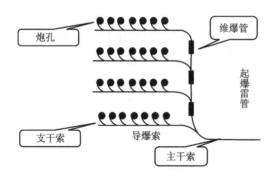

图 1.4.13　导爆索起爆网路

常用的导爆索网路连接方法有：

①簇并联,将所有炮孔中引出的导爆索支线末端捆扎成一束或几束,然后再与一根主导爆索相连接,一般用于炮孔数不多而较集中的爆破中;

②分段并联,在炮孔或药室外敷设一条或两条导爆索主线,将各炮孔或药室中引出的导爆索支线分别依次与导爆索主线相连。

4.1.4 爆破漏斗

当药包爆炸产生外部作用时,除了将岩石破坏以外,还会将部分破碎的岩石抛掷一定范围,且在地表形成一个漏斗状的坑,这个坑称为爆破漏斗。

1. 爆破漏斗的几何参数

置于自由面下一定距离的球形药包爆炸后,形成的爆破漏斗的几何参数如图 1.4.14 所示。

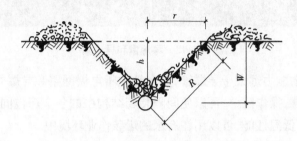

图 1.4.14 爆破漏斗及其构成要素

①最小抵抗线 W,从装药中心至临空面的最短距离,即表示爆破时岩石阻力最小的方向,因此,最小抵抗线是爆破作用和岩石移动的主导方向。

②爆破漏斗半径 r,爆破漏斗的上口半径。

③爆破作用半径 R,从装药中心至爆破漏斗上口边缘的距离。

④可见深度 h,爆坑内土石表面至临空面的距离。

2. 爆破作用指数 n

在爆破时,n 是土石爆破中的一个重要参数,用它可确定抛掷爆破的类型、爆破漏斗的尺寸等。爆破漏斗的形状一般用爆破作用指数 n 表示,即

$$n = \frac{r}{W} \qquad\qquad (1.4.1)$$

式中　r——爆破漏斗半径;

　　　　W——最小抵抗线。

3. 抛掷爆破类型

抛掷爆破不仅能在地表形成爆破漏斗,而且还将爆落的土石块抛离一定的距离(图 1.4.15)。实施抛掷爆破的目的在于抛出土石块,以减少土石方的运输量。

根据漏斗的形状,可将抛掷爆破分为三类:

①标准抛掷爆破,当 $r = W$,$n = 1$ 时;

②加强抛掷爆破,当 $r > W$,$3 > n > 1$ 时;

③减弱抛掷爆破,当 $r < W$,$0.75 < n < 1$ 时。

对于抛掷爆破,应根据地面的坡度来选取 n 值大小。

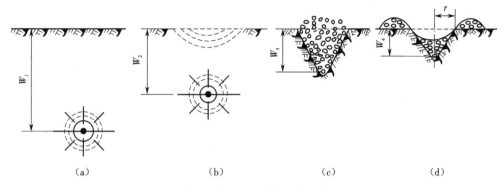

图 1.4.15　炸药的爆破作用分类

(a)炸药内部作用　(b)炸药外部作用　(c)炸药松动爆破　(d)炸药抛掷爆破

①小于30°的平缓地面:$n=1.5\sim2.0$。

②地面坡度为30°~45°时:$n=1.25\sim1.5$。

③地面坡度为45°~60°时:$n=1.0\sim1.25$。

④地面坡度超过60°时:$n=0.75\sim1.0$。

4. 松动爆破类型

若炸药埋置深度接近破坏圈或松动圈的外围,炸药的爆破作用不能使破碎的介质产生抛掷运动,只能引起土石的松动,亦形不成爆坑,这种爆破称为松动爆破,如图 1.4.15(c)所示。其爆破作用指数 $n\leq0.75$。

松动爆破又可以细分为标准松动爆破、加强松动爆破和减弱松动爆破。松动爆破时采用的炸药量一般较小,因此,爆破时所产生的振动较小,碎石飞散距离也较小。

4.2　土石方爆破技术

4.2.1　露天浅孔台阶爆破

露天台阶爆破是在地面上以台阶形式推进的石方爆破方法。台阶爆破按照孔径、孔深不同,分为深孔爆破和浅孔爆破。通常将炮孔孔径不大于 50 mm、孔深不超过 5 m 的爆破统称为浅孔爆破。该法适用于开挖基坑、松动冻土、开采石料、开挖路堑和爆破大块岩石。

1. 浅孔爆破布孔方式和起爆顺序

布孔方式有单排布孔和多排布孔两种。多排布孔又分为方形、矩形及三角形(梅花形)三种。

浅孔爆破由外向内顺序爆破开挖,由上向下逐层爆破。一般采用毫秒延期爆破,当孔深较小、环境条件较好时也可以采用齐发爆破。

2. 浅孔爆破质量保证措施

(1) 浅孔爆破容易出现的问题

① 爆破飞石。这是浅孔爆破最常出现的问题,也是危及爆破安全的首要问题。主要原因有三个:一是炸药单耗过大,多余能量使岩石产生抛散;二是对临空面情况控制不好或个别炮孔装药量过大;三是炮孔填塞长度不足或填塞质量不好。

② 冲炮现象。冲炮现象在浅孔爆破中很容易出现,特别是孔深小于 0.5 m 的浅孔,如果最小抵抗线方向和药孔方向一致,再加上填塞不好,炸药能量就会首先作用于强度薄弱地带,并从炮孔中逸出,从而形成冲炮。

③ 爆后残留根部。如果爆破不能一次性炸到应有的深度,在地表残留有岩石根底,会给清运工作带来很大麻烦。

(2) 质量保证措施

① 合理的单位炸药消耗量。一般认为岩石浅孔爆破的炸药单耗应在 $0.50 \sim 1.20 \, kg/m^3$。

② 避免最小抵抗线与炮孔在同一方向上。浅孔爆破,尤其是孔深小于 0.5 m 的岩石爆破,如没有侧向临空面,而又垂直水平临空面钻孔起爆,往往产生飞石或出现冲炮,爆破效果均不理想。较好的方法应是钻倾斜孔,以改变最小抵抗线与炮孔在同一方向,钻孔倾斜度(最小抵抗线与药孔间的夹角)一般取 45° ~75° 为宜。

③ 确保填塞长度。填塞长度通常为药孔深度的 1/3,而对夹制性较大岩石的爆破需加大单孔药量时,则填塞长度取炮孔深度的 2/5 为宜。

④ 合理分配炮孔底部装药。要清除爆破残根,除钻孔须超深外,还应合理分配炮孔底部药量,即在所计算的单孔药量不变的前提下,底部药量比常规情况应有所增加。实践表明,底部药量以占单孔药量的 60% ~80% 为宜,当多排孔同时起爆时,靠近侧向临空面的炮孔取小值,反之取大值。

4.2.2 露天深孔台阶爆破

深孔爆破是指炮孔深度超过 5 m,炮孔直径大于 50 mm 的爆破。

深孔爆破按开挖形式分为拉槽深孔爆破和台阶深孔爆破(图 1.4.16)。前者只有向上的一个临空面,多用于路堑开挖;后者有两个自由面,爆破效果好,而且适合于机械化开挖,是土石方开挖机械化施工中较好的爆破形式。下面主要介绍台阶式深孔爆破。

1. 装药结构

装药结构是指炸药在装填时的状态。在深孔爆破中,分为连续装药结构、分段装药结构和混合装药结构。

(1) 连续装药结构

炸药沿炮孔轴向连续装填,当孔深超过 8 m 时,一般布置两个起爆药包,一个放在距孔底 0.3 ~ 0.5 m 处,另一个放在药柱顶端 0.5 m 处,见图 1.4.17。

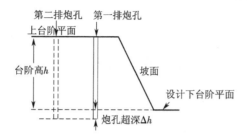

图 1.4.16　深孔爆破炮孔布置方式示意图

优点:操作简单;缺点:药柱中心偏低,在孔口部分易产生大块。

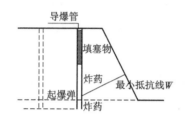

图 1.4.17　炮孔装药结构示意图

(2)分段装药结构

将深孔中的药柱用空气、岩渣或水分隔成若干段。

优点:提高了装药高度,减少了孔口部分大块的产生;缺点:施工麻烦。

(3)混合装药结构

混合装药结构是指孔底装高威力炸药,上部装普通炸药的一种装药结构。

2.起爆顺序

(1)逐排起爆

逐排起爆(图1.4.18)又分为排间全区顺序起爆和排间分区顺序起爆。

特点是设计、施工简单,爆堆均匀,但在工作线长时,同段药量大,对抵抗线反向的地振作用强,容易造成爆破危害。

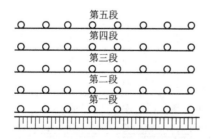

图 1.4.18　逐排起爆

(2)V形起爆

起爆时,先从爆区中部爆出一个 V 字形空间,为后段炮孔的爆破创造自由面,然后两侧同段起爆,见图1.4.19。

该起爆顺序的优点是岩石向中间崩落,加强了碰撞和挤压,有利于改善破碎质量。由于碎块向自由面抛掷作用小,多用于挤压爆破和掘沟爆破。

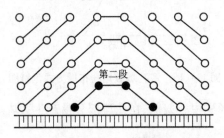

图1.4.19 V形起爆

(3)斜线起爆

斜线起爆(图1.4.20)是指从爆区侧翼开始,同时起爆的各炮孔连线与台阶坡顶线相斜交。

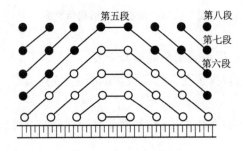

图1.4.20 斜线起爆

(4)波浪起爆

波浪起爆(图1.4.21)即相邻两排炮孔的奇偶数孔相连,同段起爆,其起爆顺序犹如波浪。其优点是实现孔间毫秒延期,能使自由面增多,岩块碰撞机会增多,破碎较均匀,减振效果好,与V形起爆相比,可以减少延期段数。

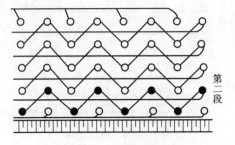

图1.4.21 波浪起爆

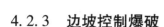

4.2.3 边坡控制爆破

边坡控制爆破是维护边坡稳定的重要技术措施,其基本方法有光面爆破和预裂爆破两种。

1. 光面爆破

沿开挖边界布置密集炮孔,采取不耦合装药或装填低威力炸药,在主爆区爆破后起爆,以形成平整轮廓面的爆破作业。光面爆破基本作业方法有以下两种。

①预留光爆层法。先将主体石方爆破开挖,预留设计的光爆层厚度,然后再沿开挖边界钻密孔进行光面爆破。光爆层厚度是指光爆孔与最外层主爆孔之间的距离。

②一次分段延期起爆法。光爆孔和主爆孔用毫秒延期雷管同次分段起爆,光爆孔迟于主爆孔 150~200 ms 起爆。

2. 预裂爆破

沿开挖边界布置密集炮孔,采取不耦合装药或装填低威力炸药,在主爆区爆破之前起爆,在爆破和保留区之间形成一道有一定宽度的贯穿裂缝,以减弱主体爆破对保留岩体的破坏,并形成平整的轮廓面的爆破作业。预裂爆破基本作业方法有以下两种。

①预裂孔先行爆破法。在主体石方钻孔之前,先沿开挖边界钻密孔进行预裂爆破,然后再进行主体石方钻孔爆破。

②一次分段延期起爆法。预裂孔和主爆孔用毫秒延期雷管同次分段起爆,预裂孔先于主爆孔 100~150 ms 起爆。

4.2.4 爆破安全技术措施

爆破作为一种特殊的工程技术手段,已广泛地应用于土石方的平场施工中。为了确保爆破工作的安全,必须认真执行爆破安全规程,并采取以下安全措施。

第一,制订爆破器材的贮存、运输及领取的规章制度。爆破器材应贮存在干燥、通风的炸药库内,炸药、雷管应分别贮存,并与建筑物或构筑物保持一定的安全距离;炸药、雷管不得同车装运;炸药、雷管须由放炮员领取,严格执行消退制度。

第二,编制爆破作业规程。在爆破作业前须编制好爆破作业规程(方案);爆破作业人员必须严格执行爆破作业规程,不得擅自修改爆破作业规程。

第三,站岗警戒。在实施爆破前,必须按爆破作业规程规定的安全距离和地点,设专人站岗警戒。

第四,拒爆或盲炮的处理。爆破时产生拒爆的原因有很多,应针对不同情况具体分析,若是连线的问题,可重新连线放炮;若是放炮器电池的问题,应更换新电池后重新放炮。出现盲炮时,可在距盲炮 0.3 m 处钻一平行炮孔,重新装药起爆来处理盲炮。

第五,对爆破地震、空气冲击波、个别飞石及爆破毒气的安全距离进行计算和控制。

(1)爆破地震安全距离

由于爆破近区垂直向振动较为显著,为此,采用质点垂直振动速度值作为评价标准,可按

下式计算确定:

$$V = K\left(\frac{\sqrt[3]{Q}}{R}\right)^{\alpha}$$ (1.4.2)

式中　V——垂直振动速度(cm/s);

　　　Q——炸药量(齐爆时为总装药量,延迟爆破时为最大一段装药量)(kg);

　　　R——爆炸中心至 V 值计算点的间距(m);

　　　K——与岩性、爆破方法有关的系数,$K = 50 \sim 350$,松土取大值;

　　　α——与地质条件有关的地震波的衰减系数。

我国《爆破安全规程》列出了 K、α 的计算取值范围,见表1.4.2。

表1.4.2　K 值和 α 值与岩性的关系

岩性	K	α
坚硬岩石	50 ~ 150	1.3 ~ 1.5
中硬岩石	150 ~ 250	1.5 ~ 1.8
软岩石	250 ~ 350	1.8 ~ 2.0

《爆破安全规程》规定:当垂直振动速度超过下列值时,会产生不同程度的破坏,此时要减小 Q 值(可控制分段药量,多分几段,达到降震目的)。

普通民房:2 ~ 3 cm/s。

框架钢筋混凝土:5 cm/s。

岩石:$V = 30$ cm/s(岩石崩落);$V = 60$ cm/s(岩石破碎)。

矿山巷道:$V = 10 \sim 30$ cm/s。

(2)空气冲击波安全距离

空气冲击波安全距离按下式计算:

$$R_{空} = K_{空}\sqrt[3]{Q}$$ (1.4.3)

式中　$R_{空}$——爆破空气冲击波安全距离(m);

　　　$K_{空}$——按爆破作用指数 n 选取的系数,见表1.4.3,对人员,取25 ~ 60;

　　　Q——总炸药量(kg)。

表1.4.3　$K_{空}$ 值

建筑物破坏程度	爆破作用指数 n		
	3	2	1
没破坏	5 ~ 10	2 ~ 5	1 ~ 2
玻璃、门窗破坏	1 ~ 2	0.5 ~ 1.0	—

对松动爆破可不考虑空气冲击波的影响,对加强松动爆破,$K_空$ 可取 $0.5 \sim 1.0$。

(3)个别飞石的安全距离

飞石的安全距离按下式计算:

$$R_飞 = 20K_f \cdot n^2 \cdot W \tag{1.4.4}$$

式中　$R_飞$——飞石的安全距离(m);

　　　K_f——安全系数,一般取 $K_f = 1.0 \sim 1.5$;

　　　n——最大一个装药炮孔的爆破作用指数;

　　　W——最大一个装药炮孔的最小抵抗线。

(4)爆破毒气的安全距离

爆破毒气的安全距离按下式计算:

$$R_气 = K_气 \sqrt[3]{Q} \tag{1.4.5}$$

式中　$R_气$——爆破毒气的安全距离(m);

　　　$K_气$——系数,一般情况为160,下风时为320。

复习思考题

1.什么叫作爆破的内部作用?

2.什么叫炸药的感度?炸药感度可分为哪几类?

3.炸药的爆炸性能指标有哪些?请分别论述它们的影响因素。

4.常用的起爆方法有哪些?

5.各种起爆方法的适用条件及特点有哪些?

6.露天浅孔台阶爆破参数有哪些?

7.露天深孔台阶爆破参数有哪些?

8.爆破安全措施有哪些?

任务5　指导平基土石方的施工

5.1　场地平整施工方案选择

具体内容参见本学习情境任务3。

5.2 施工场地准备

具体内容参见本学习情境任务3。

5.3 机械化场地平整施工

具体内容参见本学习情境任务3。

5.4 土方工程特殊问题的处理

1.流砂的治理

(1)何谓流砂

当基坑开挖深度大、地下水位较高而土质又不好,挖至地下水位以下时,有时坑底的泥砂会呈流动状态,并随地下水涌入基坑内,这种现象称为流砂。

基坑一旦发生流砂,坑底的土将完全丧失承载能力,土会边挖边冒,使施工条件恶化,难以达到开挖的设计深度。严重时会造成边坡塌方,致使临近的建筑物下沉、倾斜,甚至倒塌。因此,流砂现象必须引起高度重视。

(2)流砂的治理技术措施

实践表明,在颗粒细、松散、饱和的非黏性土中容易发生流砂现象,但只要能减少或平衡动水压力,设法使动水压力方向向下或截断地下水流,就能防止流砂现象的产生。具体技术措施如下。

①选择枯水季节的施工方案。枯水期地下水位低,土方开挖时坑内外水位差及动水压力小,可以从根本上杜绝流砂现象,故在制定土方施工方案设计时,应引起高度重视。

②采用人工降低水位法施工。对于流砂较严重的大型基坑宜采用轻型井点法等降水,不仅可使地下水的渗流向下,而且可增大坑底土体颗粒的阻力,从而有效地抑制流砂现象。

③采用钢板桩法施工。在基坑(槽)开挖轮廓范围处,将钢板桩连续打入坑底标高以下一定深度,增加地下水从坑外流入坑的渗流长度,以减小水力坡度,从而减小动水压力,防止流砂现象的产生。

④采用抢挖及抛石法施工。对于轻微流砂可组织分段抢挖,使挖土速度超前于流砂冒砂速度。当挖至坑底下标高时立即铺设竹筏或芦苇席,后抛入大石块压住流砂,用于平衡动水压力,防止流砂产生。也可采用地下连续墙法施工,即在基坑四周开挖轮廓线处先挖一道槽,并浇筑混凝土或钢筋混凝土的连续墙,用于支承土体压力、截断地下水流并防止流砂的产生。

2.橡皮土与淤泥的处理

（1）橡皮土的表现现象

在夯打或碾压填土时，其受力处出现下陷，四周鼓起，形成塑性状态，而填土体积并没有被压缩。这种地基土变形大，长期不能稳定下来，且承载能力低，如不加以处理，今后对建筑物的危害很大。

（2）产生原因

在填土前未清除含水量大的黏土或粉质黏土、腐殖土或淤泥质土等原状土；或将上述土作为土料进行回填；夯打或碾压的时间过早，夯压后其表面形成一层硬壳，阻止了水分的渗透和散发，使土形成软塑状态的橡皮土，这种土埋藏越深，水分散发越慢，长时间内不易消失。

（3）预防措施

①在夯实填土时，应适当控制填土的含水量。

②避免在含水量过大的黏土、粉质黏土、淤泥质土和腐殖土等原状土上进行回填。

③填方区如果有地表水，应设排水沟排水；如果有地下水，地下水水位应降低至基底0.5 m以下。

④暂停一段时间回填，使橡皮土含水量逐渐降低。

⑤用干土、石灰粉和碎砖等吸水材料均匀掺入橡皮土中，吸收土中的水分，降低土的含水量。

⑥将橡皮土翻松、晾晒、风干至最优含水量范围，再夯实。

（4）处理办法

出现橡皮土时，可用2∶8或3∶7的灰土以及碎砖掺到橡皮土中，以吸收土中的水分，降低土中的含水量；将橡皮土挖松晾干后再夯打或碾压；如果受施工期限制，应将橡皮土及时挖除，换填3∶7的灰土，并配以砂、石，再将其碾压密实。

3.地基空隙与洞穴的处理

地基修筑范围内，原地面的空隙、洞穴、墓穴等，应在清除沉积物后，用合格填料分层回填分层压实，压实度应不小于90%。

4.场地内积水

（1）表现现象

当平整场地后，在场地内出现局部或大面积的积水，影响土方下一道工序的施工。

（2）产生原因

在平整场地时，由于测量产生错误，造成地面凹陷；未按设计排水坡度要求进行施工；没有设置排水沟；回填时未分层夯实，遇雨水而产生沉降。

（3）预防措施

在平整场地前，应做到先施工地下、后施工地上；按设计要求做好排水设施，使场地内的排水通畅；对填方要分层夯实，其密实度应达到80%以上；做好平场的测量工作，使平整后的坡度满足设计要求。

（4）处理办法

出现场内积水时，应立即疏通排水沟，将积水排除；重新调整或加大场地的排水坡度；对积水部位进行填土，并夯实至不再积水为止。

5. 边坡塌方

边坡塌方分为填方边坡塌方和挖方边坡塌方。

（1）表现现象

①填方边坡塌方，会造成坡脚处的土方堆积；场地范围变小，使后续工序难以正常施工。

②挖方边坡塌方，土体承载能力降低，出现局部塌方或大面积滑塌；影响后续工序的正常开展，甚至危及在建建筑物的安全。

（2）产生原因

填方边坡塌方的原因主要是边坡基底的杂草或淤泥未清除干净；原陡坡未挖成阶梯状，填土与原坡土未能很好搭接；边坡没按设计要求分层夯实，填方土的密实度未达到要求；护坡措施不力，有水的渗透或冲刷。挖方边坡塌方的原因主要是未按设计要求进行放坡；放坡坡度太陡；没采取有效措施及时排除地表水及地下水；边坡顶部堆放重物太多，使土体失去稳定性。

（3）预防措施

预防填方边坡塌方的措施主要有按设计要求进行放坡；当填土高度在 10 m 以内时可做成直线边坡，当填土高度超过 10 m 时，则应做成折线形边坡；对填土要进行分阶段层夯实；必要时则应在坡脚处铺砌片石基础，或采取锚喷等护面措施。预防挖方边坡塌方的措施主要有按设计要求进行放坡；如不允许放坡时，则应有可靠的护坡措施；减少坡顶的重物，或增大重物至边坡边缘的距离。

（4）处理办法

填方出现了塌方时，应清除塌方松土，用 3∶7 灰土分层回填夯实进行修复；做好填方方向的排水和边坡表面的防护工作。挖方出现了塌方时，应清除塌方松土，再将原边坡坡度改缓；将原状土体做成阶梯形，再用块石填砌或回填 2∶8 或 3∶7 灰土进行嵌补；做好挖方边坡表面的防护，必要时可加支撑、护墙或挡土墙等。

复习思考题

1. 场地平整的施工方法有哪几类？它们的适用范围分别是什么？

2. 土方施工常用施工机械有哪些？土方挖运中机械配套方案选择要点有哪些？

3. 简述施工场地准备工作的内容。

4. 机械化场地平整施工的主要施工工序是什么？

5. 土方工程特殊问题有哪些类型？应该怎么处理？

6.填方边坡和挖方边坡塌方的原因各有哪些?

任务6 平基施工的质量及安全控制

6.1 土方施工中的质量控制与检测

平整场地的表面坡度应符合设计要求,如设计无要求时,排水沟方向的坡度不应少于2%。平整后的场地表面应逐点检查。检查点为每100~400 m²取1点,但不应少于10点;长度、宽度和边坡均为每20 m取1点,每边不应少于1点。

土方工程施工,应经常测量和校核其平面位置、水平标高和边坡坡度。平面控制桩和水准控制点采取可靠的保护措施,定期复测和检查。土方不应堆在基坑边坡上。

对雨季和冬季施工,还应遵守国家现行有关标准。

1.土方开挖

①土方开挖前应检查定位放线、排水和降低地下水位系统,合理安排土方运输车的行走路线及弃土场。

②土方工程在施工中应检查平面位置、水平标高、边坡坡度、排水与降水系统及周围环境的影响,对回填土方还应检查回填土料、含水量、分层厚度、压实度,对分层挖方,也应检查开挖深度等。

③临时性挖方的边坡值应符合表1.6.1的规定。

表1.6.1 临时性挖方的边坡值

土的类别		边坡值(高:宽)
砂土(不包括细砂、粉砂)		1:1.25~1:1.50
一般性黏土	硬	1:0.75~1:1.00
	硬、塑	1:1.00~1:1.25
	软	1:1.50 或更缓
碎石类土	充填坚硬、硬塑黏性土	1:0.50~1:1.00
	充填砂土	1:1.00~1:1.50

注:①设计有要求时,应符合设计标准。

②如采用降水或其他加固措施,可不受本表限制,但应计算复核。

③开挖深度,对软土不应超过4 m,对硬土不应超过8 m。

④土方开挖工程的质量检验标准应符合表 1.6.2 的规定。

表 1.6.2　土方开挖工程质量检验标准　　　　　　　　　　　　（mm）

项目	序号	项目	允许偏差或允许值					检验方法
			柱基基坑基槽	挖方场地平整		管沟	地（路）面基层	
				人工	机械			
主控项目	1	标高	−50	±30	±50	−50	−50	水准仪
	2	长度、宽度（由设计中心线向两边量）	+200 −50	+300 −100	+500 −150	+100	—	经纬仪，用钢尺量
	3	边坡	设计要求					观察或用坡度尺检查
一般项目	1	表面平整度	20	20	50	20	20	用 2 m 靠尺和楔形塞尺检查
	2	基底土性	设计要求					观察或土样分析

注：地（路）面基层的偏差只适用于直接在挖、填方上做地（路）面的基层。

2. 土方回填

填方施工过程中应检查排水措施，每层填筑厚度、含水量控制、压实程度、填筑厚度及压实遍数应根据土质、压实系数及所用机具确定。如无试验依据，应符合表 1.6.3 的规定。

表 1.6.3　填土施工时的分层厚度及压实遍数

压实机具	分层厚度（mm）	每层压实遍数
平碾	250～300	6～8
振动压实机	250～350	3～4
柴油打夯机	200～250	3～4
人工打夯	<200	3～4

注：表中填方工程的施工参数如每层填筑厚度、压实遍数及压实系数对重要工程均应做现场试验后确定，或由设计提供。

填方施工结束后,应检查标高、边坡坡度、压实程度等,检验标准应符合表 1.6.4 的规定。

表 1.6.4   填土工程质量检验标准   （mm）

项目	序号	检查项目	允许偏差或允许值					检验方法
			柱基基坑基槽	场地平整		管沟	地(路)面基层	
				人工	机械			
主控项目	1	标高	−50	±30	±50	−50	−50	水准仪
	2	分层压实系数	设计要求					按规定方法
一般项目	1	回填土料	设计要求					取样检查或直观鉴别
	2	分层厚度及含水量	设计要求					水准仪及抽样检查
	3	表面平整度	20	20	30	20	20	用靠尺或水准仪

6.2   土方开挖与回填安全技术措施

土方开挖和回填前,应查清场地的周边环境、地下设施、地质资料和地下水情况等。

1. 挖方

①土方挖掘方法、挖掘顺序应根据支护方案和降排水要求进行,当采用局部或全部放坡开挖时,放坡坡度应满足其稳定性要求。永久性挖方边坡坡度应符合设计要求,当地质条件与设计资料不符需要修改边坡坡度时,应由设计单位确定。临时性挖方边坡坡度,应根据地质条件和边坡高度,结合当地同类岩土体的稳定坡度值确定。

②土方开挖施工中如发现不明或危险性物品时,应停止施工,保护现场,并立即报告所在地有关部门,严禁随意敲击或玩弄。

③在山区挖方时,应符合下列规定:

a. 施工前应了解场地的地质情况、岩土层特征与走向、地形地貌及有无滑坡等,并编制安全施工技术措施;

b. 土石方开挖宜自上而下分层分段依次进行,确保施工作业面不积水;

c. 在挖方的上侧不得弃土、停放施工机械和修建临时建筑;

d. 在挖方的边坡上如发现岩(土)内有倾向于挖方的软弱夹层或裂隙面时,应立即停止施工,并通知勘察设计单位采取措施,防止岩(土)下滑;

e. 当挖方边坡大于 2 m 时,应对边坡进行整治后方可施工,防止因岩土体崩塌、坠落造成人身、机械损伤。

④山区挖方工程不宜在雨期施工,如必须在雨期施工,应符合下列规定。

a. 应制定周密的安全施工技术措施,并随时掌握天气变化情况。

b. 雨期施工前,应对施工现场原有排水系统进行检查、疏浚或加固,并采取必要的防洪措施。

c. 雨期施工中,应随时检查施工场地和道路的边坡被雨水冲刷状况,做好防止滑坡、坍塌工作,保证施工安全。道路路面应根据需要加铺炉渣、砂砾或其他防滑材料,确保施工机械作业安全。

⑤在滑坡地段挖方时,应符合下列规定:

a. 施工前应熟悉工程地质勘察资料,了解滑坡形态和滑动趋势、迹象等情况;

b. 不宜在雨期施工;

c. 宜遵循先整治后开挖的施工程序;

d. 不应破坏挖方土坡的自然植被和排水系统,防止地面水渗入土体;

e. 应先做好地面和地下排水设施;

f. 严禁在滑坡体上部弃土、堆放材料、停放施工机械或建筑临时设施;

g. 必须遵循由上至下的开挖顺序,严禁先清除坡脚;

h. 爆破施工时,应防止因爆破震动影响边坡稳定;

i. 机械开挖时,边坡坡度应适当减缓,然后用人工修整,达到设计要求。

⑥在土石方开挖过程中,若出现滑坡迹象(如裂隙、滑动等)时,应立即采取下列措施:

a. 暂停施工,必要时所有人员和机械撤至安全地点;

b. 通知设计单位提出处理措施;

c. 根据滑动迹象设置观测点,观测滑坡体平面位置和沉降变化,并做好记录。

⑦在房屋旧基础或设备旧基础的开挖清理过程中,应符合下列规定。

a. 当旧基础埋置深度大于 2.0 m 时,不宜采用人工开挖、清除旧基础。

b. 如对旧基础进行爆破作业时,应按《土方与爆破工程施工及验收规范》有关章节的规定执行。

c. 土质均匀且地下水位低于旧基础底部时,其挖方边坡可做成直立壁不加支撑。开挖深度应根据土质确定,若超过下列规定时,应按以下的规定放坡或做成直立壁加支撑:

稍密的杂填土、素填土、碎石类土、砂土,1 m;

密实的碎石类土(充填物为黏土),1.25 m;

可塑状的黏性土,1.5 m;

硬塑状的黏性土,2 m。

⑧在管沟开挖过程中,应符合下列规定:

a. 在管沟开挖前,应了解施工地段的地质情况,地下管网的分布,动力、通信电缆的位置及其与交通道路的交叉情况,应向施工人员进行安全交底;

b. 在道路交口、住宅区等行人较多的地方,应设置防护栏杆、警告标志和夜间照明设施;

c. 当管沟开挖深度大于 2.0 m 时,不宜采用人工开挖;

d.在地下管网、地下动力通信电缆的位置,应设置明显标记和警告牌;

e.土质均匀且地下水位低于管沟底面标高时,其挖方边坡可做成直立壁不加支撑,开挖深度应根据土质确定,若超过规范或设计的相关规定,则应放坡或做成直立壁加支撑。

⑨地质条件良好、土质均匀且地下水位低于基坑(槽)或管沟底面标高时,开挖深度在5 m以内不加支撑的边坡最陡坡度应符合表1.6.5的规定。

表1.6.5　挖方深度在5 m以内的基坑(槽)或管沟的边坡最陡坡度(不加支撑)

岩土类别	边坡坡度(高:宽)		
	坡顶无荷载	坡顶有静载	坡顶有动载
中密的砂土、杂素填土	1:1.00	1:1.25	1:1.50
中密的碎石类土(充填物为砂土)	1:0.75	1:1.00	1:1.25
可塑状的黏性土、密实的粉土	1:0.67	1:0.75	1:1.00
中密的碎石类土(充填物为黏性土)	1:0.50	1:0.67	1:0.75
硬塑状的黏性土	1:0.33	1:0.50	1:0.67
软土(经井点降水)	1:1.00		

⑩在挖方边坡上侧堆土或材料以及移动施工机械时,应与挖方边缘保持一定的距离,以保证边坡和直立壁的稳定。当土质良好时,堆土或材料应距挖方边缘不小于0.8 m,高度不宜超过1.5 m;当土质较差时,挖方边缘不宜堆土或材料,移动施工机械至挖方边缘的距离与挖方深度之比不小于1:1。

⑪开挖基坑(槽)或管沟时,应合理确定开挖顺序、分层开挖深度、放坡坡度和支撑方式,确保施工时人员、机械和相邻构筑物或道路的安全。

⑫基坑(槽)或管沟需设置坑壁支撑时,应根据挖方深度、土质条件、地下水位、施工方法、相邻建筑物和构筑物等情况,按照《土方与爆破工程施工及验收规范》有关章节的规定进行选择和设计。

⑬进行河、沟、塘等清淤时,应符合下列规定。

a.施工前,应了解淤泥的深度、成分等,并编制清淤方案和安全措施,施工中应做好排水工作。

b.泥浆泵、电缆等应采用防水和漏电保护措施,经检验合格后方可使用。

c.对有机质含量较高、有刺激臭味及淤泥厚度大于1.0 m的场地,不得采用人工清淤。采用机械清淤时,对淤泥可采用抛石挤淤或木(竹)排(筏)铺垫等措施,确保施工机械移动作业安全。

⑭当清理场地堆积物高度大于3.0 m,堆积物大于500 m³时,应遵守下列规定:

a.应了解堆积物成分、堆积时间、松散程度等,并编制清理方案;

b.对于松散堆积物(如建筑垃圾、块石等),清理时应在四周设置防护栏和警示牌;

c.应制定合理的清理顺序,防止因松散堆积物坍塌造成施工机械、人员的伤害。

2.填方

①在沼泽地(滩涂)上填方时,应符合下列规定:

a.施工前应了解沼泽的类型,上部淤泥的厚度和性质以及泥炭腐烂矿化程度等,并编制安全技术措施;

b.填方周围应开挖排水沟;

c.根据沼泽地的淤泥、软土的性质和施工机械的重量,可采用抛石挤淤或木(竹)排(筏)铺垫等措施,确保施工机械移动作业安全;

d.施工机械不得在淤泥、软土上停放、检修等;

e.第一次回填土的厚度不得小于0.5 m。

②在围海造地填土时,应符合下列规定:

a.填土的方法、回填顺序应根据冲(吹)填方案和降排水要求进行;

b.配合填土作业人员,应在冲(吹)填作业半径以外工作,只有当冲(吹)填停止后,方可进入作业半径内工作;

c.推土机第一次回填土的厚度不得小于0.8 m。

③在山区回填土时,应符合下列规定。

①填方边坡不得大于设计边坡的要求。无设计要求,当填方高度在10 m以内时,可采用1:1.5;填方高度大于10 m时,可采用1:1.75。

②在回填土尚未压实或临时边坡不稳定的地段不得停放、检修施工机械和搭建临时建筑。

③山区填方工程不宜在雨季施工,如必须在雨季施工时,应制定周密的安全施工技术措施;应对施工现场原有排水系统进行检查、疏浚或加固,并采取必要的防洪措施;应随时检查施工场地和道路的边坡被雨水冲刷状况,做好防止滑坡、坍塌工作;道路路面应根据需要加铺炉渣、砂砾或其他防滑材料,以确保施工机械移动作业安全。

复习思考题

1.土方工程施工中,常检测的项目有哪些?

2.土方开挖工程的质量检验标准的主控项目和一般项目有哪些?请列出它们的具体检测方法?

3.简述土方开挖与回填安全技术措施。

学习情境 2　基坑(槽)土石方施工

【学习目标】

知识目标	能力目标	权重
能陈述地质勘探报告的基本内容	读懂地质勘察报告,并能获取所需信息	0.10
能正确写出土的应力计算公式,正确陈述地基变形的计算方法及其步骤	能正确进行土的应力及变形计算,能正确进行地基的沉降观测	0.25
能正确陈述施工现场的排水处理措施,能正确陈述降水施工的方法及要点	能正确进行施工现场的排水施工,采用适当的方法进行降水施工	0.25
能正确写出基坑(槽)土石方量的计算公式	能正确计算基坑(槽)土石方量	0.15
能正确陈述基坑(槽)施工的方法及步骤,正确陈述土体放坡与支撑的要求	能正确指导基坑(槽)的放线、开挖、验槽及回填等施工	0.15
能正确陈述基坑(槽)施工过程中质量及安全方面的要求	能在基坑(槽)施工过程中正确进行安全控制和质量控制	0.1
合　计		1.0

【教学准备】

准备基础施工图、放坡或支撑方案、地质勘察报告书、任务单、施工规范、验收规范、安全规程、教学视频、施工现场和实训基地等。

【教学方法建议】

在一体化教室、多媒体教室、建筑技能实训基地或施工现场等地进行教学;采用教师示范、学生测试、分组讨论、集中讲授、完成任务工单等方法教学。

【建议学时】

22(4)学时

任务 1 地基勘察报告的阅读

1.1 地基勘察的目的和任务

1.1.1 地基勘察的目的

岩土工程勘察的目的是通过不同的勘察方法查明建筑物场地及其附近的工程地质及水文地质条件,为建筑物场地选择、建筑平面布置、地基与基础的设计和施工提供必要的资料。

由于涉及的范围不同,岩土工程勘察工作的侧重点也不一样,一般分为场地勘察和地基勘察。场地勘察应广泛研究整个工程建设和使用期间场地内是否发生岩土体失稳、自然地质及工程地质灾害等问题;而地基勘察则为研究地基岩土体在各种静、动荷载作用下所引起的变形和稳定性提供可靠的工程地质和水文地质资料。

在工业与民用建筑工程中,设计分为可行性研究、初步设计和施工图设计三个阶段。为了提供设计各阶段所需的工程地质资料,岩土工程勘察工作可分为可行性研究勘察(或称选择场地勘察)、初步勘察和详细勘察三个阶段,以满足相应的工程建设阶段对地质资料的要求;对于地质条件复杂、有特殊要求的重大建筑物地基,还应进行施工勘察。如地质条件简单、面积不大的场地,其勘察阶段可以适当简化。

本任务重点介绍建筑总平面确定后施工图设计阶段的勘察,又称为详细勘察(简称详勘),即把勘察工作的主要对象缩小到具体建筑物的地基范围内,所以又称为地基勘察。

1.1.2 地基勘察的任务

岩土工程勘察的内容、方法及工程量的确定取决于工程的技术要求和规模、建筑场地地质条件的复杂程度以及岩土性质的优劣。通常勘察工作都是由浅入深、逐步深化的。地基勘察的任务包括按建筑物或建筑群提出详细的岩土工程资料和设计所需的岩土技术参数,对地基进行岩土工程评价,对基础设计、地基处理、不良地质现象的防治提出论证和建议。地基勘察主要应进行下列工作。

①取得附有坐标及地形的拟建建筑物总平面位置图,各建筑物的地面整平标高,建筑物的性质、规模、荷载、结构特点,可能采用的基础形式、尺寸、预计埋置深度,对地基基础设计、施工的特殊要求等。

②查明不良地质现象的成因、类型、分布范围、发展趋势及危害程度,并提出评价与整治所需的岩土技术参数和整治方案建议。

③查明建筑物范围各层岩土的类别、结构、厚度、坡度、工程特性,计算和评价地基的稳定性和承载力。

④对需要进行沉降计算的建筑物,提供地基变形计算参数,预测建筑物的变形特征。

⑤查明埋藏的河道、沟浜、墓穴、防空洞、孤石等对工程不利的埋藏物。

⑥查明地下水的埋藏条件,提供地下水位及其变化幅度。

⑦在季节性冻土地区,提供场地土的标准冻结深度。

⑧判定环境水和土对建筑材料及金属的腐蚀性。

1.2 地基勘察

1.2.1 岩土工程勘察等级

按《岩土工程勘察规范》(GB 50021—2001)的规定,根据岩土工程规模和特征以及由于岩土工程问题造成工程破坏或影响正常使用的程度,岩土工程勘察等级可分为三个工程重要性等级,见表2.1.1。

表2.1.1 岩土工程等级

设计等级	划分依据
一级	重要工程,后果很严重
二级	一般工程,后果严重
三级	次要工程,后果不严重

场地等级应根据场地的复杂程度分为三级,并应符合表2.1.2中的规定。

表2.1.2 场地等级划分

场地等级	符合条件	备注
一级场地	①对建筑抗震危险的地段;②不良地质作用强烈发育;③地质环境已经或可能受到强烈破坏;④地形地貌复杂	
二级场地	①对建筑抗震不利的地段;②不良地质作用一般发育;③地质环境已经或可能受到一般破坏;④地形地貌较复杂;⑤基础位于地下水位以下的场地	符合所列条件之一即可
三级场地	①抗震设防烈度等于或小于6度,或对建筑抗震有利的地段;②不良地质作用不发育;③地质环境基本未受破坏;④地形地貌简单;⑤地下水对工程无影响	

地基等级(对开挖工程为岩土介质)应根据地基的复杂程度分为三级,并应符合表2.1.3中的规定。

表 2.1.3　地基等级划分

地基等级	符合条件	备注
一级地基	①岩土种类多、很不均匀、性质变化大,需特殊处理;②严重湿陷、膨胀、盐渍、污染的特殊性岩土,以及其他情况复杂、需做专门处理的岩土	符合所列条件之一即可
二级地基	①岩土种类较多,不均匀,性质变化较大,地下水对工程有不利影响;②除本条第1款规定以外的特殊性岩土	
三级地基	①岩土种类单一、均匀、性质变化不大;②无特殊性岩土	

岩土工程勘察等级是根据工程重要性等级、场地复杂程度等级和地基复杂程度等级综合分析确定的,应符合表2.1.4的规定。

表 2.1.4　岩土工程勘察等级

勘察等级	确定勘察等级的条件
甲级	在工程重要性、场地复杂程度和地基复杂程度等级中,有一项或多项为一级
乙级	除勘察等级为甲级和丙级以外的勘察项目
丙级	工程重要性、场地复杂程度和地基复杂程度等级均为三级

注:建筑在岩质地基上的一级工程,当场地复杂程度等级、地基复杂程度等级均为三级时,岩土工程勘察
　　等级可定为乙级。

1.2.2　勘探点的布置

详细勘察的勘探点布置应按岩土工程勘察等级确定,并应符合《岩土工程勘察规范》(GB 50021—2001)的有关规定:

①勘探点宜按建筑物的周边线和角点布置,对于无特殊要求的其他建筑物,可按建筑物或建筑群的范围布置;

②同一建筑范围内的主要受力层或有影响的下卧层起伏较大时,应加密勘探点,查明其变化;

③重大设备基础应单独布置勘探点,对重大的动力机械基础和高耸构筑物,勘探点不宜少于3个;

④勘探手段宜采用钻探与触探相配合,在复杂地质条件或特殊岩土地区宜布置适量的探

井,地基勘察的勘探点间距可按表2.1.5确定。

表2.1.5　勘探点间距

地基复杂程度等级	勘探点间距(m)	地基复杂程度等级	勘探点间距(m)
一级(复杂)	10 ~ 15	三级(简单)	30 ~ 50
二级(中等)	15 ~ 30		

勘探孔可分为一般性勘探孔和控制性勘探孔,详细勘察的勘探深度自基础底面算起,应符合下列规定。

①勘探孔深度应能控制地基主要受力层,应符合下列规定:对于条形基础,当基础底面宽度 b 不大于5 m 时,勘探孔深度对条形基础不应小于基础底面宽度的3倍;对单独基础不应小于1.5倍,且不应小于5 m。

②对高层建筑和需进行变形计算的地基,控制性勘探孔的深度应超过地基变形计算深度;高层建筑的一般性勘探孔应达到基底下0.5~1.0倍的基础宽度,并深入稳定分布的地层。

③对仅有地下室的建筑或高层建筑的裙房,当不能满足抗浮设计要求,需设置抗浮桩或锚杆时,勘探孔深度应满足抗拔承载力评价的要求。

④当有大面积地面堆载或软弱下卧层时,应适当加深控制性勘探孔的深度。

⑤在上述规定深度内当遇基岩或厚层碎石土等稳定地层时,勘探孔深度应根据情况进行调整。

1.2.3　地基勘察方法

为了查明地基内岩土层的构成及其在竖直方向和水平方向上的变化情况、岩土的物理力学性质、地下水位的埋藏深度和变化幅度,以及不良地质现象及其分布范围等,需要进行地基勘察。地基勘察采用的方法通常有下列几种。

1.坑(槽)探、钻探

坑(槽)探,即在建筑场地开挖深坑或探槽直接观察地基土层情况,并从坑(槽)中取高质量原状土进行实验分析。这是一种不必使用专门机具的常用的勘探方法(见图2.1.1)。钻探就是用钻机向地下钻孔以进行地质勘察,是目前应用最广的勘察方法。二者的用途和特点总结见表2.1.6。

表 2.1.6　坑探和钻探的用途

名称	用　途	特　点	适用范围
坑探	①划分地层,确定土层的分界面,了解构造线情况,鉴别和描述土的表观特征;②确定地下水埋深,了解地下水的类型;③取原状土样供试验分析	直接观察地基土层情况;能取得直观资料和高质量原状土样;可达的深度较浅,一般不超过 3~4 m	地质条件比较复杂,要了解的土层埋藏不深,且地下水位较低
钻探	①划分地层,确定土层的分界面高程,了解构造线情况,鉴别和描述土的表观特征;②确定地下水埋深,了解地下水的类型;③取原状土样或扰动土供试验分析;④在钻孔内进行触探试验或其他原位试验	通过取土(岩)芯观察地基土层情况;可达的深度较深(几米至上百米);经济、高效	地质条件一般,要了解的土层埋藏较深,且地下水位较深

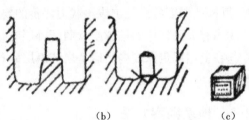

图 2.1.1　探坑示意图

(a)探井　(b)在探井中取原状土样　(c)原状土样

钻探采用的方式有机钻和人力钻两种。钻机一般分回转式与冲击式两种:回转式钻机是利用钻机的回转器带动钻具旋转,磨削孔底的地层进行钻进,它通常使用管状钻具,能取柱状岩芯标本(或土样);冲击式钻机则利用卷扬机借钢丝绳带动钻具,利用钻具的质量上下反复冲击,使钻头冲击孔底,破碎地层形成钻孔,但它只能取出岩石碎块或扰动土样。钻机可以在钻进过程中连续取出土样,从而能比较准确地确定地下土层随深度的变化情况以及地下水的情况。人力钻常以麻花钻、洛阳铲为钻具,借助人力打孔,设备简单,使用方便,但只能取结构已被破坏的土样,用以查明地基土层的分布,其钻孔深度一般不超过 6 m。由于钻探对象不同,钻探又分为土层钻探和岩层钻探。

地基勘察中,取样质量的优劣会直接影响最终的勘察成果,故选用何种形式的取土器十分重要。取土器上部封闭性能的好坏决定了取土器能否顺利进入土层和提取时土样是否可能漏掉。常用的具有上部封闭装置结构的取土器分为活阀式与球阀式两类,图 2.1.2 所示的是上

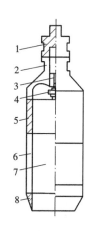

图 2.1.2   上提活阀式取土器

1—接头;2—连接帽;3—操纵杆;4—活
阀;5—余土筒;6—衬筒;7—取土筒;
8—筒靴

提活阀式取土器。钻探时,按不同土质条件,常分别采用击入或压入取土器两种方式在钻孔中取得原状土样。击入法一般以重锤少击效果较好;压入法则以快速压入为宜,这样可以减少取土过程中对土样的扰动。

2.地球物理勘探

地球物理勘探(简称物探)也是一种兼有勘探和测试双重功能的技术。物探之所以能够被用来研究和解决各种地质问题,主要是因为不同的岩石、土层和地质构造往往具有不同的物理性质,利用诸如其导电性、磁性、弹性、湿度、密度、天然放射性等的差异,通过专门的物探仪器的量测,就可区别和推断有关地质问题。对地基勘探的下列方面宜应用物探:①作为钻探的先行手段,了解隐蔽的地质界线,界面或异常点、异常带,为经济合理确定钻探方案提供依据;②作为钻探的辅助手段,在钻孔之间增加地球物理勘探点,为钻探成果的内插、外推提供依据;③测定岩土体某些特殊参数,如波速、动弹性模量、土对金属的腐蚀等。常用的物探方法主要有电阻率法、电位法、地震、声波、电视测井等。

3.原位测试

原位测试技术是在土原来(天然)所处的位置对土的工程性能进行测试的一种技术。测试目的在于获得有代表性的和反映现场实际的基本设计参数,包括:①地质剖面的几何参数;②岩土原位初始应力状态和应力历史;③岩土工程参数。常用的原位测试方法包括载荷试验、触探(静力触探与动力触探)、旁压试验以及其他现场试验等。

(1)载荷试验

载荷试验是一种模拟实体基础承受荷载的原位试验,用以测定地基土的变形模量、地基承载力以及估算建筑物的沉降量等。工程中常认为这是一种能够提供较为可靠成果的试验方法,所以,对于一级建筑物地基或复杂地基,特别是碰到松散砂土或高灵敏度软黏土,取原状土样很困难时,均要求进行这种试验。

进行载荷试验要在建筑场地选择适当的地点挖坑到要求的深度,在坑底设立如图 2.1.3(a)所示的装置。试验时,对荷载板逐级加载,测量每级荷载 P 所对应的荷载板的沉降 s,得到 P—s 曲线,如图 2.1.3(b)所示。在试验过程中,如果出现下列现象之一,即认为地基破坏,可终止试验。

①荷载板周围的土有明显侧向挤出或径向裂纹持续发展。

②本级荷载的沉降量大于前级荷载沉降量的 5 倍,P—s 曲线出现明显陡降段。

③在某级荷载作用下,24 h 内沉降速率不能达到稳定标准。

④相对沉降(s/b)超过 0.06(s 为总沉降量,b 为荷载板宽度)。

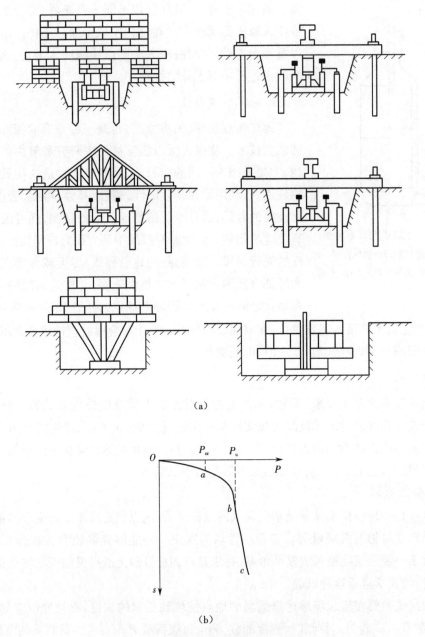

（a）

（b）

图 2.1.3 平板载荷试验常用装置及 P—s 曲线

（a）常用装置 （b）P—s 关系曲线

根据每级荷载 P 所对应的沉降量 s，绘制 P—s 曲线，如图 2.1.3（b）所示。

利用载荷试验的结果确定地基的承载力时，可根据 P—s 曲线的特征，按如下标准选用。

①当 P—s 曲线有明显直线段时，取直线段的比例界限点 P_{cr} 作为地基的承载力基本值。

②当从 P—s 曲线上能够确定极限荷载 P_u，且 $P_u < 1.5 P_{cr}$ 时，采用 P_u 除以安全系数 F_s 作

为承载力特征值,F_s一般可取2。

③当无法采用上述两种标准时,若压板面积为0.25～0.50 m²,对于低压缩性土和砂土,可取$s/b = 0.01$～0.015所对应的荷载值;对于中高压缩性土,则取$s/b = 0.02$所对应的荷载值作为地基承载力的基本值。

④可用$s/b \geqslant 0.06$的荷载作为破坏荷载P_f,取破坏荷载前一级荷载作为极限荷载P_u。

(2)触探

触探既是一种勘探方法,也是一种现场测试方法。触探是通过探杆用静力或动力将金属探头贯入土层,并量测能表征土对触探头贯入的阻抗能力的指标,从而间接地判断土层及其性质的一类勘探方法和原位测试技术。触探作为勘探手段,可用于划分土层、了解地层的均匀性;作为测试技术,则可估计地基承载力和土的变形指标等。

1)静力触探

静力触探试验借静压力将触探头压入土层,利用电测技术测得贯入阻力来判断土的力学性质。其适用于软土、一般黏性土、粉土、砂土和含少量碎石的土。与常规的勘探手段比较,静力触探有其独特的优越性,它能快速、连续地测探土层及其性质的变化,常在拟定桩基方案时采用。

静力触探设备中的核心部分是触探头。触探杆将探头匀速贯入土层时,一方面引起尖锥以下局部土层的压缩,于是产生了作用于尖锥的阻力;另一方面又在孔壁周围形成一圈挤实层,从而导致作用于探头侧壁的摩阻力。探头的这两种阻力是土的力学性质的综合反映。因此,只要通过适当的内部结构设计,使探头具有能测得土层阻力的传感器的功能,便可根据所测得的阻力大小来获得土的静力触探曲线,确定土的性质。如图2.1.4、图2.1.5所示,当探头贯入土中时,顶柱将探头套受到的土层阻力传到空心柱上部,由于空心柱下部用丝扣与探头管连接,遂使贴于其上的电阻应变片与空心柱一起产生拉伸变形,这样,探头在贯入过程中所受到的土层阻力就可以通过应变片转变成电信号并由仪表测量出来。探头按其结构分为单桥和双桥两类,其特点见表2.1.7。

表2.1.7 单桥探头和双桥探头的特点

类型	土层阻力表达式	作用
单桥探头	$p_s = \dfrac{Q}{A}$	根据比贯入阻力p_s,反映土的某些力学性质,估算土的承载力、压缩性指标等
双桥探头	$q_p = \dfrac{Q_p}{A}$ $\quad q_s = \dfrac{Q_s}{s}$	根据q_s和q_p可求出桩身的侧壁阻力和桩端阻力,反映土的某些力学性质,估算土的承载力、压缩性指标等

注:单桥探头所测到的是包括锥尖阻力和侧壁摩阻力在内的总贯入阻力Q(kN),通常用比贯入阻力p_s(kPa)表示。式中:A为探头截面面积(m²)。

双桥探头则能分别测定锥底的总阻力Q_p和侧壁的总摩擦阻力Q_s;单位面积上的锥头阻力和单位面积上的侧壁阻力分别为q_p,q_s。式中:s为锥头侧壁摩擦筒的表面积(m²)。

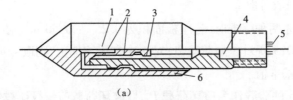

（a）

1—顶柱；2—电阻应变片；3—传感器；4—密封垫圈套；5—四芯电缆；6—外套筒

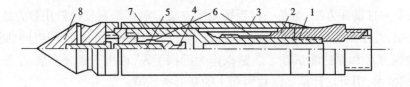

（b）

1—传力杆；2—摩擦传感器；3—摩擦筒；4—锥尖传感器；5—顶柱；6—电阻应变片；7—钢珠；8—锥尖头

图2.1.4 静力触探探头示意图

（a）单桥探头结构 （b）双桥探头结构

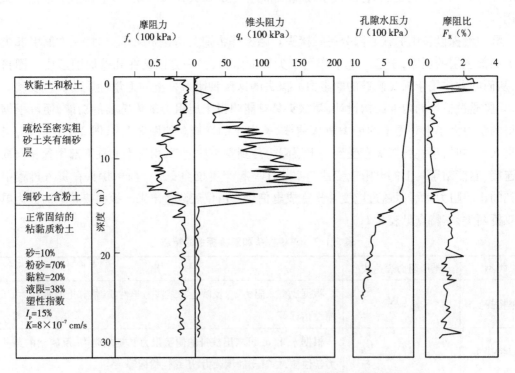

图2.1.5 静力触探成果曲线及其相应土层剖面图（加拿大温哥华）

2）动力触探

动力触探是用一定质量的击锤从一定高度自由下落,锤击插入土中的探头,测定使探头贯入土中一定深度所需要的击数,以击数的多少判定被测土的性质。根据探头的形式,可以分为两种类型。

Ⅰ.标准贯入试验(管形探头)

标准贯入试验应与钻探工作相配合,其设备是在钻机的钻杆下端连接标准贯入器(图2.1.6),将质量为63.5 kg的穿心锤套在钻杆上端组成的。试验时,穿心锤以76 cm的落距自由下落,将贯入器垂直打入土层中15 cm(此时不计锤击数),随后打入土层30 cm的锤击数即为实测的锤击数N;试验后拔出贯入器,取出其中的土样进行鉴别描述。在规范中,以它作为确定砂土和黏性土地基承载力的一种方法。在《建筑抗震设计规范》(GB 50011—2010)中,以它作为判定地基土层是否可液化的主要方法。此外,还可以根据N值确定砂的密实程度。

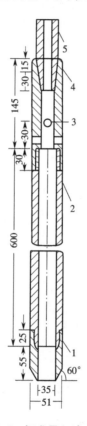

图2.1.6　标准贯入试验设备

1—贯入器靴;2—贯入器身;3—排水孔;4—贯入器头;5—探杆接头

标准贯入试验中,随着钻杆入土长度的增加,杆侧土层的摩阻力以及其他形式的能量消耗增大,因而使测得的锤击数值N偏大。当钻杆长度大于3 m时,锤击数应按下式校正:

$$N = aN' \qquad (2.1.1)$$

式中　N'——标准贯入试验锤击数;

　　　N——标准贯入修正锤击数;

　　　a——触探杆长度校正系数,按表2.1.8确定。

表 2.1.8　触探杆长度校正系数 a

触探杆长度(m)	≤3	6	9	12	15	18	21
a	1.00	0.92	0.86	0.81	0.77	0.73	0.70

Ⅱ. 圆锥形探头

这类动力触探试验依贯入能量不同可分为轻型、重型和超重型三类,其规格见表 2.1.9,轻型动力触探设备如图 2.1.7(a)所示,试验设备主要由探头、触探杆、穿心锤组成。轻型触探试验是用来确定黏性土和素填土地基承载力和基槽检验的一种手段。

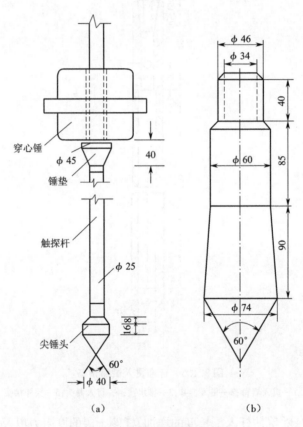

(a)　　　　　　　　(b)

图 2.1.7　圆锥形动力触探设备
(a)φ40　(b)φ74

表 2.1.9　圆锥动力触探类型

类型	锤质量 (kg)	落距 (m)	探头形状	贯入指标	触探杆外径 (mm)	主要适用岩土类型
轻型	10	50	圆锥头,锥角60°,探头直径40 mm,图2.1.7(a)	贯入 300 mm 的锤击数 N_{10}	25	浅部填土、砂土、粉土、黏性土
重型	63.5	76	圆锥头,锥角60°,探头直径74 mm,图2.1.7(b)	贯入 100 mm 的锤击数 $N_{63.5}$	42 ~ 50	砂土、中密以下的碎石土、极软岩
超重型	120	100	圆锥头,锥角60°,探头直径74 mm	贯入 100 mm 的锤击数 N_{120}	50 ~ 63	密实和很密的碎石土、软岩、极软岩

1.3　地基勘察报告书的内容及阅读

1.3.1　地基勘察报告书的基本内容

地基勘察的最终成果是以报告书的形式提出的。勘察工作结束后,把取得的野外工作和室内试验的记录和数据以及搜集到的各种直接和间接资料分析整理、检查校对、归纳总结后,做出建筑场地的工程地质评价,最后应以简要明确的文字和图表编成报告书。

勘察报告书的编制必须配合相应的勘察阶段,针对场地的地质条件和建筑物的性质、规模以及设计和施工的要求,提出选择地基基础方案的依据和设计计算数据,指出存在的问题以及解决问题的途径和办法。一个单项工程的勘察报告书一般包括表 2.1.10 所示内容。

表 2.1.10　勘察报告书主要内容

文字部分	图　件	表　格
①勘察目的、任务和要求及勘察工作概况;②拟建工程概述;③勘察方法和勘察工作布置;④场地位置、地形、地貌、地层、地质构造、岩土性质、不良地质现象的描述与评价,以及地震设计烈度;⑤场地的地层分布、岩石和土的均匀性、物理力学性质、地基承载力和其他设计计算指标;⑥地下水的埋藏条件和腐蚀性以及土层的冻结深度;⑦对建筑场地及地基进行综合的工程地质评价,对场地的稳定性和适宜性做出结论;⑧工程施工和使用期间可能发生的岩土工程问题的预测及监控、预防措施的建议	勘探点平面布置图、工程地质剖面图、地质柱状图或综合地质柱状图,其他必要的专门图件	土工试验成果图表、原位测试成果图表(如现场载荷试验、标准贯入试验、静力触探试验、旁压试验等)、地层岩性及土的物理力学性质综合统计表,其他必要的计算分析图表

上述内容并不是每一项勘察报告都必须全部具备的,而应视具体要求和实际情况有所侧重,并以充分说明问题为准。对于地质条件简单和勘察工作量小且无特殊设计及施工要求的工程,勘察报告可以酌情简化。

1.3.2　勘察报告的阅读和使用

要认真阅读和分析勘察报告,使其在设计和施工中充分发挥作用,阅读时应先熟悉勘察报告的主要内容,了解勘察结论和计算指标的可靠程度,进而判断报告中的建议对该项工程的适用性,做到正确使用勘察报告。需要把场地的工程地质条件与拟建建筑物具体情况和要求联系起来进行综合分析。下面通过实例来说明建筑场地和地基工程地质条件综合分析的主要内容和重要性。

1. 地基持力层的选择

一般情况,地基基础设计应在满足地基承载力和沉降这两个基本要求的前提下,尽量采用比较经济的天然地基上的浅基础。这时,地基持力层的选择应该从地基、基础和上部结构的整体性出发,综合考虑场地的土层分布情况和土层的物理力学性质,以及建筑物的体型、结构类型和荷载的性质与大小等情况。

通过勘察报告的阅读、分析,在熟悉场地各土层的分布和性质(层次、状态、压缩性和抗剪强度、土层厚度、埋深及均匀程度等)的基础上,初步选择适合上部结构特点和要求的土层作为持力层,经试算或方案比较后做出最后决定。合理确定地基土的承载力是选择地基持力层的关键,而地基承载力实际上取决于许多因素,采用单一的方法确定承载力未必十分合理。必要时,可以通过多种测试手段,并结合实践经验予以适当增减,以取得更好的实际效果。

某地区拟建 11 层商业大厦,上部采用框架结构,设有地下室,建筑场地位于丘陵地区,地质条件并不复杂,表面土层是花岗岩残积土,厚 14～25 m 不等,其下为强风化花岗岩。场地勘探采用钻探和标准贯入试验进行,在不同深度处采用原状试样进行室内岩石和土的物理力学性质指标试验。试验结果表明:残积土的天然孔隙比 $e > 1.0$,压缩模量 $E_s < 5.0$ MPa,属中等偏高压缩性土。而标准贯入试验 N 值变化很大:10～25 击,由此得出地基土的承载力特征值为 $f_a = 120 \sim 140$ kPa。根据上述情况,该建筑物需采用桩基础,桩端应支承在强风化花岗岩上。据当地建筑经验,对花岗岩残积土,由公式计算的 f_a 值常偏低。为了检验室内成果的可靠程度,以便对建筑场地做出符合实际的工程性质评价,又在现场进行 5 次静载荷试验,各次试验算出 $f_a = 200$ kPa。此外,考虑到该建筑物可能采用筏板基础,基础的埋深和宽度都较大,地基承载力还可提高,于是,决定采用天然地基浅基础方案,并在建筑、结构和施工各方面采取了某些减轻不均匀沉降影响的措施,最终取得较好的效果。

由上可知,在阅读和使用勘察报告时,应注意所提供资料的可靠性。由于勘探方法本身的局限性,勘察报告有时不能充分地或准确地反映场地的主要特征;或在测试工作中,由于人为和仪器设备的影响,也可能造成勘察成果的失真而影响报告的可靠性。因此,在使用报告过程中,应注意分析发现问题,查清可疑的关键性问题,以便少出差错。但对于一般中小型工程,可用室内试验指标作为主要依据。

2. 场地稳定性评价

地质条件复杂的地区,综合分析的首要任务是评价场地的稳定性,其次才是地基的强度和变形问题。

场地的地质构造(断层、褶皱等)、不良地质现象(泥石流、滑坡、崩塌、岩溶、塌陷等)、地层成层条件和地震等都会影响场地的稳定性。在勘察中必须查明其分布规律、具体条件、危害程度。在断层、向斜、背斜等构造地带和地震区修建建筑物,必须慎重对待,在可行性研究勘察中,应指明宜避开的危险场地,但对于相对稳定的构造断裂地带,还是可以考虑选作建筑场地的。

在不良地质现象发育且对场地稳定性有直接危害或潜在威胁的地区,如不得不在其中较为稳定的地段进行建筑,也须事先采取有力措施防患于未然,以免造成更大的损失。

1.3.3　勘察报告实例

现以《某市某工业园区城市综合体岩土工程勘察报告》的内容作为实例摘录如下。

1　勘察工作概况

1.1　任务由来及工程概况

×××有限公司(甲方)拟在×××工业园区实施×××有限公司×××基地办公楼、宿舍楼及厂房工程的修建,委托我公司(乙方)对拟建场地进行岩土工程勘察,直接详细勘察。

场地位于×××工业园区,该场地与周围企业用地关系为:北侧为×××,东面为×××,西面为×××。场区交通方便,且水电齐备,具备施工条件。

该工程设计由×××有限公司承担,根据岩土工程勘察任务委托书和建筑物平面图知,该工程的拟建物设计参数见表2.1.11。

表2.1.11　拟建物设计参数表

序号	拟建物名称	设计地坪标高(m)	层数	建筑物安全等级	结构类型	基础形式	对差异沉降敏感程度
1	办公楼1	371.60	3F	三级	砖混	桩基础	一般
2	办公楼2	371.60	3F	三级	砖混	桩基础	一般
3	厂房1	371.60	1F	三级	框架	桩基础	一般
4	厂房2	371.60	1F	三级	框架	桩基础	一般
5	宿舍楼1	371.60	2F	三级	砖混	桩基础	一般
6	宿舍楼2	371.60	2F	三级	砖混	桩基础	一般

1.2　勘察目的及任务要求

根据岩土工程勘察任务委托书,本次勘察为施工图设计阶段直接详细勘察工作,目的是查明场地工程地质条件、水文地质条件,对建筑物地基做出工程地质评价,并对地基设计、地基处理、不良地质现象的防治等具体方案做出论证及建议,为施工图设计提供详细的工程地质资料。具体任务是:

(1)查明建筑场地内有无影响工程稳定性的不良地质现象,并提出处理意见;

(2)查明建筑场地地质构造、地层结构、成因类型、分布规律及各岩土层的物理力学性质;

(3)查明建筑场地水文地质条件、埋藏深度、地下水发育状况及活动规律,并对地下水质做出评价,评价地下水及土的腐蚀性;

(4)提供设计所需的岩土参数,为基础设计提供依据;

(5)判明场地土类型和建筑场地类别,提供抗震设计参数;

(6)根据场地条件和施工条件,合理选择基础持力层,并对基础形式提出经济合理的建议。

1.3　勘察执行规范及依据

本次勘察执行规范及主要依据为:

(1)《岩土工程勘察规范》(GB 50021—2001);

(2)《建筑地基基础设计规范》(GB 50007—2002);

(3)《建筑抗震设计规范》(GB 50011—2001);

(4)《建筑桩基技术规范》(JGJ 94—94);

(5)1:400 万《中国地震动峰值加速度区划图》(2001);

(6)建筑物平面布置图(1:500);

(7)《建设工程勘察合同》;

(8)《岩土工程勘察任务委托书》。

1.4　勘察工作布置及任务完成状况

(1)根据上述勘察技术要求,我公司及时组织有关工程技术人员进行现场地质调查和工程地质测绘,并编写勘察纲要,制定钻探任务书。根据岩土工程勘察任务委托书要求和拟建物特点,结合场区工程地质条件,本次勘察采用《岩土工程勘察规范》(GB 50021—2001)的有关规定,按工程重要性等级三级、场地等级为二级、地基等级为二级,确定岩土工程勘察等级为乙级。按有关详细勘察要求布置钻孔。钻孔布置方案:主要沿拟建建筑物的周边、角点布置钻孔35 个。其中控制性钻孔为 18 个(钻至中等风化基岩以下 3~5 m 终孔),一般性钻孔 17 个(钻至中等风化基岩以下 2~3 m 终孔)。上述钻孔编号详见钻孔平面布置图。

(2)采用坐标放孔 33 个,实测工程地质剖面 26 条。

(3)采用 2 台 XJ-100 型钻机施钻,现场地质人员跟班编录。

(4)在 18 个钻孔中分别取中等风化基岩试样 18 组,做天然和饱和单轴抗压强度试验。

我公司勘察队于 20××年××月××日组织队伍进场,于 20××年××月××日顺利完成野外钻探及取样工作。完成的工作量及提交的成果资料见表2.1.12及表2.1.13。

表2.1.12　野外主要完成工作量

序号	工作内容	单位	比例尺	数量
1	岩芯钻探	m/孔		585.90/35
2	勘探点标高及坐标测量	次/孔		70/35
3	地质断面测量	条	1:200	26
4	现场地质调查	m²	1:500	40 000
5	野外采集岩样	组		18

表2.1.13　室内主要完成工作量

序号	工作内容	单位	比例尺	数量
1	室内岩石抗压试验	组		18
2	勘探点平面布置图	份	1:500	1
3	工程地质剖面图	条	1:200	26
4	工程钻孔柱状图	张	1:100	35
5	钻探点数据表	张/份		3/1
6	测量成果表	张/份		2/1
7	岩土工程勘察纲要	份		1
8	岩土工程勘察报告	份		1

1.5　勘察工作质量评述

本次勘察工作是在执行有关规范规定及场地实际情况的基础上实施的。

1)钻孔布测

钻孔位置利用××园区提供的两个测量控制点(20009: $X = 3\ 254\ 047.609$, $Y = 504\ 171.147$, $H = 376.866$; 20010: $X = 3\ 254\ 196.831$, $Y = 504\ 686.094$, $H = 377.501$)进行测量放孔。采用南方NTS-302B全站仪测量支导线点,钻孔完毕后进行复测,误差在允许范围内。

2)剖面测制

采用南方NTS-302B全站仪及皮尺施测,在地形变化较大的部位加密控制,测图精度符合比例尺要求精度。

3)工程地质测绘

主要针对拟建场地及其附近地质情况进行调查,调查第四系分布范围、基岩露头、岩层产状、构造裂隙发育程度和不良地质作用。

4）工程地质钻探

钻探开孔孔径 110 mm，终孔孔径 91 mm，严格执行到位施工，钻孔由工程地质人员跟班野外编录，编录时认真观察，仔细描述，确保了编录资料的可靠性。

5）岩土芯平均采取率

土层平均大于 75%，基岩平均大于 85%。

6）岩样采集、试验

本次勘察做到及时采集、封闭、妥善保存、运输时互不挤压、保证样品的代表性，样品数量符合规范要求。岩样从岩心管中直接采取。岩样室内试验工作由××检测中心承担。

7）内业整理

内业整理中，所有图件均为计算机绘制。勘察文件编制使用的软件为中国建筑西南勘察设计研究院重庆分院《岩土工程勘察 CAD 软件》。

综上所述，本次工作勘察质量符合有关规范要求。

2　工程地质条件

2.1　地形地貌

我方进场时场地已平场。整个场地平缓开阔，场地标高 370.22～373.34 m，高差约 3.12 m。整个场地地势东面高，西面低，东面局部地段由于新河道开挖，大量弃土临时堆积于场地，土堆高 4～5 m，一小河沟自北向南经场地东侧流过，河流宽 1～2 m，深度 0.50～1.00 m。勘察期间测得河水水位为 367.50 m。

拟建场地地貌上属于河流侵蚀堆积地貌。周边微地貌主要为小型陡坎、土丘等。

场区地质环境复杂程度：中等复杂场地。

2.2　气象

场地区域属中亚热带季风性湿润气候，四季分明，气候温和，雨量充沛，冬暖夏凉。年平均气温 18.5 ℃，极端最高温度 43.4 ℃，极端最低温度 −2.3 ℃，最热月平均温度 28.5 ℃，平均降水量 1 020.4 mm。日最大降水量 159.3 mm，平均降水日 154.6 天，无霜期 365 天。年均相对湿度 81%，最热月平均湿度 84%，最冷月平均湿度 79%。全年主导风向东北，夏季主导风向西南，年平均风速 1.1 m/s。

2.3　地质构造

场地区域属川东褶皱带组成部分的东支"重庆弧"体系，构造形迹总体呈南北向，向西突出呈"S"状展布，弧形线状排列。

场地位于温塘峡背斜东翼。场地内上部为素填土、粉质黏土、淤泥质粉质黏土、粉砂，下伏基岩为侏罗系中统沙溪庙组砂岩、砂质泥岩，倾向为 118°，倾角 24°。场地内未见基岩出露。

场地内未见其他构造迹线，构造作用对场地影响小。

2.4　地层岩性

经钻探揭示，拟建场地分别由第四系人工素填土（Q_4^{ml}）、冲积（Q_4^{al}）淤泥质粉质黏土、粉质黏土、粉砂土及下卧侏罗系中统沙溪庙组(J$_{2s}$)砂岩、砂质泥岩组成,各钻孔岩土厚度、标高见钻孔情况一览表。

2.4.1　第四系(Q$_4$)

素填土(Q$_4^{ml}$):褐黄、棕褐色,由粉质黏土及泥岩、砂岩碎块石组成。颗粒5~30 cm,含量10%~20%。结构松散,稍湿。为新近平场回填。该层全场地均有揭露,揭露厚度0.68(ZY1)~3.46 m(ZY46)。

淤泥质粉质黏土(Q$_4^{al}$):灰黑色,由黏性土及大量腐殖质组成,流塑状,有腥臭味。主要分布于场地内原水田地段,揭露厚度1.90(ZY42)~4.40 m(ZY38)。

粉质黏土(Q$_4^{al+pl}$):褐黄、褐灰色,由黏土矿物及粉砂质组成,湿,可塑,韧性及干强度中等,局部呈软塑状,底部一般夹粉土、粉砂团块。层厚0.80(ZY46)~4.30 m(ZY12)。该层场地内大部分地段均见分布。未平场地段表层0.30 m多为耕植土,褐黄、褐灰等色,主要成分为软塑至流塑状粉质黏土,含较多植物根系。为冲积堆积后经农民耕种改造而成。

粉砂土(Q$_4^{al+pl}$):灰白、黑灰色,主要由石英、云母等矿物颗粒,片状、针状物组成,粒径大于0.075 mm的颗粒占全重的50%~70%。湿,稍密。局部含朽木残块。钻探揭露层厚0.70(ZY33)~3.90(ZY18)m,该层在场地内部分钻孔均见分布。

2.4.2　侏罗系中统沙溪庙组(J$_{2s}$)

1)砂岩

褐灰色,由石英、云母及大量粉砂质组成,粉至细粒结构,泥质胶结。整体状结构,中厚层状至巨厚层状构造。

强风化带,见有分布稀疏、延伸不大的风化裂隙,层面及裂隙面见少许铁泥质薄膜充填,岩芯多沿层面张开,呈碎块状、饼状,质软,手捏即碎。

中等风化带岩石结构完整,岩芯呈柱状,节长0.20~0.40 m。

2)砂质泥岩

褐红、棕红色,由黏土矿物及粉砂质组成,局部含砂质条带泥质结构,泥铁质胶结,厚层状至巨厚层状构造。

强风化带岩石颜色较浅,呈土黄至紫红色,层面结合为差至一般,见有分布稀疏、延伸不大的风化裂隙,层面及裂隙面见少许铁泥质薄膜充填,岩芯多沿层面张开,呈碎块状、饼状。

中等风化带岩石颜色较深,原生结构构造清晰,未见节理裂隙发育,岩芯完整,呈柱状,节长一般0.06~0.70 m。钻探揭露层厚6.10(ZY2)~12.7 m(ZY16)。

场地内中等风化带岩体较完整,根据室内岩石抗压强度测试,岩石属极软岩,中等风化岩石较完整。岩体基本质量等级为Ⅴ级,为易软化岩石。

各层在钻孔中分布情况详见钻孔地质柱状图及钻孔情况一览表。

2.5 水文地质条件

2.5.1 地下水

1）地下水特征

勘察区下伏基岩为砂质泥岩、砂岩，被弱透水的粉质黏土覆盖，场地东高西低，利于地下水、地表水向低处排泄。受场地地形和岩性的控制，场地地下水类型有第四系孔隙水和基岩裂隙水两类，其水文地质特征如下。

①第四系土壤孔隙水。场地内地下水主要赋存于素填土层中。该场地西侧为小河，根据钻孔内水位观测，场地内地下水通过松散覆盖层与小河水存在水力联系，主要受小河补给，排泄方式主要为顺坡向呈散流状排向地形低洼地带及垂直渗透至深部岩体。根据我公司 20×
×年××月在场地东侧×××迁建工程场地勘察时钻孔内简易提水试验，水量约 20 t/d。

②基岩裂隙水。主要为风化网状裂隙水，地下水为大气降水和小河水补给，径流途径短，该类水主要赋存于强风化带风化裂隙及基岩节理裂隙中。

2）含水层的富水性

根据对场地内 72 个钻孔 24 小时水位观测，均见稳定地下水位。场地位于小河附近，地势较低，地下水赋存条件好，地下水较丰富。

2.5.2 水的腐蚀性评价

根据相邻建筑经验及周边环境判定，地下水对混凝土无腐蚀性。

2.5.3 土的腐蚀性评价

根据相邻建筑资料及周边环境判定，场地土对混凝土无腐蚀性。

2.6 不良地质现象及地质灾害

根据地表地质调查及钻孔岩芯观察，均未发现滑坡、崩塌、断层、软弱夹层等不良地质现象。

场地内无地质灾害隐患。

3 岩土物理力学特征

本次勘察分别在 18 个钻孔中取岩样 18 组，分别做岩石单轴干、湿抗压强度试验和变形试验，试验结果详见检测报告，现按数理统计，分别统计如表 2.1.14 和表 2.1.15 所示。

表 2.1.14 中等风化砂质泥岩抗压试验成果统计表

岩性	编号	天然抗压强度(MPa)			饱和抗压强度(MPa)		
砂质泥岩	ZY1	4.6	2.5	3.6	2.6	1.4	2.1
	ZY4	3.8	6.0	3.1	2.3	3.5	1.7
	ZY7	5.1	3.5	4.3	3.0	2.0	2.5
	ZY9	3.3	5.1	3.7	2.1	3.0	2.0
	ZY12	3.7	6.4	5.0	2.3	4.0	3.1
	ZY16	6.3	3.4	4.0	3.6	2.4	2.2
子样数 N		18			18		
平均值(φ_m)		4.3			2.5		
软化系数		0.58					
标准差(σ_f)		1.13			0.69		
变异系数(δ)		0.26			0.27		
修正系数(γ_s)		0.89			0.88		
标准值(φ_k)		3.8			2.2		

表 2.1.15 中等风化砂岩抗压试验成果统计表

岩性	编号	天然抗压强度(MPa)			饱和抗压强度(MPa)		
砂岩	ZY19	30.6	38.5	27.5	22.0	30.0	23.5
	ZY22	29.1	26.0	35.0	20.7	22.0	25.7
	ZY25	36.6	31.7	27.8	28.0	22.6	25.0
	ZY28	25.4	34.0	28.0	21.0	25.5	19.1
	ZY29	24.0	20.9	27.8	17.0	14.8	19.7
	ZY31	27.8	33.0	25.7	19.3	24.1	20.0
	ZY34	26.0	23.6	30.0	17.0	20.0	22.2
	ZY37	33.1	29.5	36.0	25.8	23.0	28.1
	ZY41	40.1	27.6	34.3	30.1	24.1	27.4
	ZY44	20.5	25.0	21.7	15.0	17.3	14.1
	ZY48	33.6	38.9	30.2	25.6	30.9	27.8
	ZY51	24.2	22.5	27.9	15.8	16.9	19.5

子样数 N	24	24
平均值（φ_{m}）	29.2	22.2
软化系数	0.76	
标准差（σ_{f}）	5.21	4.64
变异系数（δ）	0.17	0.20
修正系数（γ_{s}）	0.93	0.92
标准值（φ_{k}）	27.1	20.4

以上试验指标采用统计方法求得。算术平均值 φ_{m}、标准差 σ_{f}、变异系数 δ 按下式计算。
算术平均值：

$$\varphi_{\mathrm{m}} = \frac{1}{n} \sum_{i=1}^{n} \varphi_i \qquad (2.1.2)$$

标准差：

$$\sigma_{\mathrm{f}} = \sqrt{\frac{1}{n-1} \Big[\sum_{i=1}^{n} \varphi_i^2 - \frac{1}{n} \Big(\sum_{i=1}^{n} \varphi_i \Big)^2 \Big]} \qquad (2.1.3)$$

变异系数：

$$\delta = \sigma_{\mathrm{f}} / \varphi_{\mathrm{m}} \qquad (2.1.4)$$

式中　n——参加统计的试验数据量；

　　　φ_i——岩土物理力学指标数据。

岩石单轴受压强度标准值 φ_{k} 按下式确定：

$$\varphi_{\mathrm{k}} = \gamma_{\mathrm{s}} \times \varphi_{\mathrm{m}} \qquad (2.1.5)$$

$$\gamma_{\mathrm{s}} = 1 \pm \Big(\frac{1.704}{\sqrt{n}} + \frac{4.678}{n^2} \Big) \delta \qquad (2.1.6)$$

式中　γ_{s}——统计修正系数；

　　　φ_{m}——岩土参数的平均值。

4　场地稳定性评价

4.1　地震效应评价

根据 1:400 万《中国地震动峰值加速度区划图》（2001）和《建筑抗震设计规范》（GB 50011—2001），××地区抗震设防烈度为 6 度，设计基本地震加速度值为 0.05 g，设计地震分组为第一组。

按设计标高平场后，拟建场地土层的等效剪切波速根据《建筑抗震设计规范》（GB 50011—2001）第 4.1.5 条确定：

$$V_{\mathrm{se}} = d_0 / t$$

$$t = \sum_{i=1}^{n} (d_i / V_{si}) \qquad (2.1.7)$$

式中　V_{se}——土层等效剪切波速(m/s);

　　　d_0——计算深度(m),取覆盖层厚度和 20 m 二者的较小值;

　　　t——剪切波在地面至计算深度之间的传播时间(s);

　　　d_i——计算深度范围内第 i 土层的厚度(m);

　　　V_{si}——计算深度范围内第 i 土层的剪切波速(m/s);

　　　n——计算深度范围内土层的分层数。

拟建场地范围内覆盖层厚薄不均,土层等效剪切波速根据××地区经验,本场地覆盖层素填土剪切波速值取 100 m/s,粉质黏土取 180 m/s,淤泥质粉质黏土取 160 m/s,粉砂土取 150 m/s,则该场地土层等效剪切波速按 ZY42 计算为 123 m/s,场地土属中软土。

场地类别统一为Ⅱ类场地,设计特征周期为 0.35 s。为可进行工程建设的建筑抗震一般地段,适宜本工程的修建。

根据《建筑抗震设计规范》(GB 50011—2001)第 4.3.1 条,三类建筑可不考虑饱和砂土的液化判别和处理。

4.2　边坡评价

拟建范围内按设计标高平场后无对拟建物有影响的边坡。

5　地基评价

5.1　地基适宜性评价

经本次野外勘察,拟建场地内无断层通过,无滑坡、软弱夹层、危岩崩塌、边坡失稳等不良地质现象。场区内基岩分布连续、稳定,构造裂隙不发育,地质构造简单,水文地质条件中等,场地整体稳定,适宜修建本工程建筑物。

5.2　岩土层承载力评价

场地各主要岩土层的地基承载力特征值根据室内土工及岩石试验结果,结合场区工程地质条件及当地建筑经验确定如下。

(1)素填土结构松散,未进行力学测试。

(2)粉质黏土地基承载力特征值的确定:该层含水量大,且含有较多粉土、粉砂团块,厚度较小、分布不均,因此未对该层进行取样测试,根据相邻场地勘察资料及××园区建设工程经验,粉质黏土地基承载力特征值取 160 kPa。

(3)淤泥质粉质黏土地基承载力特征值的确定:该层厚度及分布不均,因此未对该层进行取样测试,根据相邻场地勘察资料及××园区建设工程经验,淤泥质粉质黏土地基承载力特征值取 110 kPa。

(4)粉砂土地基承载力特征值的确定:粉砂土厚度 1~2 m,含有朽木块,标准贯入测试误差较大,因此地基承载力特征值根据当地建筑经验取 100 kPa。

(5)岩石天然地基承载力特征值:按《建筑地基基础设计规范》(GB 50007—2002),并结合××地区经验确定如下。

强风化砂质泥岩承载力特征值:250 kPa(经验值)。

强风化砂岩承载力特征值:350 kPa(经验值)。

砂质泥岩中等风化带承载力特征值:3.8 MPa×0.35 = 1.33 MPa。

砂岩中等风化带承载力特征值:20.4 MPa×0.35 = 7.14 MPa。

(6)嵌岩桩承载力特征值:采用嵌岩桩基础时,桩基竖向极限承载力特征值按《建筑桩基技术规范》(JGJ 94—2008)第5.3.9条确定如下:

$$Q_{uk} = Q_{sk} + Q_{rk} \tag{2.1.8}$$

$$Q_{sk} = u\sum_{i=1}^{n} q_{sik}l_i \tag{2.1.9}$$

$$Q_{rk} = \zeta_r f_{rk}A_P \tag{2.1.10}$$

式中 Q_{sk}、Q_{rk}——土的总极限侧阻力标准值、嵌岩段总极限阻力标准值;

q_{sik}——桩周第 i 层土的极限侧阻力标准值;

f_{rk}——岩石饱和单轴抗压强度标准值,对于泥岩取天然湿度单轴抗压强度标准值;

ζ_r——桩嵌岩段侧阻力和端阻力综合系数,与嵌岩深径比 h_r/d 有关,按表2.1.16采用。

表2.1.16 嵌岩段侧阻力和端阻力修正系数

嵌岩段深径比 h_r/d	0.0	0.5	1.0	2.0	3.0	4.0	5.0	6.0	7.0	8.0
极软岩、软岩	0.60	0.80	0.95	1.18	1.35	1.48	1.57	1.63	1.66	1.70
较硬岩、坚硬岩	0.45	0.65	0.81	0.90	1.00	1.04	—	—	—	—

注:①极软岩、软岩 $f_{rk} \leq 15$ MPa,较硬岩指 $f_{rk} > 30$ MPa,介于二者之间可内插取值。

②h_r 为桩身嵌岩深度,当岩面倾斜时,以坡下方嵌岩深度为准,当 h_r/d 为非表列值时,ζ_r 可内插取值。

根据《建筑桩基技术规范》(JGJ 94—2008),建议各岩土层的极限侧阻力和极限端阻力如下确定(素填土不计算其侧阻力)。

粉质黏土极限侧阻力 q_{sik} 取 50 kPa。

淤泥质粉质黏土极限侧阻力 q_{sik} 取 20 kPa。

粉砂土极限侧阻力 q_{sik} 取 12 kPa。

强风化基岩极限侧阻力 q_{sik} 取 150 kPa。

中等风化基岩极限端阻力计算时砂质泥岩按天然单轴抗压强度标准值取 3.80 MPa,砂岩按饱和单轴抗压强度标准值取 20.4 MPa。

单桩最终承载力应通过静载确定。

5.3 持力层的选择

素填土结构松散,力学性质差,不考虑选作基础持力层。

粉质黏土未遍布场区,且层厚较小,含水量较大,力学性质较差,不宜作为拟建建筑基础持力层。

淤泥质粉质黏土、粉砂层力学性质差,不宜作为基础持力层。

强风化砂岩、砂质泥岩埋深较大且厚度为0.40~4.90 m,分布不均匀,不宜作为基础持力层。

中风化砂岩、砂质泥岩连续分布,承载力高,是拟建建筑物良好的基础持力层。

因此,建议拟建建筑物基础均以中风化砂岩、砂质泥岩作为基础持力层。

5.4　基础形式建议

拟建物基础持力层、形式、承载力见表2.1.17。

表2.1.17　拟建物基础形式建议一览表

编号	拟建物名称	±0.00 m	持力层岩性	持力层(相对设计地坪)埋深(m)	基础形式	岩石抗压强度标准值(MPa)
1	办公楼1	371.60	中风化砂岩	5.30-6.20	桩基础	20.4
2	办公楼2	371.60	中风化砂岩	4.70-5.30	桩基础	20.4
3	厂房1	371.60	中风化基岩	2.70-7.90	桩基础	3.80
4	厂房2	371.60	中风化砂岩	3.50-6.30	桩基础	20.4
5	宿舍楼1	371.60	中风化砂质泥岩	3.80-7.90	桩基础	3.80
6	宿舍楼2	371.60	中风化砂岩	4.90-5.20	桩基础	20.4

同一拟建建筑场地内存在两种基岩的,根据×××地方规范要求,按岩质软的岩石进行取值。

由于场地内地下水位较浅,粉质黏土含水量大,粉砂层位于地下水位以下,基础开挖时孔壁支护较困难,易出现涌水、涌泥、流砂等现象,施工难度较大,因此从安全的角度考虑,宜采用钻孔灌注桩基础,基础持力层采用中等风化基岩。

6　结论与建议

6.1　结论

(1)拟建场地内无断层通过,无滑坡、软弱夹层、危岩崩塌、边坡失稳等不良地质现象。

(2)场区内基岩分布连续、稳定,构造裂隙不发育,地质构造简单,对拟建物影响小。

(3)水文地质条件较复杂,地下水较丰富,地下水及土对混凝土无腐蚀性。

(4)场地整体稳定,适宜修建本工程建筑物。

(5)平场后四周无建筑物,不存在对相邻建筑物基础的影响。

6.2　建议

(1)建议采用桩基础时,持力层选用中风化基岩,桩极限端阻值计算时砂质泥岩按天然抗压强度标准值取 3.8 MPa,砂岩按饱和单轴抗压强度标准值取 20.4 MPa。

(2)基础施工时,应采取充分的抽排水措施,以免地表水及地下水渗入基坑,降低基础承载力。

(3)桩基础应置于持力层内不小于 1 倍桩径深度。

(4)基坑开挖时土层应按 1:1.0 临时坡率放坡,并做好临时支护。

(5)桩基础施工,基础落差较大时,相邻桩基础嵌入深度,其基础底面外边缘应满足不大于 45°的传力角,以保证相邻桩基的稳定性。

(6)钻孔灌注桩施工时应合理排放泥浆,避免对环境造成污染。

(7)加强对持力层的检测工作。泥岩属易风化软质岩石,基础挖至设计标高后应尽快验桩后封闭。

(8)基础开挖及施工过程中应加强验槽工作,发现问题及时通知我公司,以便会同有关部门共同协商处理。

复习思考题

1.为何要进行岩土工程勘察?详细勘察阶段应包括哪些内容?

2.建筑场地根据什么进行分级?钻孔间距如何确定?

3.一般性勘探孔和控制性勘探孔有何区别?控制性勘探孔的深度如何确定?

4.工业与民用建筑中常用哪几种勘探方法?比较各种方法的优缺点和适用条件。

5.试比较动力触探和静力触探的方法和优缺点。

6.岩土工程勘察报告分哪几部分?对建筑场地的评价包括哪些内容?

任务 2　地基土的应力及变形计算

建筑物地基的稳定性和沉降(变形)与地基土中的应力密切相关,因此,必须了解和计算在建筑物修建前后土体中的应力。在实际工程中,土中应力主要包括:①由土体自重引起的自重应力;②由建筑物荷载在地基土体中引起的附加应力;③水在孔隙中流动产生的渗透应力;④地震作用在土中引起的地震应力或其他振动荷载作用在土体中引起的振动应力等。本任务只介绍自重应力和附加应力。

土中应力计算通常采用经典的弹性力学方法求解,即假定地基是均匀、连续、各向同性的无限空间线性变形体。这样的假定与地基土层往往是层状、非均匀各向异性和为弹塑性材料的实际情况不太相符。但在一般情况下,用弹性理论计算结果与实际较为接近,能够满足一般工程设计的要求。

2.1 土中自重应力

由土体的自重在地基中引起的应力为自重应力,自重应力是始终存在于土中的。当将地基土视为半无限空间体时,在地面以下 z 深度处的平面上,由天然土重所引起的垂直方向的自重应力 σ_{cz},其值为:

$$\sigma_{cz} = \gamma z \tag{2.2.1}$$

式中 γ——土的天然重度(kN/m^3);

z——土的深度(m),如图2.2.1所示。

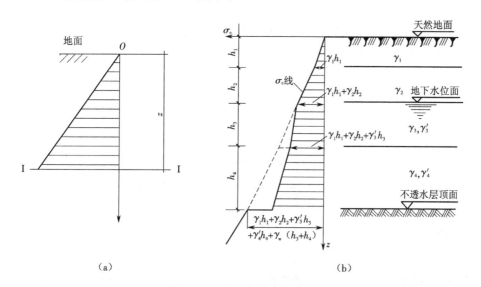

图2.2.1 土中自重应力分布

(a)单层土自重应力分布图 (b)成层土自重应力分布图

由式(2.2.1)可知,σ_{cz} 随深度成正比例增加,沿水平面则均匀分布。

通常情况下,地基是成层的或有地下水存在,在天然地面下深度 z 范围内各层土的厚度自上而下分别为 $h_1, h_2, \cdots, h_n$,对应的重度为 $\gamma_1, \gamma_2, \cdots, \gamma_n$,则 z 深度处的铅直向自重应力可按下式进行计算:

$$\sigma_{cz} = \gamma_1 h_1 + \gamma_2 h_2 + \cdots + \gamma_n h_n = \sum_{i=1}^{n} \gamma_i h_i \tag{2.2.2}$$

式中 n——从天然地面起到深度 z 处的土层数;

γ_i——第 i 层土的重度,地下水位以下用浮重度 γ_i'(kN/m^3);

h_i——第 i 层土的厚度(m)。

按式(2.2.2)计算出各土层界面处的自重应力后,在所计算的竖直线左侧用水平线按一定比例将自重应力表示出来,再用直线连接,即得到每层土的自重应力分布线。图2.2.1(b)

是由四层土组成的土体,第三层底面处土体铅直方向的自重应力为:$\sigma_{cz} = \gamma_1 h_1 + \gamma_2 h_2 + \gamma_3' h_3$,即地下水位以下土层必须以浮重度(即有效重度)$\gamma'$代替天然重度$\gamma$。

土层中有不透水层时,在不透水层中不存在浮力作用,计算其层面及层面以下部分自重应力时,应取上覆土及其上水的总重。

地基中除在水平面上作用着铅直向自重应力外,在铅直面上也作用着水平向的自重应力,根据弹性力学的广义胡克定律,

$$\varepsilon_x = \varepsilon_y = 0, \varepsilon_x = \frac{\sigma_x}{E_0} - \frac{\mu(\sigma_y + \sigma_z)}{E_0} = \varepsilon_y = 0$$

经整理后得:

$$\sigma_{cx} = \sigma_{cy} = K_0 \sigma_{cz} \qquad (2.2.3)$$

式中 K_0——土的侧压力系数(也称静止土压力系数),其值见表2.2.1。

水平面与铅直面剪应力均为零。

表2.2.1 K_0 的经验值

土的种类和状态	K_0	土的种类和状态	K_0
碎石土	0.18 ~ 0.25	黏土:坚硬状态	0.33
砂土	0.25 ~ 0.33	软塑及流塑状态	0.72
粉土	0.33	可塑状态	0.53
粉质黏土:坚硬状态	0.33		
可塑状态	0.43		
软塑及流塑状态	0.53		

应指出,只有通过土粒接触点传递的粒间应力,才能使土粒相互挤密,从而引起地基变形,因此,粒间应力称为有效应力。土中自重应力是指土体自身有效重力引起的应力。地下水位的升降会引起自重应力的变化,进而造成地面高程的变化,应引起足够重视。

自然界中的天然土层,一般从形成至今已经历了很长的地质年代,在自重应力作用下其变形已稳定。但对于近期沉积或堆积的土层,在重力作用下压缩变形还未完成,应考虑还将产生一定数值的变形。

例2.2.1 计算图2.2.2所示水下地基土中的自重应力分布并绘出重力应力分布曲线。图中黏土层为不透水层。

解:水下粗砂层受到水的浮力作用,其浮重度为:

$$\gamma' = \gamma_1 - \gamma_w = 19.5 - 10 = 9.5 \text{ kN/m}^3$$

该黏土层为不透水层,不受水的浮力作用,且该层面以下的应力应按上覆土层的水土总重计算。则土中各点的应力:

a 点:

$$z = 0, \sigma_{cz} = 0$$

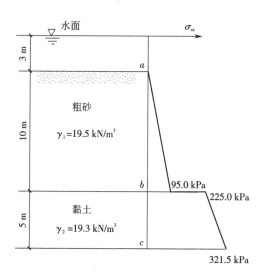

图 2.2.2　例 2.2.1

b 点：$z = 10\ \text{m}$，若该点位于粗砂层中，则

$$\sigma_{cz} = \gamma' z = 9.5 \times 10 = 95.0\ \text{kPa}$$

若该点位于黏土层中，则

$$\sigma_{cz} = \gamma' z + \gamma_w h_w = 95.0 + 10 \times 13 = 225.0\ \text{kPa}$$

c 点：

$$z = 15\ \text{m}, \sigma_{cz} = 225.0 + 19.3 \times 5 = 321.5\ \text{kPa}$$

土中自重应力 σ_{cz} 分布如图 2.2.2 所示。

2.2 基底压力

　　基础底面处单位面积土体所受到的压力，即为基底压力（又称接触压力），它是建筑物荷载通过基础传给地基的压力，是计算地基中附加应力的依据，也是基础设计的依据。

　　准确地确定基底压力的分布是相当复杂的问题，它既受基础刚度、尺寸、形状和埋置深度的影响，又受作用于基础上荷载的大小、分布、地基土性质的影响。例如，有一受中心荷载作用的圆形刚性基础，在不同情况下压力分布不同（见表 2.2.2）。

表 2.2.2　圆形刚性基础基底压力分布情况

上部荷载	地基土情况	压力分布情况	备注
中心荷载作用	较硬的黏性土	马鞍形分布（基础周围有边荷载）	图 2.2.3(a)
中心荷载作用	砂土	抛物线形分布	图 2.2.3(b)

上部荷载	地基土情况	压力分布情况	备注
中心荷载加大	砂土	钟形分布(地基接近破坏)	图 2.2.3(c)

刚度较小的基础的变形能够适应地基的变形,故基底压力的分布与作用于基础的荷载形式相同。如路基、坝的荷载是梯形的,基底压力也接近梯形分布。对于刚性较大的基础,虽然基底压力分布十分复杂,但实验表明,当基础宽度大于 1 m 且荷载不大于 300～500 kPa 时,基底压力可近似按直线变化规律计算,它在地基变形计算中引起的误差一般工程是允许的。这样,基底压力分布可近似地按材料力学公式进行计算。对于较复杂的基础,需要用弹性地基梁的方法计算。

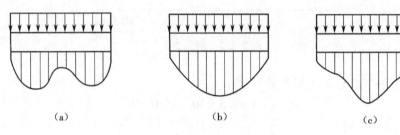

图 2.2.3　圆形刚性基础基底压力分布

(a)马鞍形　(b)抛物线形　(c)钟形

2.2.1　中心荷载下的基底压力

当基础受中心荷载作用时,荷载的合力通过基础形心,基底压力呈均匀分布,如图 2.2.4 所示。如果基础为矩形,此时基底压力设计值按下式计算,即

$$p = \frac{F + G}{A} \qquad (2.2.4)$$

$$G = \gamma_G A d$$

式中　F——作用在基础上的竖向力设计值,kN;

　　　G——基础自重设计值及其上回填土重标准值的总和,kN;

　　　γ_G——基础及回填土的平均重度,一般取 20 kN/m³,地下水位以下扣除浮力 10 kN/m³;

　　　d——基础埋深,必须从设计地面或室内外平均设计地面算起,m;

　　　A——基底面积,m²。

当基础长度为宽度的 10 倍时,可将基础视为条形基础,则沿长度方向截取一单位长度进行基底压力 p 的计算,此时,式(2.2.4)中的 A 取基础宽度 b,而 F 和 G 则为单位长度基础内的相应值,单位为 kN/m。

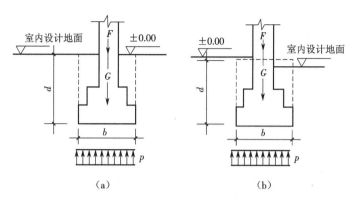

图 2.2.4 中心荷载下的基底压力分布

2.2.2 偏心荷载下的基底压力

在单向偏心压力作用下,设计时通常将基础长边方向定为偏心方向(见图 2.2.5),此时,基础边缘压力可按下式计算:

$$\frac{p_{\max}}{p_{\min}} = \frac{F+G}{bl} \pm \frac{M}{W} = \frac{F+G}{bl}\left(1 \pm \frac{6e}{l}\right) \tag{2.2.5}$$

式中 $p_{\max}, p_{\min}$——基底边缘最大、最小压力,kPa;

M——作用在基底形心上的力矩,kN·m;

W——基础底面的抵抗矩,$W = \dfrac{bl^2}{6}$,$\mathrm{m^3}$;

e——偏心矩,$e = \dfrac{M}{F+G}$,m。

由式(2.2.5)可知,当 $e < \dfrac{l}{6}$ 时,基底压力呈梯形分布(见图 2.2.5(a));当 $e = \dfrac{l}{6}$ 时,呈三角形分布(见图 2.2.5(b));当 $e > \dfrac{l}{6}$ 时,按式(2.2.5)计算出的 $p_{\min}$ 为负值,如图 2.2.5(c)中虚线所示。由于基底与地基之间承受拉力的能力很小,在 $p < 0$ 的情况下,基底与地基局部脱开,基底压力将重新分布。由基底压力与上部荷载相平衡的条件,荷载合力($F+G$)应通过三角形反力分布图的形心,由此得出:

$$p_{\max} = \frac{2(F+G)}{3ba} \tag{2.2.6}$$

$$a = \frac{l}{2} - e$$

式中 a——合力作用点至 $p_{\max}$ 处的距离,m;

b——垂直于力矩作用方向的基础底面边长;

l——偏心方向基础底面边长。

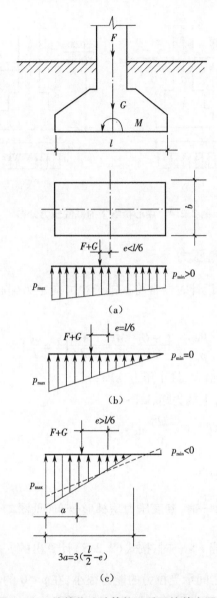

图2.2.5　按简化法计算偏心受压的基底压力

2.2.3　基底附加压力

一般土层在自重作用下已压缩稳定,地基变形主要是由新增加于基底平面处的外荷载(即基底附加压力)引起。基础一般都埋置在天然地面以下一定深度处,该处原有的自重应力由于开挖基坑而卸除。因此,由建筑物建造后的基底压力扣除基底标高处原有的自重应力,才是基底处新增加给地基的附加压力,也称基底净压力。其大小可按下式计算:

$$p_0 = p - \sigma_{cz} = p - \gamma_0 d \tag{2.2.7}$$

式中　p——基底压力,kPa;

　　　σ_{cz}——基底处自重应力,kPa;

　　　γ_0——基础底面标高以上天然土层的加权平均重度,$\gamma_0 = (\gamma_1 h_1 + \gamma_2 h_2 + \cdots + \gamma_n h_n)/$
　　　　　$(h_1 + h_2 + \cdots + h_n)$,kN/m³;

　　　d——基础埋深,从天然地面算起,对于新近填土场地,则应从老天然地面算起,m。

有了基底附加压力,就可以将它看作作用在弹性半无限空间体表面上的局部荷载,采用弹性力学公式计算地基中不同深度处的附加压力。应注意,当基坑的平面尺寸和深度相差较大时,由于基底压力的卸除,基坑回弹是很明显的,在沉降计算时,应考虑这种回弹再压缩而增加的沉降,改用 $p = p_0 - a\sigma_{cz}$,系数 $a = 0 \sim 1$。

2.3　土中附加应力

在外荷载作用下,地基中各点均会产生应力,称为附加应力。为说明应力在土中的传递情况,假定地基土由无数等直径的小圆球组成(如图2.2.6所示)。设地面作用有 1 kN 的力,则第一层受力的小球将受到 1 kN 的铅直力,第二层受力的小球增为两个而每个小球受力减小,各受铅直力 1/2 kN。以此类推,可知土中小球受力情况如图 2.2.6 所示。

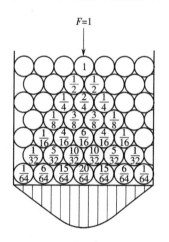

图2.2.6　土中应力扩散示意图

从图 2.2.6 中还可看到附加应力的分布规律。

①在荷载轴线上,离荷载越远,附加应力越小。

②在地基中任一深度处的水平面上,沿荷载轴线上的附加应力最大,向两边逐渐减小。该现象称为应力扩散。

实际上,应力在地基中的分布、传递情况要比图 2.2.6 复杂得多,并且基底压力也并非集中力。在计算地基中的附加应力时,一般均假定土体是连续、均质、各向同性的,采用弹性力学方法解答。以下介绍工程中常遇到的一些荷载情况和应力计算方法。

2.3.1 铅直集中荷载作用下的附加应力

当地基表面受到集中力作用时,地基内附加应力的分布情况通常可采用弹性理论的方法计算。

将地基当作一个半空间弹性体,设半空间弹性体的表面作用着一个集中力 F(图2.2.7),半空间弹性体任意一点 $M(x,y,z)$ 的全部应力($\sigma_x,\sigma_y,\sigma_z,\tau_{xy},\tau_{yz},\tau_{xz}$)和全部位移($u_x,u_y,u_z$)已按弹性力学的方法由法国的布辛涅斯克推导出(由集中力 F 引起的 6 个应力分量和 3 个位移分量的计算式),这里仅写出与地基沉降计算直接相关的垂直压应力 σ_z 的计算公式。

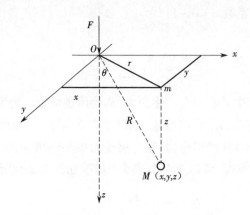

图2.2.7 铅直集中力作用下土中附加应力

$$\sigma_z = \frac{3F}{2\pi} \cdot \frac{z^3}{R^5} \tag{2.2.8}$$

利用几何关系 $R^2 = r^2 + z^2$,则

$$\sigma_z = \frac{3F}{2\pi} \cdot \frac{z^3}{(r^2+z^2)^{\frac{5}{2}}} = \frac{3}{2\pi} \cdot \frac{1}{\left[\left(\frac{r}{z}\right)^2 + 1\right]^{\frac{5}{2}}} \cdot \frac{F}{z^2} \tag{2.2.9}$$

令

$$\alpha = \frac{3}{2\pi} \cdot \frac{1}{\left[\left(\frac{r}{z}\right)^2 + 1\right]^{\frac{5}{2}}}$$

则

$$\sigma_z = \alpha \frac{F}{z^2} \tag{2.2.10}$$

式中　F——作用在坐标原点的集中力;

　　　r——M 点预计重力作用点的水平距离;

　　　z——M 点的深度;

　　　R——M 点至坐标原点的距离;

　　　α——铅直集中荷载作用下地基铅直向附加应力系数,它是 r/z 的函数,其值可查表2.2.3。

表 2.2.3 铅直集中荷载作用下地基铅直向附加应力系数 α

r/z	α	r/z	α	r/z	α	r/z	α	r/z	α
0.00	0.477 5	0.50	0.273 3	1.00	0.084 4	1.50	0.025 1	2.00	0.008 5
0.05	0.474 5	0.55	0.246 6	1.05	0.074 4	1.55	0.022 4	2.20	0.005 8
0.10	0.465 7	0.60	0.221 4	1.10	0.065 8	1.60	0.020 0	2.40	0.004 0
0.15	0.451 6	0.65	0.197 8	1.15	0.581 0	1.65	0.017 9	2.60	0.002 9
0.20	0.432 9	0.70	0.176 2	1.20	0.051 3	1.70	0.016 0	2.80	0.002 1
0.25	0.410 3	0.75	0.156 5	1.25	0.045 4	1.75	0.014 4	3.00	0.001 5
0.30	0.384 9	0.80	0.138 6	1.30	0.040 2	1.80	0.012 9	3.50	0.000 7
0.30	0.357 7	0.85	0.122 6	1.35	0.035 7	1.85	0.011 6	4.00	0.000 4
0.40	0.329 4	0.90	0.108 3	1.40	0.031 7	1.90	0.010 5	4.50	0.000 2
0.45	0.301 1	0.95	0.095 6	1.45	0.028 2	1.95	0.009 5	5.00	0.000 1

利用式(2.2.10)可求出地基中任意一点的附加应力值。将地基划分成许多网格,求出各网格交点上的 σ_z 值,就可绘出土中铅直附加应力等值线分布图及附加应力沿荷载轴线和不同深度处的水平面上的分布(图2.2.8),由图可知:当 $r=0$ 时,在荷载轴线上,随着深度 z 的增大, σ_z 减小;当 z 一定时, $r=0$ 时, σ_z 最大,随着 r 的增大, σ_z 逐渐减小,该规律和前面阐述的应力在土中传递(扩散)的情况是一致的。

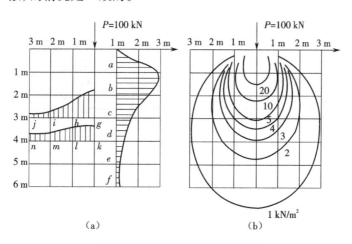

图 2.2.8 土中附加应力分布图

(a) σ_z 沿荷载轴线和不同深度的分析 (b) σ_z 等值线分布

若地基表面作用着多个铅直向集中荷载 $F_i(i=1,2,3,\cdots,n)$ 时,按照叠加的原理,则地面下 z 深度某点 M 处的铅直向附加应力应为各个集中力单独作用时产生的附加应力之和,即

$$\sigma_z = \alpha_1 \frac{F_1}{z^2} + \alpha_2 \frac{F_2}{z^2} + \cdots + \alpha_n \frac{F_n}{z^2} = \sum_{i=1}^{n} \alpha_i \frac{F_i}{z^2} \qquad (2.2.11)$$

式中 α_i——第 i 个集中力作用下,地基中的铅直向附加应力系数。

根据 r_i/z 按表 2.2.3 查得,其中 r_i 为第 i 个集中力作用点到 M 点的水平距离。

当局部荷载的平面形状或分布不规则时,可将荷载的作用面分成若干个形状规则的面积单元,每个单元的分布荷载可近似地用作用于单元面积形心上的集中力代替,再利用式(2.2.11)计算地基中某点 M 的附加应力。但对于靠近荷载面的点不适用($R=0$ 的荷载作用点上 σ_z 为无限大),又由于建筑物总是布置在一定面积上,故可利用布辛涅斯克解答,通过积分或等代荷载法,求得各种荷载面积下的附加应力值。

例 2.2.2 在地面作用一集中荷载 $P=200$ kN,试确定:

(1)在地基中 $z=2$ m 的水平面上,水平距离 $r=1,2,3,4$ m 各点的竖向附加应力 σ_z 值,并绘出分布图;

(2)在地基中 $r=0$ 的竖直线上距地面 $z=0,1,2,3,4$ m 处各点的 σ_z 值,并绘出分布图;

(3)取 $\sigma_z=20,10,4,2$ kN/m^2,反算在地基中 $z=2$ m 的水平面上的 r 值和在 $r=0$ 的竖直线上的 z 值,并绘出相应于该四个应力值的 σ_z 等值线图。

解:

(1)在地基中 $z=2$ m 的水平面上指定点的附加应力 σ_z 的计算数据,见表 2.2.4。

表 2.2.4　$z=2$ m 时的附加应力 σ_z

$z(\mathrm{m})$	$r(\mathrm{m})$	r/z	α(查表 2.2.2)	$\sigma_z=\alpha\dfrac{P}{z^2}(\mathrm{kN/m^2})$
2	0	0	0.477 5	23.8
2	1	0.5	0.273 3	13.7
2	2	1.0	0.084 4	4.2
2	3	1.5	0.025 1	1.2
2	4	2.0	0.008 5	0.4

σ_z 的分布图见图 2.2.9。

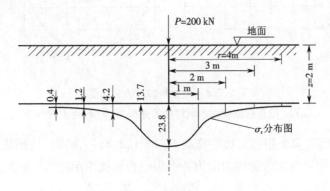

图 2.2.9　σ_z 分布图($z=2$ m)

(2)在地基中 $r=0$ 的竖直线上,指定点的附加应力 σ_z 的计算数据见表 2.2.5。

表 2.2.5　$r=0$ 时的附加应力 σ_z

$z(m)$	$r(m)$	r/z	$\alpha(查表 2.2.2)$	$\sigma_z = \alpha\dfrac{P}{z^2}(kN/m^2)$
0	0	0	0.477 5	∞
1	0	0	0.477 5	95.5
2	0	0	0.477 5	23.8
3	0	0	0.477 5	10.5
4	0	0	0.477 5	6.0

σ_z 分布图见图 2.2.10。

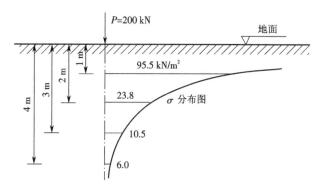

图 2.2.10　σ_z 分布图 $(r=0)$

(3)当指定附加应力 σ_z 时,反算 $z=2$ m 的水平面上的 r 值和在 $r=0$ 的竖直线上的 z 值的计算数据,见表 2.2.6。

表 2.2.6　$z=2$ m 的水平面上的 r 值和 z 值

$\sigma_z(kN/m^2)$	$z(m)$	$\alpha=\dfrac{\sigma_z z^2}{P}$	$\dfrac{r}{z}(查表)$	$r(m)$
20	2	0.400 0	0.27	0.54
10	2	0.200 0	0.65	1.30
4	2	0.080 0	1.02	2.04
2	2	0.040 0	1.30	2.60

$\sigma_z(kN/m^2)$	$r(m)$	r/z	$\alpha(查表 2.2.2)$	$z=\sqrt{\dfrac{\alpha P}{\sigma_z}}$
20	0	0	0.477 5	2.19
10	0	0	0.477 5	3.09
4	0	0	0.477 5	4.88
2	0	0	0.477 5	6.91

附加应力 σ_z 的等值线图如图 2.2.11 所示。

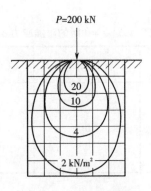

图 2.2.11 等值线图

2.3.2 矩形基础底面铅直荷载作用下地基中的附加应力

1. 铅直均布荷载作用角点下的附加应力

矩形(指基础底面)基础,边长分别为 B、L,基底附加压力均匀分布,计算基础四个角点下地基中的附加应力。因四个角点下应力相同,只计算一个即可。

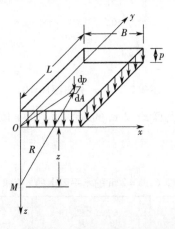

图 2.2.12 铅直均布荷载作用时角点下附加应力

将坐标原点选在基底角点处(见图 2.2.12),在矩形面积内取一微面积 $dxdy$,距离原点 O 为 x、y,微面积上的均布荷载用集中力 $dF = pdxdy$ 代替,则角点下任意深处的 M 点由集中力 dF 引起的铅直向附加应力 $d\sigma_z$,可按式(2.2.12)计算:

$$d\sigma_z = \frac{3}{2\pi} \cdot \frac{pz^3}{(x^2 + y^2 + z^2)^{\frac{5}{2}}} dxdy \qquad (2.2.12)$$

将其在基底 A 范围内进行积分可得:

$$\sigma_z = \iint_A \mathrm{d}\sigma_z = 3\frac{pz^3}{2\pi}\int_0^B\int_0^L\frac{1}{(x^2+y^2+z^2)^{\frac{5}{2}}}\mathrm{d}x\mathrm{d}y$$

$$= \frac{p}{2\pi}\left[\frac{BLz(B^2+L^2+2z^2)}{(B^2+z^2)(L^2+z^2)\sqrt{B^2+L^2+z^2}} + \arctan\frac{BL}{z\sqrt{B^2+L^2+z^2}}\right] \quad (2.2.13)$$

令

$$\alpha_c = \frac{1}{2\pi}\left[\frac{BLz(B^2+L^2+2z^2)}{(B^2+z^2)(L^2+z^2)\sqrt{B^2+L^2+z^2}} + \arctan\frac{BL}{z\sqrt{B^2+L^2+z^2}}\right] \quad (2.2.14)$$

则

$$\sigma_z = \alpha_c p \quad (2.2.15)$$

式中　α_c——矩形基础底面铅直均布荷载作用下角点下的铅直附加应力系数,据 L/B、z/B 查表2.2.7取得。

注意,L 恒为基础长边,B 为短边。

表2.2.7　矩形基底铅直均布荷载作用下的铅直附加应力系数 α_c

n	$m = L/B$										
$= z/B$	1.0	1.2	1.4	1.6	1.8	2.0	3.0	4.0	5.0	6.0	$\geqslant 10$
0.0	0.250 0	0.250 0	0.250 0	0.250 0	0.250 0	0.250 0	0.250 0	0.250 0	0.250 0	0.250 0	0.250 0
0.2	0.248 6	0.248 9	0.249 0	0.249 1	0.249 1	0.249 1	0.249 2	0.249 2	0.249 2	0.249 2	0.249 2
0.4	0.240 1	0.242 0	0.242 9	0.243 4	0.243 7	0.243 9	0.244 2	0.244 3	0.244 3	0.244 3	0.244 3
0.6	0.222 9	0.227 5	0.230 0	0.235 1	0.232 4	0.232 9	0.233 9	0.234 1	0.234 2	0.234 2	0.234 2
0.8	0.199 9	0.207 5	0.212 0	0.214 7	0.216 5	0.217 6	0.219 6	0.220 0	0.220 2	0.220 2	0.220 2
1.0	0.175 2	0.185 1	0.191 1	0.195 5	0.198 1	0.199 9	0.203 4	0.204 2	0.204 4	0.204 5	0.204 6
1.2	0.151 6	0.162 6	0.170 5	0.175 8	0.179 3	0.181 8	0.187 0	0.188 2	0.188 5	0.188 7	0.188 8
1.4	0.130 8	0.142 3	0.150 8	0.156 9	0.161 3	0.164 4	0.171 2	0.173 0	0.173 5	0.173 8	0.174 0
1.6	0.112 3	0.124 1	0.132 9	0.143 6	0.144 5	0.158 5	0.156 7	0.159 0	0.159 8	0.160 1	0.160 4
1.8	0.096 9	0.108 3	0.117 2	0.124 1	0.129 4	0.133 4	0.143 4	0.146 3	0.147 4	0.147 8	0.148 2
2.0	0.084 0	0.094 7	0.103 4	0.110 3	0.115 8	0.120 2	0.131 4	0.135 0	0.136 3	0.136 8	0.137 4
2.2	0.073 2	0.083 2	0.091 7	0.098 4	0.103 9	0.108 4	0.120 5	0.124 8	0.126 4	0.127 1	0.127 7
2.4	0.064 2	0.073 4	0.081 2	0.087 9	0.093 4	0.097 9	0.110 8	0.115 6	0.117 5	0.118 4	0.119 2
2.6	0.056 6	0.065 1	0.072 5	0.078 8	0.084 2	0.088 7	0.102 0	0.107 3	0.109 5	0.110 6	0.111 6
2.8	0.050 2	0.058 0	0.064 9	0.070 9	0.076 1	0.080 5	0.094 3	0.099 9	0.102 4	0.103 6	0.104 8
3.0	0.044 7	0.051 9	0.058 3	0.064 0	0.069 0	0.073 2	0.087 0	0.093 1	0.095 9	0.097 3	0.098 7
3.2	0.040 1	0.046 7	0.052 6	0.058 0	0.062 7	0.066 8	0.080 6	0.067 0	0.090 0	0.091 6	0.093 3
3.4	0.036 1	0.042 1	0.047 7	0.052 7	0.057 1	0.061 1	0.074 7	0.081 4	0.084 7	0.086 4	0.088 2
3.6	0.032 6	0.038 2	0.043 3	0.048 0	0.052 3	0.056 1	0.069 4	0.076 3	0.079 9	0.081 6	0.083 7
3.8	0.029 6	0.034 8	0.039 5	0.043 9	0.047 9	0.051 6	0.064 5	0.071 7	0.075 3	0.077 3	0.079 6
4.0	0.027 0	0.031 8	0.036 2	0.040 3	0.044 1	0.047 4	0.060 3	0.067 4	0.071 2	0.073 3	0.075 8
4.2	0.024 7	0.029 1	0.033 3	0.037 1	0.040 7	0.043 9	0.056 3	0.063 4	0.067 4	0.069 6	0.072 4
4.4	0.022 7	0.026 8	0.036 0	0.034 3	0.037 6	0.040 7	0.052 7	0.059 7	0.063 9	0.066 2	0.069 6

n $= z/B$	$m = L/B$										
	1.0	1.2	1.4	1.6	1.8	2.0	3.0	4.0	5.0	6.0	≥10
4.6	0.020 9	0.024 7	0.028 3	0.031 7	0.034 8	0.137 8	0.149 3	0.056 4	0.060 6	0.063 0	0.066 3
4.8	0.019 3	0.022 9	0.026 2	0.029 4	0.032 4	0.035 2	0.046 3	0.053 3	0.057 6	0.060 1	0.063 5
5.0	0.017 9	0.021 2	0.024 3	0.027 4	0.030 2	0.032 8	0.043 5	0.050 4	0.054 7	0.057 3	0.061 0
6.0	0.012 7	0.015 1	0.017 4	0.019 6	0.021 8	0.023 3	0.032 5	0.038 8	0.043 1	0.046 0	0.050 6
7.0	0.009 4	0.011 2	0.013 0	0.014 7	0.016 4	0.018 0	0.025 1	0.030 6	0.034 6	0.037 6	0.042 8
8.0	0.007 3	0.008 7	0.010 1	0.011 4	0.012 7	0.014 0	0.019 8	0.024 6	0.028 3	0.031 1	0.036 7
9.0	0.005 8	0.006 9	0.008 0	0.009 1	0.010 2	0.011 2	0.016 1	0.020 2	0.023 5	0.026 2	0.031 9
10.0	0.004 7	0.005 6	0.006 5	0.007 4	0.008 3	0.009 2	0.013 2	0.016 7	0.019 8	0.022 2	0.028 0

2.铅直均布荷载作用任意点下的附加应力

在实际工程中,常需计算地基中任意点下的附加应力。此时,只要按角点下应力的计算公式分别进行计算,然后采用叠加原理求代数和即可,此方法称角点法。其具体计算方法为:通过任意点,把荷载面分成若干个矩形,这样点就必然落到所画出的各个小矩形的公共角点,然后再按式(2.2.15)计算每个矩形角点下同一深度 z 处的附加应力 σ_z,并求出代数和。基础长边恒为 l_i,短边为 b_i。

角点法的应用可以分下列两种情况,如图 2.2.13 所示。

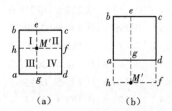

图 2.2.13　角点法的应用示意图
(a)第一种情况　(b)第二种情况

第一种情况:计算矩形面积内任一点 M' 下深度为 z 的附加应力(图 2.2.13(a))。过 M' 点将矩形 $abcd$ 分成 4 个小矩形,M' 点为 4 个小矩形的公共角点,则 M' 点下任意深度 z 处的附加应力为:

$$\sigma_{zM'} = (\alpha_{cI} + \alpha_{cII} + \alpha_{cIII} + \alpha_{cIV})p$$

第二种情况:计算矩形面积外任意点 M' 下深度为 z 的附加应力。仍然设法使 M' 点成为几个小矩形面积的公共角点,如图 2.2.13(b)所示。然后将其应力进行代数叠加:

$$\sigma_{zM'} = (\alpha_{cI} + \alpha_{cII} - \alpha_{cIII} - \alpha_{cIV})p$$

例 2.2.3　今有均布荷载 $p = 100 \ \text{kN/m}^2$,荷载面积为 $2 \times 1 \ \text{m}^2$,如图 2.2.14 所示。求荷载面积上角点 A、边点 E、中心点 O 以及荷载面积外 F 点和 G 点等各点下 $z = 1 \ \text{m}$ 深度处的附加

应力,并利用计算结果说明附加应力的扩散规律。

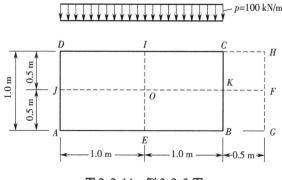

图2.2.14　例2.2.3图

解:

(1)A 点下的附加应力

A 点是矩形 $ABCD$ 的角点,且 $m = L/B = 2/1 = 2$;$n = z/B = 1$,查表2.2.7得 $\alpha_c = 0.199\ 9$,故

$$\sigma_{zA} = \alpha_c p = 0.199\ 9 \times 100 = 20.0\ \text{kN/m}^2$$

(2)E 点下的附加应力

通过 E 点将矩形荷载面积划分为两个相等的矩形 $EADI$ 和 $EBCI$。求 $EADI$ 的角点应力系数 α_c:

$$m = \frac{L}{B} = \frac{1}{1} = 1\ ;n = \frac{z}{B} = \frac{1}{1} = 1$$

查表2.2.7得 $\alpha_c = 0.175\ 2$,故

$$\sigma_{zB} = 2\alpha_c p = 2 \times 0.175\ 2 \times 100 = 35.0\ \text{kN/m}^2$$

(3)O 点下的附加应力

通过 O 点将原矩形面积分为 4 个相等的矩形 $OEAJ$,$OJDI$,$OICK$ 和 $OKBE$。求 $OEAJ$ 角点的附加应力系数 α_c:

$$m = \frac{L}{B} = \frac{1}{0.5} = 2\ ;n = \frac{z}{B} = \frac{1}{0.5} = 2$$

查表2.2.7得 $\alpha_c = 0.120\ 2$,故

$$\sigma_{zO} = 4\alpha_c p = 4 \times 0.120\ 2 \times 100 = 48.1\ \text{kN/m}^2$$

(4)F 点下的附加应力

过 F 点作矩形 $FGAJ$,$FJDH$,$FGBK$ 和 $FKCH$。假设 α_{cI} 为矩形 $FGAJ$ 和 $FJDH$ 的角点应力系数,α_{cII} 为矩形 $FGBK$ 和 $FKCH$ 的角点应力系数。

求 α_{cI}:

$$m = \frac{L}{B} = \frac{2.5}{0.5} = 5\ ;n = \frac{z}{B} = \frac{1}{0.5} = 2$$

查表2.2.7得 $\alpha_{cI} = 0.136\ 3$。

求 α_{cII}：

$$m = \frac{L}{B} = \frac{0.5}{0.5} = 1 ; n = \frac{z}{B} = \frac{1}{0.5} = 2$$

查表 2.2.7 得 $\alpha_{cII} = 0.084\,0$。

故

$$\sigma_{zF} = 2(\alpha_{cI} - \alpha_{cII})p = 2 \times (0.136\,3 - 0.084\,0) \times 100 = 10.5\ \text{kN/m}^2$$

(5)G 点下的附加应力

通过 G 点作矩形 $GADH$ 和 $GBCH$，分别求出它们的角点应力系数 α_{cI} 和 α_{cII}。

求 α_{cI}：

$$m = \frac{L}{B} = \frac{2.5}{1} = 2.5 ; n = \frac{z}{B} = \frac{1}{1} = 1$$

查表 2.2.7 得 $\alpha_{cI} = 0.201\,6$。

求 α_{cII}：

$$m = \frac{L}{B} = \frac{1}{0.5} = 2 ; n = \frac{z}{B} = \frac{1}{0.5} = 2$$

查表 2.2.7 得 $\alpha_{cII} = 0.120\,2$。

故

$$\sigma_{zF} = (\alpha_{cI} - \alpha_{cII})p = (0.201\,6 - 0.120\,2) \times 100 = 8.1\ \text{kN/m}^2$$

将计算结果绘成图 2.2.15(a)，可以看出：在矩形面积受均布荷载作用时，不仅在受荷面积垂直下方的范围内产生附加应力，而且在荷载面积以外的地基土(F、G 点下方)中也会产生附加应力。另外，在地基中同一深度(例如 $z = 1$ m)处，离受荷面积中线愈远的点，其附加应力值愈小，矩形面积中点处附加应力最大。

将中点 O 下和 F 点下不同深度的附加应力求出并绘成曲线，如图 2.2.15(b)所示，可看出地基中附加应力的扩散规律。

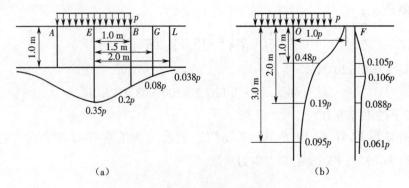

图 2.2.15　附加应力曲线

(a)$z = 1$ m 时各点的附应力　(b)O 点和 F 点不同深度处的应力

3. 铅直三角形分布荷载作用角点下的附加应力

由于弯矩作用,基底反力呈梯形分布,此时可采用均匀分布及三角形分布叠加。

将坐标原点建在荷载强度为零的角点 1 上,由荷载的分布情况可知,荷载为零的两个角点下附加应力相同,荷载为 p_t 的两个角点下附加应力相同。将荷载为零的角点记作 1 角点,荷载为 p_t 的角点记作 2 角点。在基底面积内任取一微面积 $dxdy$,微面积上的荷载用 $\frac{y}{B}p_t dxdy$ 表示,则角点 1 下 z 深度处的附加应力 $d\sigma_z$ 可按下式计算,如图 2.2.16 所示。

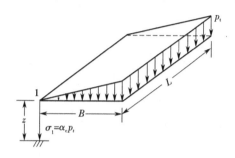

图 2.2.16　矩形基底铅直三角形分布荷载作用角点下的附加应力

$$d\sigma_z = \frac{3}{2\pi} \cdot \frac{yp_t z^3}{B\left(x^2 + y^2 + z^2\right)^{\frac{5}{2}}} dzdy \tag{2.2.16}$$

在整个矩形基础底面内积分,整理后得

$$\sigma_z = \iint_A d\sigma_z = \frac{3p_t z^3}{2\pi B}\int_0^B\int_0^L \frac{y}{\left(x^2 + y^2 + z^2\right)^{\frac{5}{2}}} dxdy = \frac{1}{2\pi}\left[\frac{z}{\sqrt{B^2 + L^2}} - \frac{z^3}{\left(B^2 + z^2\right)\sqrt{B^2 + L^2 + z^2}}\right]p_t$$

上式可简化为:

$$\sigma_z = \alpha_{z1}p_t \tag{2.2.17}$$

式中　α_{z1}——1 角点下铅直向附加应力系数,由 L/B、z/B 查表 2.2.8 获得。

表 2.2.8　矩形基底铅直三角形分布荷载作用下角点下的铅直向附加应力系数

z/B \ L/B	0.2		0.4		0.6		0.8		1.0	
	1	2	1	2	1	2	1	2	1	2
0.0	0.000 0	0.250 0	0.000 0	0.250 0	0.000 0	0.250 0	0.000 0	0.250 0	0.000 0	0.250 0
0.2	0.022 3	0.182 1	0.028 0	0.211 5	0.029 6	0.216 5	0.030 1	0.217 8	0.030 4	0.218 2
0.4	0.026 9	0.109 4	0.042 0	0.160 4	0.048 7	0.178 1	0.051 7	0.184 4	0.053 1	0.187 0
0.6	0.025 9	0.070 0	0.044 8	0.116 5	0.056 0	0.140 5	0.062 1	0.152 0	0.065 4	0.157 5
0.8	0.023 2	0.048 0	0.042 1	0.085 3	0.055 3	0.109 3	0.063 7	0.123 2	0.068 8	0.131 1
1.0	0.020 1	0.034 6	0.037 5	0.063 8	0.050 8	0.085 2	0.060 2	0.099 6	0.066 6	0.108 6

z/B \ L/B	0.2		0.4		0.6		0.8		1.0	
	1	2	1	2	1	2	1	2	1	2
1.2	0.017 1	0.026 0	0.032 4	0.049 1	0.045 0	0.067 3	0.054 6	0.080 7	0.061 5	0.090 1
1.4	0.014 5	0.020 2	0.027 8	0.038 6	0.039 2	0.054 0	0.048 3	0.066 1	0.055 4	0.075 1
1.6	0.012 3	0.016 0	0.023 8	0.031 0	0.033 9	0.044 0	0.042 4	0.054 7	0.049 2	0.062 8
1.8	0.010 5	0.013 0	0.020 4	0.025 4	0.029 4	0.036 3	0.037 1	0.045 7	0.043 5	0.053 4
2.0	0.009 0	0.010 8	0.017 6	0.021 1	0.025 5	0.030 4	0.032 4	0.038 7	0.038 4	0.045 6
2.5	0.006 3	0.007 2	0.012 5	0.014 0	0.018 3	0.020 5	0.023 6	0.026 5	0.028 4	0.031 3
3.0	0.004 6	0.005 1	0.009 2	0.010 0	0.013 5	0.014 8	0.017 6	0.019 2	0.021 4	0.023 3
5.0	0.001 8	0.001 9	0.003 6	0.003 8	0.005 4	0.005 6	0.007 1	0.007 4	0.008 8	0.009 1
7.0	0.000 9	0.001 0	0.001 9	0.001 9	0.002 8	0.002 9	0.003 8	0.003 8	0.004 7	0.004 7
10.0	0.000 5	0.000 4	0.000 9	0.001 0	0.001 4	0.001 4	0.001 9	0.001 9	0.002 3	0.002 4

z/B \ L/B	1.2		1.4		1.6		1.8		2.0	
	1	2	1	2	1	2	1	2	1	2
0.0	0.000 0	0.250 0	0.000 0	0.250 0	0.000 0	0.250 0	0.000 0	0.250 0	0.000 0	0.250 0
0.2	0.030 5	0.218 4	0.030 5	0.218 5	0.030 6	0.218 5	0.030 6	0.218 5	0.030 6	0.218 5
0.4	0.053 9	0.188 1	0.054 3	0.188 6	0.054 3	0.188 9	0.054 6	0.189 1	0.054 7	0.189 2
0.6	0.067 3	0.160 2	0.068 4	0.161 6	0.069 0	0.162 5	0.069 4	0.163 0	0.069 6	0.163 3
0.8	0.072 0	0.135 5	0.073 9	0.138 1	0.075 1	0.139 6	0.075 9	0.140 5	0.076 4	0.141 2
1.0	0.070 8	0.114 3	0.073 5	0.117 6	0.075 3	0.120 2	0.076 6	0.121 5	0.077 4	0.122 5
1.2	0.066 4	0.096 2	0.069 8	0.100 7	0.072 1	0.103 7	0.073 8	0.105 5	0.074 9	0.106 9
1.4	0.060 6	0.081 7	0.064 4	0.086 4	0.067 2	0.089 7	0.069 2	0.092 1	0.070 7	0.093 7
1.6	0.054 5	0.069 6	0.058 6	0.074 3	0.061 6	0.078 0	0.063 9	0.080 6	0.065 6	0.082 6
1.8	0.048 7	0.059 6	0.052 8	0.064 4	0.056 0	0.068 1	0.058 5	0.070 9	0.060 4	0.073 0
2.0	0.043 4	0.051 3	0.047 4	0.056 0	0.050 7	0.059 6	0.053 3	0.062 5	0.055 3	0.064 9
2.5	0.032 6	0.036 5	0.036 2	0.040 5	0.039 3	0.044 0	0.041 9	0.046 9	0.044 0	0.049 1
3.0	0.024 9	0.027 0	0.028 0	0.030 3	0.030 7	0.033 3	0.033 1	0.035 9	0.035 2	0.038 0
5.0	0.010 4	0.010 8	0.012 0	0.012 3	0.013 5	0.013 9	0.014 8	0.015 4	0.016 1	0.016 7
7.0	0.005 6	0.005 6	0.006 4	0.006 6	0.007 3	0.007 4	0.008 1	0.008 5	0.008 9	0.009 1
10.0	0.002 8	0.002 8	0.003 3	0.003 2	0.003 7	0.003 7	0.004 1	0.004 2	0.004 6	0.004 6

续表

z/B \ L/B	3.0		4.0		6.0		8.0		10.0	
	1	2	1	2	1	2	1	2	1	2
0.0	0.000 0	0.250 0	0.000 0	0.250 0	0.000 0	0.250 0	0.000 0	0.250 0	0.000 0	0.250 0
0.2	0.030 6	0.218 6	0.030 6	0.218 6	0.030 6	0.218 6	0.030 6	0.218 6	0.030 6	0.218 6
0.4	0.054 8	0.189 4	0.054 9	0.189 4	0.054 5	0.189 4	0.054 9	0.189 4	0.054 9	0.189 4
0.6	0.070 1	0.163 8	0.070 2	0.163 9	0.070 2	0.164 0	0.070 2	0.164 0	0.070 2	0.164 0
0.8	0.077 3	0.142 3	0.077 6	0.142 4	0.077 6	0.142 6	0.077 6	0.142 6	0.077 6	0.142 6
1.0	0.079 0	0.124 4	0.079 4	0.124 8	0.079 5	0.125 0	0.079 6	0.125 0	0.079 6	0.125 0
1.2	0.077 4	0.109 6	0.077 9	0.110 3	0.078 2	0.110 5	0.078 3	0.110 5	0.078 3	0.110 5
1.4	0.073 9	0.097 3	0.074 8	0.098 2	0.075 2	0.098 6	0.075 2	0.098 7	0.075 3	0.098 7
1.6	0.069 7	0.087 0	0.070 8	0.088 2	0.071 4	0.088 7	0.071 5	0.088 8	0.071 3	0.088 9
1.8	0.065 2	0.078 2	0.066 6	0.079 7	0.067 3	0.080 5	0.067 5	0.080 6	0.067 5	0.080 8
2.0	0.060 7	0.070 7	0.062 4	0.072 6	0.063 4	0.073 4	0.063 6	0.073 6	0.063 6	0.073 8
2.5	0.050 0	0.059 9	0.052 5	0.058 5	0.054 3	0.060 1	0.054 7	0.060 4	0.054 8	0.060 5
3.0	0.041 9	0.045 1	0.044 9	0.048 2	0.046 9	0.050 4	0.047 4	0.050 9	0.047 6	0.051 1
5.0	0.021 4	0.022 1	0.024 8	0.026 5	0.028 3	0.029 0	0.029 6	0.030 3	0.030 1	0.030 9
7.0	0.012 4	0.012 6	0.015 2	0.015 4	0.018 6	0.019 0	0.020 4	0.020 7	0.021 2	0.021 6
10.0	0.006 6	0.006 6	0.008 4	0.008 3	0.011 1	0.011 1	0.012 8	0.013 0	0.013 9	0.014 1

根据相同方法,也可求得荷载 p_t 角点下的铅直向附加应力计算公式:

$$\sigma_z = \alpha_{z2} p_t \qquad (2.2.18)$$

式中 α_{z2}——2 角点下铅直向附加应力系数,根据 L/B、z/B 查表 2.2.8 获得。

应特别注意,对于三角形分布荷载,B 为荷载变化边,L 为另一边,这与均布荷载是不同的。

4.铅直三角形分布荷载作用任意点下的附加应力

任意点下的附加应力计算也采用叠加法,基本概念与均布荷载的情况相同,只是在计算过程中每块基底面所对应的荷载都不同,除了荷载面积需叠加外,荷载也应考虑叠加。

5.矩形基底铅直梯形分布荷载作用角点、任意点下的附加应力

梯形荷载可分成均布荷载与三角形分布荷载,然后按上述各自的方法计算、叠加即可。

2.3.3 圆形基础底面铅直均布荷载作用下的附加应力

为了计算圆形基底面积上作用均布荷载 p 时,土中任一点 $M(r,z)$ 的竖向正应力,可采用

原点设在圆心 O 的极坐标(图 2.2.17),在圆面积范围内积分求得:

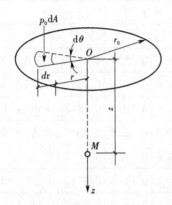

图 2.2.17　圆形基底面积铅直均布荷载作用下的附加应力

$$\sigma_z = \frac{3p_0 z^3}{2\pi} \int_0^{2\pi} \int_0^{r_0} \frac{r\mathrm{d}\theta \mathrm{d}r}{(r^2+z^2)^{\frac{5}{2}}} = \left[1-\left(\frac{z^2}{z^2+r_0^2}\right)^{3/2}\right]p_0 \qquad (2.2.19)$$

可简化为

$$\sigma_z = a_0 p_0 \qquad (2.2.20)$$

式中　a_0——圆形基底铅直均布荷载作用中心点下的铅直附加应力系数,其值可查表 2.2.9。

表 2.2.9　附加应力系数

z/r_0	r/r_0					
	0.0	0.4	0.8	1.2	1.6	2.0
0.0	1.000	1.000	1.000	0.000	0.000	0.000
0.2	0.993	0.987	0.890	0.077	0.005	0.001
0.4	0.949	0.922	0.712	0.181	0.026	0.006
0.6	0.864	0.813	0.591	0.224	0.056	0.016
0.8	0.756	0.699	0.504	0.237	0.083	0.029
1.2	0.646	0.593	0.434	0.235	0.102	0.042
1.4	0.461	0.425	0.329	0.212	0.118	0.062
1.8	0.332	0.311	0.245	0.182	0.118	0.072
2.2	0.246	0.233	0.198	0.153	0.109	0.074
2.6	0.187	0.179	0.158	0.129	0.098	0.071
3.0	0.146	0.141	0.127	0.108	0.087	0.067
3.8	0.096	0.093	0.087	0.078	0.067	0.055

续表

z/r_0	r/r_0					
	0.0	0.4	0.8	1.2	1.6	2.0
4.6	0.067	0.066	0.063	0.058	0.052	0.045
5.0	0.057	0.056	0.054	0.050	0.046	0.041
6.0	0.041	0.041	0.039	0.037	0.034	0.031

2.3.4　条形基础底面铅直均布荷载作用下地基中的附加应力

条形分布荷载下土中应力的计算属于平面应变问题,对路堤、堤坝以及长宽比 $l/b \geqslant 10$ 的条形基础均可视作平面应变问题进行处理。

如图 2.2.18 所示,在土体表面作用分布宽度为 B 的均布条形荷载 q 时,土中任一点的竖向应力 σ_z 可用下式求解:

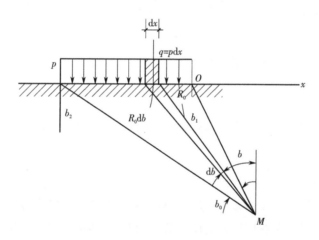

图 2.2.18　条形基底铅直均布荷载作用下地基附加应力

$$\sigma_z = \alpha_s p \tag{2.2.21}$$

式中　α_s——应力系数,$n = x/B$ 及 $m = z/B$ 的函数,即

$$\alpha_s = \frac{1}{\pi}\left[\left(\arctan\frac{1-2n}{2m} + \arctan\frac{1+2n}{2m}\right) - \frac{4m(4n^2 - 4m^2 - 1)}{(4n^2 + 4m^2 - 1) + 16m^2}\right] \tag{2.2.22}$$

应力系数 α_s 可由表 2.2.10 查得。

表 2.2.10 条形基底铅直均布荷载作用下的附加应力系数

$m = z/B$	$n = x/B$				
	0.00	0.25	0.50	1.00	2.00
0.00	1.00	1.00	0.50	0.00	0.00
0.25	0.96	0.90	0.50	0.02	0.00
0.50	0.82	0.74	0.48	0.08	0.00
0.75	0.67	0.61	0.45	0.15	0.02
1.00	0.55	0.51	0.41	0.19	0.03
1.50	0.40	0.38	0.33	0.21	0.06
2.00	0.31	0.31	0.28	0.20	0.08
3.00	0.21	0.21	0.20	0.17	0.10
4.00	0.16	0.16	0.15	0.14	0.10
5.00	0.13	0.13	0.12	0.12	0.09

2.3.5 非均质地基中的附加应力

1. 非线性材料的影响

事实上,土体是非线性材料,非线性对于土体的竖直附加应力 σ_z 计算值有一定的影响,最大误差可达到 25% ~30%。

2. 成层地基的影响

地基土往往是由软硬不一的多种土层组成的,其变形特性在竖直方向差异较大,应属于双层地基的应力分布问题。对双层地基的应力分布问题,有两种情况值得研究:一种是可压缩土层覆盖于刚性岩层上;另一种是硬土层覆盖于软土层上。

对于第一种情况,上层土的压缩性比下层土的压缩性高,即 $E_1 < E_2$ 时,则土中附加应力分布将发生应力集中的现象,如图 2.2.19(a)所示。对于第二种情况,上层土的压缩性比下层土的压缩性低,即 $E_1 > E_2$,则土中附加应力将发生扩散现象,如图 2.2.19(b)所示。

在实际地基中,下卧刚性岩层将引起应力集中的现象,岩层埋藏越浅,应力集中愈显著。在坚硬土层下存在软弱下卧层时,土中应力扩散的现象将随上层坚硬土层厚度的增大而更加显著。

3. 变形模量随深度增大的影响

地基土的另一种非均质性表现为变形模量 E 随深度增加而逐渐增大,在砂土地基中尤为常见。这种土的非均质现象也会使地基中的应力向力的作用线附近集中。

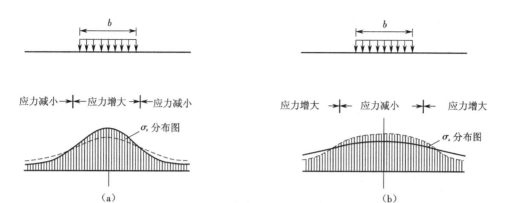

图 2.2.19 非均质和各向异性地基对附加应力的影响

(a)发生应力集中 (b)发生应力扩散

(虚线表示均质地基中水平的附加应力分布)

4.各向异性的影响

当土的泊松比 μ 相同时,若 $E_x > E_z$,则在各向异性地基中将出现应力扩散现象;若 $E_x < E_z$,地基中将出现应力集中现象。

2.4 土的压缩性

地基土体在建筑物荷载作用下会发生变形,建筑物基础亦随之沉降。如果沉降超过容许范围,就会导致建筑物开裂或影响其正常使用,甚至造成建筑物破坏。因此,在建筑物设计与施工时,必须重视基础的沉降与不均匀沉降问题,并将建筑物的沉降量控制在规范容许的范围内。

为了准确计算地基的变形量,必须了解土的压缩性。通过室内和现场试验,可求出土的压缩性指标,利用这些指标,可计算基础的最终沉降量,并可研究地基变形与时间的关系,求出建筑物使用期间某一时刻的沉降量或完成一定沉降量所需要的时间。

土体在外部压力和周围环境作用下体积减小的特性称为土的压缩性。土体体积减小包括三个方面:①土颗粒发生相对位移,土中水及气体从孔隙中排出,从而使土孔隙体积减小;②土颗粒本身的压缩;③土中水及封闭在土中的气体被压缩。在一般情况下,土颗粒及水的压缩变形量不到全部土体压缩变形量的1/400,可以忽略不计。因此,土的压缩变形主要是由于土体孔隙体积减小的缘故。

土体压缩变形的快慢取决于土中水排出的速度,排水速率既取决于土体孔隙通道的大小,又取决于土中黏粒含量的多少。对透水性大的砂土,其压缩过程在加荷后的较短时期内即可完成;对于黏性土,尤其是饱和软黏土,由于黏粒含量多,排水通道狭窄,孔隙水的排出速率很慢,其压缩过程比砂性土要长得多。土体在外部压力下,压缩随时间增长的过程称为土的固结。依赖于孔隙水压力变化而产生的固结,称为主固结。不依赖于孔隙水压力变化,在有效应力不变时,由于颗粒间位置变动引起的固结称为次固结。

在相同压力条件下,不同土的压缩变形量差别很大,可通过室内压缩试验或现场荷载试验测定。

2.4.1 压缩试验及压缩性指标

1.压缩试验

土的压缩性一般可通过室内压缩试验来确定,试验的过程大致如下:先用金属环刀切取原状土样,然后将土样连同环刀一起放入压缩仪内(图2.2.20),再分级加载。在每级荷载作用下压至变形稳定,测出土样稳定变形量后,再加下一级压力。一般土样加四级荷载,即50 kPa、100 kPa、200 kPa、400 kPa,根据每级荷载下的稳定变形量,可以计算出相应荷载作用下的孔隙比。由于在整个压缩过程中土样不能侧向膨胀,这种方法又称为侧限压缩试验。

设土样的初始高度为 h_0 (图2.2.21(a))、土样的断面积为 A (即压缩仪取样环刀的断面积),此时土样的初始孔隙比 e_0 和土颗粒体积 V_s 可用下面公式表示:

$$e_0 = \frac{V_v}{V_s} = \frac{Ah_0 - V_s}{V_s}$$

式中 V_v——土中孔隙体积。

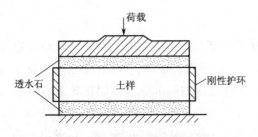

图2.2.20 压缩仪的压缩容器简图

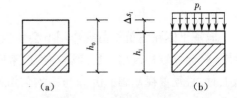

图2.2.21 压缩试验土样变形示意图

(a)加荷前 (b)加荷后

则土粒体积为:

$$V_s = \frac{Ah_0}{1 + e_0} \tag{2.2.23}$$

压力增加至 p_i 时,土样的稳定变形量为 Δs_i,土样的高度 $h_i = h_0 - \Delta s_i$ (图2.2.21(b))。此时,土样的孔隙比为 e_i,土颗粒体积为:

$$V_{si} = \frac{A(h_0 - \Delta s_i)}{1 + e_i} \tag{2.2.24}$$

由于土样是在侧限条件下受压缩,所以土样的截面积 A 不变。假定土颗粒是不可压缩的,则 $V_s = V_{si}$,即

$$\frac{Ah_0}{1 + e_0} = \frac{A(h_0 - \Delta s_i)}{1 + e_i}$$

则
$$\Delta s_i = \frac{(e_0 - e_i)h_0}{1 + e_0} \tag{2.2.25}$$

$$e_i = e_0 - \frac{\Delta s_i}{h_0}(1 + e_0) \tag{2.2.26}$$

式中，$e_0 = d_s \rho_w / \rho_d - 1$，其中 d_s、ρ_w、ρ_d 分别为土粒的相对密度、水的密度和土样的初始干密度（即试验前土样的干密度）。

2. 压缩系数 a 和压缩指数 C_c

根据某级荷载下的稳定变形量 Δs_i，按式(2.2.26)即可求出该级荷载下的孔隙比 e_i，然后以横坐标表示压力 p、纵坐标表示孔隙比 e，可绘出 e—p 关系曲线，此曲线称为压缩曲线（图 2.2.22(a)）。

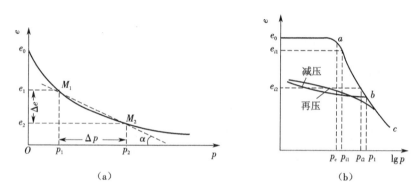

图 2.2.22　压缩曲线

(a)e—p 曲线　(b)e—$\lg p$ 曲线

（1）压缩系数 a

从压缩曲线可见，在侧限压缩条件下，孔隙比 e 随压力的增加而减小。在压缩曲线上相应于压力 p 处的切线斜率 a，表示在压力 p 作用下土的压缩性：

$$a = -\frac{de}{dp} \tag{2.2.27}$$

式中的负号表示随着压力 p 增加，孔隙比 e 减小。对于 $M_1 M_2$ 区段内的压缩性可用割线 $M_1 M_2$ 的斜率表示（图 2.2.22(a)）。设 $M_1 M_2$ 与横轴的夹角为 α，则

$$a = \tan \alpha = -\frac{\Delta e}{\Delta p} = \frac{e_1 - e_2}{p_2 - p_1} \tag{2.2.28a}$$

a 称为压缩系数。规范规定：p_1 和 p_2 的单位用 kPa 表示，a 的单位用 MPa^{-1}（或 m^2/MN）表示，则上式可写为：

$$a = 1\,000 \frac{e_1 - e_2}{p_2 - p_1} \tag{2.2.28b}$$

从图 2.2.22(a)可见，a 值大则表示在一定压力范围内孔隙比变化大，说明土的压缩性

高。不同的土压缩性变化是很大的。就同一种土而言,压缩曲线的斜率也是变化的,当压力增加时,曲线的直线斜率 a 将减小。一般对研究土中实际压力变化范围内的压缩性,均以压力由原来的自重应力增加到外荷载作用下的土中应力(自重应力与附加应力之和)时土体显示的压缩性为代表。在实际工程中,土的压力变化范围常为 100 ~ 200 kPa。在此压力作用下土的压缩系数用 a_{1-2} 表示,利用 a_{1-2} 可评价土的压缩性高低(见表 2.2.11)。

表 2.2.11　地基土的压缩性

低压缩性土	中压缩性土	高压缩性土
$a_{1-2} < 0.1$ MPa^{-1}	0.1 MPa$^{-1} \leqslant a_{1-2} \leqslant 0.5$ MPa^{-1}	$a_{1-2} \geqslant 0.5$ MPa^{-1}

(2)压缩指数 C_c

根据压缩试验资料,如果横坐标采用对数值,可绘出 $e - \lg p$ 曲线(图 2.2.22(b)),从图中可以看出,该曲线的后半段接近直线。它的斜率称为压缩指数,用 C_c 表示:

$$C_c = \frac{e_1 - e_2}{\lg p_2 - \lg p_1} \tag{2.2.29}$$

压缩指数愈大,土的压缩性愈高(见表 2.2.12)。$e—\lg p$ 曲线除了用于计算 C_c 之外,还用于分析研究土层固结历史对沉降计算的影响。

表 2.2.12　地基土的压缩性 C_c

低压缩性土	中压缩性土	高压缩性土
$C_c < 0.2$ MPa^{-1}	$C_c = 0.2 ~ 0.4$ MPa^{-1}	$C_c > 0.4$ MPa^{-1}

3. 压缩模量 E_s

土的压缩模量 E_s 是指在完全侧限条件下,土的竖向附加应力与应变增量 ε_z 的比值。它与一般材料的弹性模量的区别在于:①土在压缩试验时不能侧向膨胀,只能竖向变形;②土不是弹性体,当压力卸除后,不能恢复到原来的位置。除了部分弹性变形外,还有相当部分是不可恢复的残余变形。

在压缩试验过程中,在 p_1 作用下至变形稳定时,土样的高度为 h_1,此时土样的孔隙比为 e_1(图 2.2.23)。当压力增至 p_2,待土样变形稳定后,其稳定变形量为 Δs,此时土样的高度为 h_2,相应的孔隙比为 e_2,根据式(2.2.25)可得:

$$\Delta s = \frac{e_1 - e_2}{1 + e_1} h_1 \tag{2.2.30}$$

根据 E_s 的定义及式(2.2.30)可得:

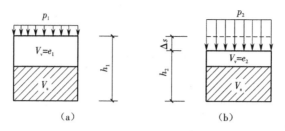

图 2.2.23　土样压缩变形示意图

(a)在 p_1 作用下变形至稳定　　(b)在 p_2 作用下变形至稳定

$$E_s = \frac{\Delta p_z}{\varepsilon_z} = \frac{\Delta p_z}{\dfrac{\Delta s}{h_1}} = \frac{p_2 - p_1}{\dfrac{e_1 - e_2}{1 + e_1}} = \frac{1 + e_1}{a} \tag{2.2.31}$$

式中　Δp_z——土的竖向附加应力;

　　　ε_z——土的竖向应变增量。

土的压缩模量 E_s 是表示土压缩性高低的又一个指标,从式(2.2.31)可见,E_s 与 a 成反比,即 a 愈大,E_s 愈小,土愈软弱。一般 $E_s < 4$ MPa 的土属高压缩性土,$E_s = 4 \sim 15$ MPa 的土属中等压缩性土,$E_s > 15$ MPa 的土为低压缩性土。

应当注意,这种划分与按压缩系数划分不完全一致,因为不同的土其天然孔隙比是不相同的。

4. 变形模量 E_0

土的变形模量 E_0 是土体在无侧限条件下的应力与应变的比值,可以由室内侧限压缩试验得到的压缩模量求得,也可通过静荷载试验确定。

(1)由室内试验测定的 E_s 推求 E_0

土样在侧限压缩试验时,由于受到压缩仪容器侧壁的阻挡(如图2.2.20所示,假定器壁的摩擦力为零),在铅直方向的压力作用下,试样中的正应力为 σ_z,根据试样的受力条件和广义胡克定律有:

$$K_0 = \frac{\mu}{1 - \mu} \tag{2.2.32}$$

式中　K_0——土的侧压力系数,通过侧限条件下的试验确定。无试验条件时,可查表2.2.1所列经验值。

铅直方向的应变可按下式计算:

$$\varepsilon_z = \frac{\sigma_z}{E_0} - \mu \frac{\sigma_x + \sigma_y}{E_0} = \frac{\sigma_z}{E_0} - \mu \frac{2K_0 \sigma_z}{E_0} \tag{2.2.33}$$

经整理得

$$E_0 = \frac{\sigma_z}{\varepsilon_z} \left(1 - \frac{2\mu^2}{1 - \mu} \right) \tag{2.2.34}$$

令
$$\beta = \left(1 - \frac{2\mu^2}{1-\mu}\right)$$

则
$$E_0 = \beta\frac{\sigma_z}{\varepsilon_z} = \beta E_s \qquad (2.2.35)$$

式(2.2.35)即为按室内侧限压缩试验测定的压缩模量 E_s 计算变形模量 E_0 的公式。应该说明:上式只是 E_0 与 E_s 之间的理论关系。实际上室内侧限压缩试验与现场土体受力情况是不完全一致的,如:①室内压缩试验的土样一般受到的扰动较大(尤其是低压缩性土体);②现场受荷情况与室内压缩试验的加荷速率也不对应;③土的泊松比不易精确测定。因此,要得到能较好地反映土的压缩性的指标,应在现场进行静荷载试验。

(2)由静荷载试验确定 E_0

静荷载试验装置一般由加荷装置、反力装置及观测装置三大部分组成。加荷装置由荷载板(承压板)、千斤顶组成;反力装置由地锚或堆载组成;观测装置包括百分表、固定支架等。

在试验过程中,由逐级增加的荷载测定相应的荷载板的稳定沉降量。根据试验结果,按一定比例以压力 p 为横坐标,稳定沉降量 s 为纵坐标,可绘出 p—s 关系曲线(图2.2.24)。

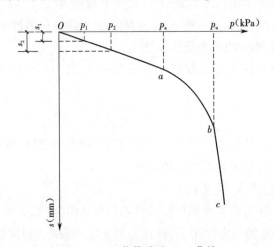

图 2.2.24　荷载试验 p—s 曲线

此时,可以采用弹性力学公式来反求地基土的变形模量 E_0,计算公式为:
$$E_0 = \omega(1 - \mu^2)\frac{pb}{s} \qquad (2.2.36)$$

式中　　E_0——地基土的变形模量(MPa);

　　　　ω——荷载板形状系数,方形板取0.88,圆形板取0.79;

　　　　μ——土的泊松比;

　　　　b——荷载板宽度或直径(mm)。

按现场静荷载试验确定的土体变形模量 E_0 比按 βE_s 计算的值更能反映土体压缩性质。只有当土体为软土时,二者才比较接近,对于坚硬土 E_0 可能是 βE_s 的几倍。因此,对于重要建筑物,最好采用现场荷载试验确定 E_0 值。现场荷载试验还具有下列优点:①压力影响深度可达 $1.5 \sim 2$ 倍的荷载板直径,试验成果能反映较大一部分土的压缩性质;②对土体的扰动程度比钻孔取样、室内测试要小得多;③荷载板下土体受力与实际工程情况一致。但存在的缺点也是显而易见的,如工作量大、费时、不经济,所规定的沉降稳定标准也带有很大的近似性,特别对于软黏土,由于土的渗透系数小,难于测定稳定变形量。虽然测定深度达到 $1.5 \sim 2$ 倍的荷载板直径,但对于深层土仍显不足。对于深层土,目前可采用螺旋板深层荷载试验、旁压试验和触探试验进行测试。

5. 弹性模量 E

土的压缩模量 E_s 与变形模量 E_0 都是指法向应力与相应的土的总应变的比值,而土的弹性模量是指法向应力与相应的土的弹性应变的比值,它常用于瞬时荷载作用下地基的变形计算,如软土地基上建筑物在施工期间的瞬时沉降计算、高耸构筑物基础在风荷载作用下的倾斜计算及动力机械基础的振动计算。由于土的弹性应变远小于总应变,因此土的弹性模量远大于压缩模量及变形模量。在工程计算中应正确选用,以免造成设计错误。

土的弹性模量可用不排水三轴剪切试验经过反复加荷卸荷求得。根据试验结果,以轴向应力为纵坐标,轴向应变为横坐标,求得通过原点的应力与应变关系曲线,则原点切线的斜率即是土的弹性模量。

2.4.2 土的回弹与再压缩性质

根据室内侧限压缩试验不仅可以得到逐级加荷的压缩曲线,也可以得到逐级卸荷的回弹曲线,如图2.2.25所示。这两条曲线并不重合,这说明土的变形由两部分组成,卸荷后能恢复的部分称为弹性变形,不能恢复的部分称为塑性变形。如果卸荷后重新逐级加荷,则可以得到再压缩曲线。从 $e—p$ 曲线及 $e-\lg p$ 曲线均可看到,压缩曲线、回弹曲线、再压缩曲线都不重合,只有经过卸除荷载之后,再压缩曲线才趋于压缩曲线的延长线。从图2.2.25中可看到:回弹曲线和再压缩曲线构成一滞后环,这是土体并非完全弹性体的又一表征;压缩曲线的斜率大于再压缩曲线的斜率。

当有些基坑开挖量很大、开挖时间较长时,就可能造成基坑土的回弹,因此在预估这种基础的沉降时,应该考虑到因回弹产生的沉降量增加。

在计算地基变形量时,相同的附加应力产生的变形不同,往往是由于土的压缩性质不同。由图2.2.25可看到,对于同一种土同一压力值 p 可以得到不同的孔隙比 e,这说明孔隙比的变化不仅与荷载有关,还与土体受荷载的历史(即应力历史)有关。

2.5 地基变形的类型及计算

地基最终沉降量是指地基在建筑物荷载作用下最后的稳定沉降量。它是建筑物地基基础

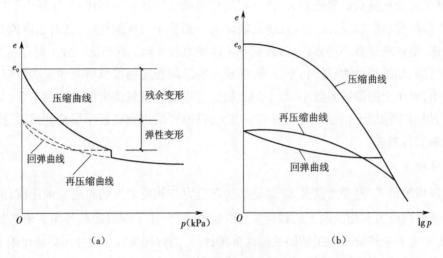

图 2.2.25　回弹与再压缩曲线

(a)e—p 曲线　(b)e—lg p 曲线

设计的重要内容,目前地基最终变形计算常用室内土的压缩试验成果来进行。由于室内压缩试验具有侧限条件,所以该计算未考虑侧向变形的影响。计算地基最终变形的方法较多,以下主要阐述计算地基最终变形的单向压缩分层总和法和规范法。

2.5.1　单向压缩分层总和法

在荷载作用下,地基最终变形计算常用单向压缩分层总和法进行。所谓单向压缩,是指只计算地基土铅直向的变形,不考虑侧向变形,并以基础中心点的沉降代表基础的沉降量。

1.计算公式

在荷载作用下,土体的压缩情况如前述的压缩试验,根据前面所推结论(式(2.2.30))有

$$\Delta s = \frac{e_1 - e_2}{1 + e_1}h_1$$

现设 $\Delta s = s$,则

$$s = h_1 - h_2 = \frac{e_1 - e_2}{1 + e_1}h_1 \tag{2.2.37}$$

将式(2.2.28 a) $-\Delta e = a\Delta p$ 代入上式得:

$$s = \frac{a\Delta p}{1 + e_1}h_1 \tag{2.2.38}$$

将 $E_s = \frac{1 + e_1}{a}$ 代入上式得

$$s = \frac{\Delta p}{E_s}h_1 \tag{2.2.39}$$

将地基土在压缩范围内划分成若干薄层,按式(2.2.37)或式(2.2.39)计算每一薄层的变形量,然后叠加即得地基变形量。

$$s = s_1 + s_2 + \cdots + s_n = \sum_{i=1}^{n} \frac{e_{1i} - e_{2i}}{1 + e_{1i}} h_i = \sum_{i=1}^{n} \left(\frac{a}{1 + e_{1i}}\right)_i \overline{\sigma}_{zi} h_i = \sum_{i=1}^{n} \frac{\overline{\sigma}_{zi}}{E_{si}} h_i \qquad (2.2.40)$$

式中　　e_1——由薄压缩土层顶面和底面处自重应力的平均值 σ_{cz}(即 p_1) 从压缩曲线上查得的相应的孔隙比;

e_2——由薄压缩土层顶面和底面处自重应力平均值与附加应力平均值(即 Δp)之和(即 p_2)从压缩曲线上查得的相应的孔隙比;

a——土的压缩系数;

E_s——土的压缩模量;

Δp——薄压缩土层顶面和底面的附加应力平均值(kPa);

e_{1i}——第 i 层土的自重应力平均值$\frac{\sigma_{czi} + \sigma_{cz(i-1)}}{2}$(即 p_{1i})对应的压缩曲线上的孔隙比,其中 σ_{czi}、$\sigma_{cz(i-1)}$ 为第 i 层土底面、顶面处的自重应力(kPa);

e_{2i}——第 i 层自重应力平均值与附加应力平均值之和对应的压缩曲线上的孔隙比;

h_i——第 i 层土的厚度(m)。

2. 计算步骤

(1) 将土分层

将基础下的土层分为若干薄层,分层的原则:①不同土层的分界面;②地下水位处;③应保证每薄层内附加应力分布线近似于直线,以便较准确地求出分层内附加应力平均值,一般可采用上薄下厚的方法分层;④每层土的厚度应小于基础宽度的0.4倍。

(2) 计算自重应力

按计算公式 $\sigma_{cz} = \sum_{i=1}^{n} \gamma_i h_h$ 计算出铅直自重应力在基础中心点沿深度 z 的分布,并按一定比例将其绘于 z 深度线的左侧。

注意:若开挖基坑后土体不产生回弹,自重应力从地面算起;地下水位以下采用土的浮重度计算。

(3) 计算附加应力

计算附加应力在基底中心点处沿深度 z 的分布,按一定比例绘在 z 深度线右侧(见图2.2.26)。注意:附加应力应从基础底面算起。

(4) 受压层下限的确定

从理论上讲,在无限深度处仍有微小的附加应力,仍能引起地基的变形。考虑到在一定的深度处,附加应力已很小,它对土体的压缩作用已不大,可以忽略不计。因此在实际工程计算中,可采用基底以下某一深度 z_n 作为基础沉降计算的下限深度。

工程中常以下式作为确定 z_n 的条件:

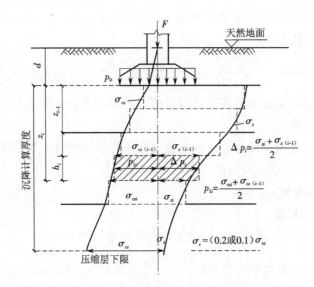

图 2.2.26　分层总和法计算地基沉降

$$\sigma_{zn} \le 0.2\sigma_{czn} \tag{2.2.41}$$

式中　σ_{zn}——深度 z_n 处的铅直向附加应力(kPa);

　　　σ_{czn}——深度 z_n 处的铅直向自重应力(kPa)。

即在深度 z_n 处,自重应力应该超过附加应力的 5 倍以上,其下的土层压缩量可忽略不计。但是,当 z_n 深度以下存在较软的高压缩性土层时,实际计算深度还应加大,对软黏土应该加深至 $\sigma_{zn} \le 0.1\sigma_{czn}$。

(5)计算各分层的自重应力、附加应力平均值

在计算各分层自重应力平均值与附加应力平均值时,可将薄层底面与顶面的计算值相加除以2(即取算术平均值)。

(6)确定各分层压缩前后的孔隙比

由各分层平均自重应力、平均自重应力与平均附加应力之和在相应的压缩曲线上查得初始孔隙比 e_{1i}、压缩稳定后的孔隙比 e_{2i}。

(7)计算地基最终变形量

$$s = \sum_{i=1}^{n} \frac{e_{1i} - e_{2i}}{1 + e_{1i}} h_i = \sum_{i=1}^{n} \frac{a}{1 + e_{1i}} \overline{\sigma}_{zi} h_i = \sum_{i=1}^{n} \frac{\overline{\sigma}_{zi}}{E_{si}} h_i$$

例 2.2.4　某建筑物地基中的应力分布及土的压缩曲线如图 2.2.27 和图 2.2.28 所示,试计算第二层土的变形量。

解:(1)计算第二层土的自重应力平均值:

$$\sigma_{cz} = \frac{24.7 + 34.2}{2} = 29.45 \text{ kPa} = p_1$$

(2)计算第二层土的附加应力平均值:

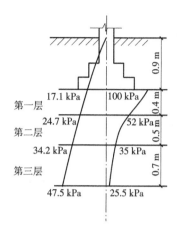

图 2.2.27　例 2.2.4 应力分布图

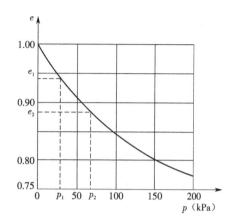

图 2.2.28　例 2.2.4 压缩曲线

$$\sigma_z = \frac{52.0 + 35.0}{2} = 43.5 \text{ kPa} = \Delta p$$

(3)自重应力与附加应力之和：

$$\sigma_{cz} + \sigma_z = 29.45 + 43.5 = 72.95 \text{ kPa} = p_2$$

(4)查压缩曲线求 e_1、e_2：

$$e_1 = 0.945, e_2 = 0.882$$

(5)计算第二层的变形量：

$$s_2 = \frac{e_1 - e_2}{1 + e_1} h_2 = \frac{0.945 - 0.882}{1 + 0.945} \times 500 = 16.20 \text{ mm}$$

例 2.2.5　某方形基础的底面尺寸为 4 m × 4 m，中心荷载 $F = 1\,440$ kN，基础埋置深度 $d = 1.2$ m。地下水位深 3.6 m，粉质黏土中压缩系数地下水位以上 $\alpha_1 = 0.28$ MPa^{-1}，地下水位以下 $\alpha_2 = 0.25$ MPa^{-1}，其余资料见图 2.2.29，求基础中心点的沉降量。

解题分析　该题必须先对地基土进行分层，然后选用公式 $s = \sum\limits_{i=1}^{n} \frac{a}{1 + e_{1i}} \overline{\sigma}_{zi} h_i$ 求解较合适，解题程序可按上述总结的步骤进行。

解：(1)分层：

根据分层原则对地基土进行分层，结果如图 2.2.29 所示。

(2)计算基底压力：

$$p = \frac{F + G}{A} = \frac{1\,440 + 16 \times 1.2 \times 20}{16} \text{ kPa} = 114 \text{ kPa}$$

(3)计算基底附加应力：

$$p_0 = p - \gamma d = (114 - 16 \times 1.2) \text{ kPa} = 94.8 \text{ kPa}$$

(4)计算地基中的附加应力与自重应力。

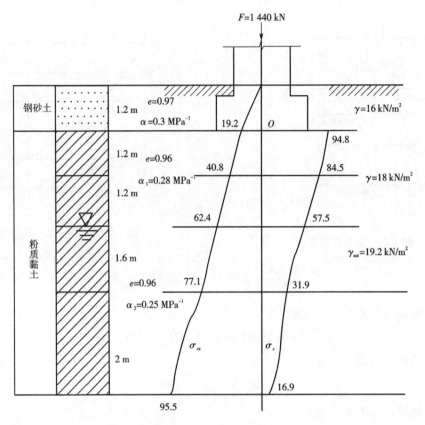

图 2.2.29　例 2.2.5 图

　　自重应力从地面起算,附加应力从基底起算。附加压力:矩形面积用角点法,分成四小块计算,计算边长 $l = b = 2$ m,$l/b = 1$。$\sigma_z = 4\alpha_c p_0$,α_c 查表 2.2.7 求得。附加应力与自重应力计算结果见表 2.2.13。

表 2.2.13　附加应力与自重应力计算表

深度/m	z/b	α_c	σ_{cz}/kPa	σ_z/kPa
0	0	0.250	19.2	94.8
1.2	0.6	0.223	40.8	84.5
2.4	1.2	0.152	62.4	57.5
4.0	2.0	0.084	77.1	31.9
5.6	2.8	0.05	91.8	19.0
6.0	3.0	0.045	95.5	16.9

(5)计算变形,见表2.2.14。

表 2.2.14　沉降计算表

土层编号	z	h_i/cm	α/MPa^{-1}	e_1	$\overline{\sigma_z}$/kPa	S_i/cm
第一层土	120	120	0.28	0.96	89.7	1.54
第二层土	240	120	0.28	0.96	71.0	1.22
第三层土	400	160	0.25	0.96	44.7	0.91
第四层土	560	160	0.25	0.96	25.5	0.52
第五层土	600	40	0.25	0.96	18.0	0.09

总沉降量 $s = \sum s_i = (1.54 + 1.22 + 0.91 + 0.52 + 0.09) \text{cm} = 4.28 \text{ cm}$

(6)地基受压深度的确定:

当 $z = 5.6$ m 时,$\sigma_{cz} = 91.8$ kPa,$\sigma_z = 19.0$ kPa,$\sigma_z > 0.2\sigma_{cz} = 18.36$ kPa,不可;

当 $z = 6$ m 时,$\sigma_{cz} = 95.5$ kPa,$\sigma_z = 16.9$ kPa,$\sigma_z < 0.2\sigma_{cz} = 19.1$ kPa,故 $z_n = 6.0$ m(从基底起算)。

2.5.2　规范法

规范推荐的基础最终变形量计算方法,是由单向压缩分层总和法推导出的一种简化形式(图2.2.30),目的在于减少繁重的计算工作,如自重应力计算,分成若干薄层分别计算等。因此,它仍然是采用侧限条件下的压缩试验获得的压缩性指标。

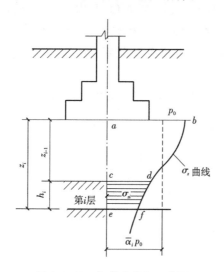

图 2.2.30　规范法分层示意图

在单向压缩分层总和法中,计算一薄面附加应力的算术平均值,规范法采用平均附加应力系数计算。该方法还规定了计算深度的标准,提出了基础沉降计算的修正系数,使计算成果与基础实际沉降更趋一致。另外,规范法对建筑物基础埋置较深的情况,提出了考虑开挖基坑时地基土的回弹,施工时又产生再压缩所造成的变形量的计算方法。

《建筑地基基础设计规范》(GB 50007—2011)推荐的基础最终变形量计算方法认为:计算地基变形时,地基内的应力分布可用各向同性均质线性变形体理论。其最终变形量可按下式计算:

$$s' = \sum_{i=1}^{n} \frac{p_0}{E_{si}} (z_i \bar{\alpha}_i - z_{i-1} \bar{\alpha}_{i-1}) \tag{2.2.42}$$

$$s = \psi_s s' = \psi_s \sum_{i=1}^{n} \frac{p_0}{E_{si}} (z_i \bar{\alpha}_i - z_{i-1} \bar{\alpha}_{i-1}) \tag{2.2.43}$$

式中　s ——地基的变形量(mm);

s' ——按分层总和法计算出的地基变形量(mm);

ψ_s ——沉降计算的经验系数,根据地区沉降观测资料及经验确定,无地区经验时可采用表 2.2.15 数值;

n ——地基变形计算深度范围内所划分的土层数(图 2.2.30);

p_0 ——对应于荷载效应准永久组合时的基础底面处的附加应力(kPa);

E_{si} ——基础底面下第 i 层土的压缩模量(MPa),应取土的自重应力至自重应力与附加应力之和的压力段计算;

z_i、z_{i-1} ——基础底面至第 i 层土、第 $i-1$ 层土底面的距离(m);

$\bar{\alpha}_i$、$\bar{\alpha}_{i-1}$ ——基础底面计算点至第 i 层土、第 $i-1$ 层土底面范围内的平均附加应力系数,对于矩形基底铅直均布荷载,由 L/B、z/B 查表 2.2.16(条形基底 L/B 取 10),L 为基础长边,B 为基础短边,对于矩形基底铅直三角形分布荷载由 L/B、z/B 查表 2.2.8,B 为荷载变化边。

表 2.2.15　沉降计算经验系数 ψ_s

$\bar{E}_s$(MPa)　基底附加压力	2.5	4.0	7.0	15.0	20.0
$p_0 \geqslant f_{ak}$	1.4	1.3	1.0	0.4	0.2
$p_0 \leqslant 0.75 f_{ak}$	1.1	1.0	0.7	0.4	0.2

表 2.2.16　矩形基底铅直均布荷载作用角点下的平均铅直向附加应力系数$\overline{\alpha}_i$

L/B ＼ z/B	1.0	1.2	1.4	1.6	1.8	2.0	2.4	2.8	3.2	3.6	4.0	5.0	10.0
0.0	0.250 0	0.250 0	0.250 0	0.250 0	0.250 0	0.250 0	0.250 0	0.250 0	0.250 0	0.250 0	0.250 0	0.250 0	0.250 0
0.2	0.249 6	0.249 7	0.249 7	0.249 8	0.249 8	0.249 8	0.249 8	0.249 8	0.249 8	0.249 8	0.249 8	0.249 8	0.249 8
0.4	0.247 4	0.247 9	0.248 1	0.248 3	0.248 4	0.248 5	0.248 5	0.248 5	0.248 5	0.248 5	0.248 5	0.248 5	0.248 5
0.6	0.242 3	0.243 7	0.244 4	0.244 8	0.245 1	0.245 2	0.245 4	0.245 5	0.245 5	0.245 5	0.245 5	0.245 5	0.245 6
0.8	0.234 6	0.237 2	0.238 7	0.239 5	0.240 0	0.240 3	0.240 7	0.240 8	0.240 9	0.240 9	0.241 0	0.241 0	0.241 0
1.0	0.225 2	0.229 1	0.231 3	0.232 6	0.233 5	0.234 0	0.234 6	0.234 9	0.235 1	0.235 2	0.235 2	0.235 3	0.235 3
1.2	0.214 9	0.219 9	0.222 9	0.224 8	0.226 0	0.226 8	0.2278	0.228 2	0.228 5	0.228 6	0.228 7	0.228 8	0.228 9
1.4	0.204 3	0.210 2	0.214 0	0.216 4	0.219 0	0.219 1	0.220 4	0.221 1	0.221 5	0.221 7	0.221 8	0.222 0	0.222 1
1.6	0.193 6	0.200 6	0.204 9	0.207 9	0.209 9	0.211 3	0.213 0	0.213 8	0.214 3	0.214 6	0.214 8	0.215 0	0.215 2
1.8	0.184 0	0.191 2	0.196 0	0.199 4	0.201 8	0.203 4	0.205 5	0.206 6	0.207 3	0.207 7	0.207 9	0.208 2	0.208 4
2.0	0.174 6	0.182 2	0.187 5	0.191 2	0.193 8	0.195 8	0.198 2	0.199 6	0.200 4	0.200 9	0.201 2	0.201 5	0.201 8
2.2	0.165 9	0.173 7	0.179 3	0.183 3	0.186 2	0.188 3	0.191 1	0.192 7	0.193 7	0.194 3	0.194 7	0.195 2	0.195 5
2.4	0.157 8	0.165 8	0.171 7	0.175 7	0.178 8	0.181 2	0.184 3	0.186 2	0.187 3	0.188 0	0.188 5	0.189 0	0.189 5
2.6	0.150 3	0.158 3	0.164 2	0.168 6	0.171 9	0.174 5	0.177 9	0.179 9	0.181 2	0.182 0	0.182 5	0.183 2	0.183 8
2.8	0.143 3	0.151 4	0.157 4	0.161 9	0.165 4	0.168 0	0.171 7	0.173 9	0.175 3	0.176 3	0.176 9	0.177 0	0.178 4
3.0	0.139 6	0.144 9	0.151 0	0.155 6	0.159 2	0.161 9	0.165 8	0.168 2	0.169 8	0.170 8	0.171 5	0.172 5	0.173 3
3.2	0.131 0	0.139 0	0.145 0	0.149 7	0.153 3	0.156 2	0.160 2	0.162 8	0.164 5	0.165 7	0.166 4	0.167 5	0.168 5
3.4	0.125 6	0.133 4	0.139 4	0.144 1	0.147 8	0.150 8	0.155 0	0.157 7	0.159 5	0.160 7	0.161 6	0.162 8	0.163 9
3.6	0.120 5	0.128 2	0.134 2	0.138 9	0.142 7	0.145 6	0.155 0	0.152 8	0.154 8	0.156 1	0.157 0	0.158 3	0.159 5
3.8	0.115 8	0.123 4	0.129 3	0.134 0	0.137 8	0.140 8	0.145 2	0.148 2	0.150 2	0.151 6	0.152 6	0.154 1	0.155 4
4.0	0.111 4	0.118 9	0.124 8	0.129 4	0.133 2	0.136 2	0.140 8	0.143 8	0.145 9	0.147 2	0.148 5	0.150 0	0.151 6
4.2	0.103 5	0.110 7	0.116 4	0.121 0	0.124 8	0.127 9	0.132 5	0.135 7	0.137 9	0.139 6	0.140 7	0.142 5	0.144 4
4.4	0.103 5	0.110 7	0.116 4	0.121 0	0.124 8	0.127 9	0.132 5	0.135 7	0.137 9	0.139 6	0.140 7	0.142 5	0.144 4
4.6	0.100 0	0.107 0	0.112 7	0.117 2	0.120 9	0.124 0	0.128 7	0.131 9	0.134 2	0.135 9	0.137 1	0.139 0	0.141 0
4.8	0.096 7	0.103 6	0.109 1	0.113 6	0.117 3	0.120 4	0.125 0	0.128 3	0.130 7	0.132 4	0.133 7	0.135 7	0.137 9
5.0	0.093 5	0.100 3	0.105 7	0.110 2	0.113 9	0.116 9	0.121 6	0.124 9	0.127 3	0.129 1	0.130 4	0.132 5	0.134 8
5.2	0.090 6	0.097 2	0.102 6	0.107 0	0.110 6	0.113 6	0.118 3	0.121 7	0.124 1	0.125 9	0.127 3	0.129 5	0.132 0
5.4	0.087 8	0.094 3	0.099 6	0.103 9	0.107 5	0.110 5	0.115 2	0.118 6	0.121 1	0.122 9	0.124 3	0.126 5	0.129 2
5.6	0.085 2	0.091 6	0.096 8	0.101 0	0.104 6	0.107 6	0.112 2	0.115 6	0.118 1	0.120 0	0.121 5	0.123 8	0.126 6

续表

z/B \ L/B	1.0	1.2	1.4	1.6	1.8	2.0	2.4	2.8	3.2	3.6	4.0	5.0	10.0
5.8	0.082 8	0.098 0	0.094 1	0.098 3	0.101 8	0.104 7	0.109 4	0.112 8	0.115 3	0.117 2	0.118 7	0.121 1	0.124 0
6.0	0.080 5	0.086 6	0.091 5	0.095 7	0.099 1	0.102 1	0.106 7	0.110 1	0.112 6	0.114 6	0.116 1	0.118 5	0.121 6
6.2	0.078 3	0.084 2	0.089 1	0.093 2	0.096 6	0.099 5	0.104 1	0.107 5	0.110 1	0.112 0	0.113 6	0.116 1	0.119 3
6.4	0.076 2	0.082 0	0.086 9	0.090 9	0.094 2	0.097 1	0.101 6	0.105 0	0.107 6	0.109 6	0.111 1	0.113 7	0.117 1
6.6	0.074 2	0.079 9	0.084 7	0.088 6	0.091 9	0.094 8	0.099 3	0.102 7	0.105 3	0.107 3	0.108 8	0.111 4	0.114 9
6.8	0.072 3	0.077 9	0.082 6	0.086 5	0.089 8	0.092 6	0.097 0	0.100 4	0.103 0	0.105 0	0.106 6	0.109 2	0.112 9
7.0	0.070 5	0.076 1	0.080 6	0.084 4	0.087 7	0.090 4	0.094 9	0.098 2	0.100 8	0.102 8	0.104 4	0.107 1	0.110 9
7.2	0.068 8	0.074 2	0.078 7	0.085 2	0.085 7	0.088 4	0.092 8	0.096 2	0.098 7	0.100 8	0.102 3	0.105 1	0.109 0
7.4	0.067 2	0.072 5	0.076 9	0.080 6	0.083 8	0.086 5	0.090 8	0.094 2	0.096 7	0.098 8	0.100 4	0.103 1	0.107 1
7.6	0.065 6	0.070 9	0.075 2	0.078 9	0.082 0	0.084 6	0.088 9	0.092 2	0.094 8	0.096 8	0.098 4	0.101 2	0.105 4
7.8	0.064 2	0.069 3	0.073 6	0.077 1	0.080 2	0.082 8	0.087 2	0.090 4	0.092 9	0.095 0	0.096 6	0.099 4	0.103 6
8.0	0.062 7	0.067 8	0.072 0	0.075 5	0.078 5	0.081 1	0.085 3	0.088 5	0.091 2	0.093 2	0.094 8	0.097 6	0.102 0
8.2	0.061 4	0.066 3	0.070 5	0.073 9	0.076 9	0.079 5	0.083 7	0.086 9	0.089 4	0.091 4	0.093 1	0.095 9	0.100 4
8.4	0.060 1	0.064 9	0.069 0	0.072 4	0.075 4	0.077 9	0.082 0	0.085 2	0.087 8	0.089 8	0.091 4	0.094 3	0.098 8
8.6	0.058 8	0.063 6	0.067 6	0.071 0	0.073 9	0.076 4	0.080 5	0.083 6	0.086 2	0.088 2	0.089 8	0.097 2	0.097 3
8.8	0.057 6	0.062 3	0.066 3	0.069 6	0.072 4	0.074 9	0.079 0	0.082 1	0.084 0	0.086 0	0.088 2	0.091 2	0.095 9
9.2	0.055 4	0.059 9	0.063 7	0.067 0	0.069 7	0.072 1	0.076 1	0.079 2	0.081 7	0.083 7	0.085 3	0.088 2	0.093 1
9.6	0.053 3	0.057 7	0.061 4	0.064 5	0.067 2	0.069 6	0.073 4	0.076 5	0.078 9	0.080 9	0.082 5	0.085 5	0.090 5
10.0	0.051 4	0.055 6	0.059 2	0.062 2	0.064 9	0.067 2	0.071 0	0.073 9	0.076 3	0.078 3	0.079 9	0.082 9	0.088 0
10.4	0.049 6	0.053 3	0.057 2	0.060 1	0.062 7	0.064 9	0.068 6	0.071 6	0.073 9	0.075 9	0.077 5	0.090 4	0.085 7
10.8	0.047 9	0.051 9	0.055 3	0.058 1	0.060 6	0.062 8	0.066 4	0.069 3	0.071 7	0.073 6	0.075 1	0.078 1	0.083 4
11.2	0.046 3	0.050 2	0.053 5	0.056 3	0.058 7	0.060 6	0.064 4	0.067 2	0.069 5	0.071 4	0.073 0	0.075 9	0.081 3
11.6	0.044 8	0.048 6	0.051 8	0.054 5	0.056 9	0.059 0	0.062 5	0.065 3	0.067 5	0.069 4	0.070 9	0.073 8	0.079 3
12.0	0.043 5	0.047 1	0.050 2	0.052 9	0.055 2	0.057 3	0.060 6	0.063 4	0.065 6	0.067 4	0.069 0	0.071 9	0.077 4
12.8	0.040 9	0.044 4	0.047 4	0.049 9	0.052 1	0.054 1	0.057 3	0.059 9	0.062 1	0.063 9	0.065 4	0.068 2	0.073 9
13.6	0.038 7	0.042 0	0.044 8	0.047 2	0.049 3	0.051 2	0.054 3	0.056 8	0.058 9	0.060 7	0.062 1	0.064 9	0.070 7
14.4	0.036 7	0.039 8	0.042 5	0.044 8	0.046 8	0.048 6	0.051 6	0.054 0	0.056 1	0.057 7	0.059 2	0.061 9	0.067 7
15.2	0.034 9	0.037 9	0.040 4	0.042 6	0.044 6	0.046 3	0.049 2	0.051 5	0.053 5	0.055 1	0.056 5	0.059 2	0.065 0
16.0	0.033 2	0.036 1	0.038 5	0.040 7	0.042 5	0.044 2	0.046 9	0.049 2	0.062 1	0.052 7	0.054 0	0.056 7	0.065 2

L/B z/B	1.0	1.2	1.4	1.6	1.8	2.0	2.4	2.8	3.2	3.6	4.0	5.0	10.0
18.0	0.029 7	0.032 3	0.034 5	0.036 4	0.038 1	0.039 6	0.042 2	0.044 2	0.046 0	0.047 5	0.048 7	0.051 2	0.057 0
20.0	0.026 9	0.026 2	0.031 2	0.033 0	0.034 5	0.035 9	0.038 3	0.040 2	0.041 8	0.043 2	0.044 4	0.046 8	0.052 4

根据大量沉降观测资料与式(2.2.42)计算结果比较发现:对较紧密的地基土,公式计算值较实测沉降值偏大;对较软弱的地基土,按公式计算得出的沉降值偏小。这是由于在公式推导过程中做了某些假定,有些复杂情况在公式中得不到反映:如使用弹性力学公式计算弹塑性地基土的应力,将三向变形假定为单向变形,非均质土层按均质土层计算等。因此规范对式(2.2.42)用乘以经验系数的方法进行修正,得到式(2.2.43)。

与单向压缩分层总和法相同,地基变形计算深度采用符号 z_n 表示,规定 z_n 应满足下式要求:

$$\Delta s_n' \leqslant 0.025 \sum_{i=1}^{n} \Delta s_i' \qquad (2.2.44)$$

式中 $\Delta s_i'$——在计算深度范围内,第 i 层土的计算变形量;

$\Delta s_n'$——由该深度向上取计算厚度为 Δz 所得的计算变形量(Δz 由基础宽度 B 查表 2.2.17 确定)。

表 2.2.17 Δz 值表

基础宽度 B(m)	≤2	2 ~ 4	4 ~ 8	>8
Δz(m)	0.3	0.6	0.8	1.0

若 z_n 以下存在软弱土层时,还应向下继续计算,至软弱土层中 $\Delta s_n'$ 满足上式为止。式(2.2.44)中 $\Delta s_i'$ 包括相邻建筑的影响,可按应力叠加原理,采用角点法计算。当无相邻建筑物荷载影响,基础宽度在 1 ~ 30 m 范围内时,基础中心点的沉降计算深度可按下式计算:

$$z_n = B(2.5 - 0.4 \ln B) \qquad (2.2.45)$$

式中 B——基础宽度,$\ln B$ 为 B 的自然对数。

在计算深度范围内存在基岩时,z_n 可取至基岩表面;存在较厚的坚硬黏性土,其孔隙比小于 0.5、压缩模量大于 50 MPa 时,以及存在较厚的密实砂卵石层,其压缩模量大于 80 MPa 时,z_n 可取至该层土表面。

在表 2.2.15 中,f_{ak} 为地基承载力特征值,$\bar{E}_s$ 为沉降计算深度范围内土体压缩模量的当量值,按下式计算:

$$\overline{E}_{s} = \frac{\sum A_i}{\sum \dfrac{A_i}{E_{si}}} \qquad\qquad (2.2.46)$$

式中　A_i——第 i 层土平均附加应力系数沿该土层厚度的积分值；

　　　E_{si}——第 i 层土的压缩模量。

表 2.2.16 为矩形基底铅直均布荷载作用角点下的平均附加应力系数表。

若计算荷载作用面(基底面)中心或任意点的平均附加应力时,仍可按前面章节讲述的叠加法计算;梯形荷载仍可分为均布荷载与三角形分布荷载进行计算。

当建筑物地下室基础埋置较深时,应考虑开挖基坑时地基土的回弹,建筑物施工时又产生地基土再压缩的状况,该部分沉降量可按下式计算:

$$s_c = \psi_c \sum_{i=1}^{n} \frac{p_c}{E_{ci}}(z_i \overline{\alpha}_i - z_{i-1}\overline{\alpha}_{i-1}) \qquad\qquad (2.2.47)$$

计算深度取至基坑底面以下 5 m,当基坑底面在地下水位以下时,取 10 m。

式中　s_c——考虑回弹影响的地基变形量;

　　　ψ_c——考虑回弹影响的沉降计算经验系数,$\psi_c = 1.0$;

　　　p_c——基坑底面以上土的自重压力(kPa),地下水位以下应扣除浮力;

　　　E_{ci}——土的回弹再压缩模量,按《土工试验方法标准》(GB/T 50123—1999)进行试验,
　　　　　　根据在土的自重压力下退至零的回弹量确定(见图 2.2.31)。

例 2.2.6　已知两相邻单独基础,基底底面尺寸均为 2 m × 3 m,埋深 1.5 m,中心荷载 $F = 1\,200$ kN,$f_{ak} = 280$ kPa,其他资料如图 2.2.32 所示。试求两个基础中心点的沉降量。

解:(1)先求基底压力:

$$p = \frac{F + G}{A} = \frac{1\,200 + 2 \times 3 \times 1.5 \times 20}{2 \times 3} = 230 \text{ kPa}$$

(2)求基底附加应力:

$$p_0 = p - \gamma d = 230 - 18 \times 1.5 = 203 \text{ kPa}$$

两个基础完全相同,只计算一个基础中心点的沉降即可。

由图 2.2.32 还可看出:基础Ⅰ下土层受基础Ⅰ和基础Ⅱ的荷载共同作用,即要考虑相邻基础的影响。

(3)计算过程列成表 2.2.18。

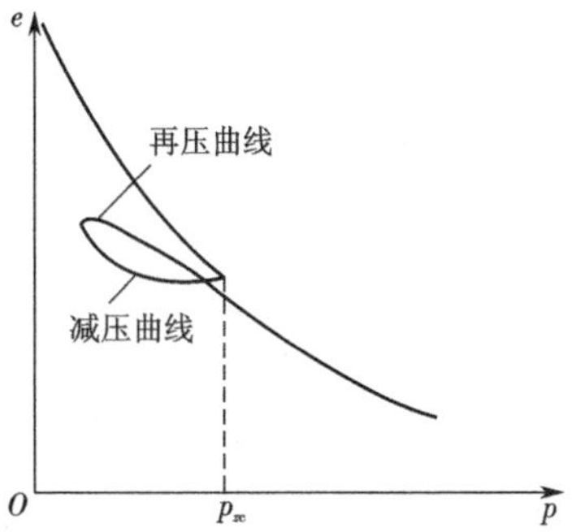

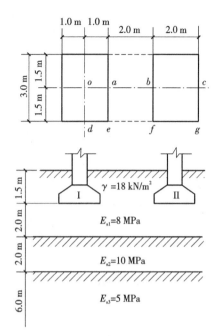

图 2.2.31　土的回弹再压缩模量

图 2.2.32　例 2.2.6 图

表 2.2.18　计算表

$\dfrac{z_i}{m}$	基础 I			基础 II			$\bar{\alpha}_i$	$z_i\bar{\alpha}_i$	$z_i\bar{\alpha}_i - z_{i-1}\bar{\alpha}_{i-1}$	E_{si}	s'_i	$\displaystyle\sum_{i=1}^{n} s'_i$	$\dfrac{\Delta s'_n}{\displaystyle\sum_{i=1}^{n} s'_i}$
	$\dfrac{L}{B}$	$\dfrac{z_i}{B}$	$\bar{\alpha}_i$	$\dfrac{L}{B}$	$\dfrac{z_i}{B}$	$\bar{\alpha}_i$							
0	$\dfrac{1.5}{1.0}$ $=1.5$	0		$\dfrac{5.0}{1.5}=3.3$ $\dfrac{3.0}{1.5}=2.0$	0		0						
2	1.5	2.0	$4\times0.189\,4$ $=0.757\,6$	3.3 2.0	1.3	$2\times(0.225-$ $0.223)=0.004$	0.761 6	1.523	1.523	8	38.6	38.6	
4	1.5	4.0	$4\times0.127\,1$ $=0.508\,4$	3.3 2.0	2.7	0.014 4	0.522 8	2.091	0.568	10	11.5	50.1	
8	1.5	8.0	$4\times0.073\,8$ $=0.295\,2$	3.3 2.0	5.3	0.021 4	0.316 6	2.533	0.442	5	17.9	68.0	
7.7	1.5	7.7	$4\times0.076\,2$ $=0.304\,8$	3.3 2.0	5.1	0.022 6	0.327 4	2.521	0.012	5	0.48		$\dfrac{0.48}{68.0}$ $=0.007$

考虑到基底以下 4 m 处有较弱土层,试取 $z_n=8$ m,从 z_n 底面处向上取计算厚度 0.3 m(按表 2.2.17 查),该土层变形量(查计算表 2.2.18)为 0.48 mm,则

$$\frac{\Delta s'_n}{\sum\limits_{i=1}^{n} s'_i} = \frac{0.48}{68.0} = 0.007 < 0.025$$

符合地基沉降计算深度的规定,故取 $z_n = 8$ m。

(4)求 z_n 范围内土层压缩模量当量值 $\overline{E_s}$:

$$\overline{E_s} = \frac{\sum\limits_{i=1}^{n} A_i}{\sum\limits_{i=1}^{n} E_{si}A_i} = \frac{\sum\limits_{i=1}^{n} p_0(z_i\overline{\alpha_i} + z_{i-1}\overline{\alpha_{i-1}})}{\sum\limits_{i=1}^{n} \frac{p_0(z_i\overline{\alpha_i} + z_{i-1}\overline{\alpha_{i-1}})}{E_{si}}} = \frac{p_0(1.523 + 0.568 + 0.442)}{p_0\left(\frac{1.523}{8} + \frac{0.568}{10} + \frac{0.442}{5}\right)} = 7.56 \text{ MPa}$$

(5)求沉降计算修正系数:

$$\frac{p_0}{f_{ak}} = \frac{203}{280} = 0.725 < 0.75$$

查表 2.2.15 得 $\psi_s = 0.68$。

(6)求基础 I 的最终沉降量

$$s = \psi_s \cdot s' = 0.68 \times 68 = 46.24 \text{ mm}$$

2.5.3 应力历史对地基沉降的影响

土的应力历史是指土体在历史上曾经受到过的应力状态。如前所述,根据室内压缩试验可绘出反映土体压缩性质的 e—p 曲线及 e-$\lg p$ 曲线,根据 e—p 曲线及 e—$\lg p$ 曲线也能计算土层变形量。

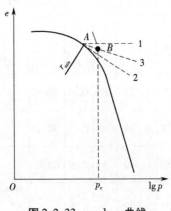

图 2.2.33　e—$\lg p$ 曲线

如图 2.2.33 所示,该曲线可用于表示原状黏土的压缩曲线,其初始坡度较平缓,当压力接近 p_c 时,曲线曲率明显变化,其后又近似为坡度较陡的斜直线,p_c 称为土的先(前)期固结压力,即土在生成历史中曾受的最大有效固结压力。

当对试样所施加的压力 $p < p_c$ 时,A 点以上曲线为再压曲线,故曲线平缓。

当 $p > p_c$ 时,A 点以下曲线为正常压缩曲线,故斜率变陡,土体压缩量变大。因此,土层在历史上所受到的最大固结压力对其固结程度和压缩性有明显影响。一般用先(前)期固结压力 p_c 与现时上覆土重 p_1 进行比较来描述土层的应力历史,并将土层分为三种情况(图 2.2.34)。

①土层在历史上所受到的先期固结压力等于现有上覆土重时,即 $p_c = p_1$,称为正常固结土。

②土层在历史上所受到的先期固结压力大于现有上覆土重时,即 $p_c > p_1$,称为超固结土。

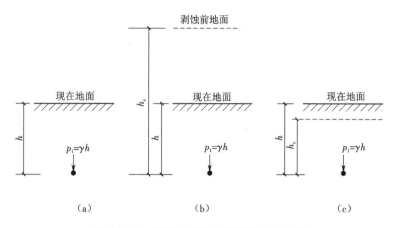

图2.2.34　沉积土层按先期固结压力分类

(a)A类土层,$p_c = p_1$　(b)B类土层,$p_c > p_1$　(c)C类土层,$p_c < p_1$

③土层在历史上所受到的先期固结压力小于现有上覆土重时,即$p_c < p_1$,称为欠固结土。

在工程实践中,最常见的是正常固结土,其土层的压缩由建筑物荷载产生的附加应力所致,超固结土相当于其在形成历史中已受过预压力,只有当附加应力与自重应力大于先期固结土时,土层才有明显压缩。因而超固结土压缩性小,对工程有利。欠固结土不仅要考虑附加应力产生的收缩,还要考虑自重应力产生的收缩,因而欠固结土压缩性对工程不利。

2.5.4　地基沉降与时间的关系

前面研究了地基的最终变形计算理论和方法,由于土体在压力作用下要经历一定的时间才能完成全部压缩变形而达到基本稳定,因此,本节主要讨论变形与时间的关系,并介绍其计算方法。

1. 土的渗透性与渗透变形

(1)达西渗透定律

土体属于多孔介质,土孔隙中的水在有水头差作用时,便会发生流动。如图2.2.35所示的水闸,上下游水位不同时,上游的水就在水头差作用下,通过地基土的孔隙而流向下游。又如在水位较高的建筑场地开挖基坑,地下水在水头差作用下,也会发生这种现象。在水头差的作用下,水透过土中孔隙流动的现象称为渗透或渗流。而土能被水透过的性能称为土的渗透性。它是决定地基沉降与时间关系的关键因素。

工程中常见的土(黏性土、粉土及砂土)孔隙较小,因而水在其中流动时,流速一般均很小,其渗流多属层流(流速很大的水流属紊流)。通过图2.2.36所示的试验装置研究砂土的渗透性,可以得到如下的关系式:

$$v = ki = k\frac{h}{L} \tag{2.2.48}$$

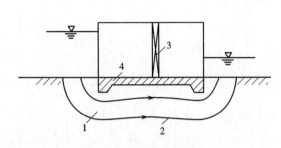

图 2.2.35　渗透示意图

1—透水地基;2—渗透水流线;3—闸门;4—闸底板

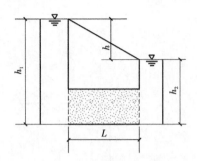

图 2.2.36　渗透试验示意图

或
$$v = \frac{Q}{At}$$
(2.2.49)

式中　v——渗透速度(cm/s);

$\quad\quad Q$——渗透水量(cm^3);

$\quad\quad i$——水力梯度或称水力坡降、水力坡度,$i = \dfrac{h}{L}$;

$\quad\quad h$——水头差(cm);

$\quad\quad L$——渗透路径长度(cm);

$\quad\quad A$——试样截面积(cm^2);

$\quad\quad t$——渗流时间(s);

$\quad\quad k$——渗透系数,即水力梯度为1时的渗透速度(cm/s)。

　　式(2.2.48)称为渗透定律,表明水在土中的渗透速度与水力梯度成正比。这一定律是达西(H. Darcy)首先提出的,故又称达西定律。

　　对于砂性较重及密实度较低的黏土,其渗透规律与达西定律相符(见图2.2.37)。密实黏土中孔隙全部或大部分充满薄膜水时,黏土渗透性就具有特殊的性能。由于受薄膜水的阻碍,其渗透规律可表达为:

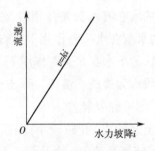

2.2.37　砂土的 v—i 关系曲线

$$v = k(i - i_0)$$

式中　i_0——黏性土的起始水力梯度,表明用于克服薄膜水的阻力所消耗的能量。

对于粗颗粒土(如砾石、卵石等)中的渗流,只有在水力梯度很小、流速不大时才属层流,遵从达西定律;否则属紊流,渗透流速与水力梯度之间不再是直线关系。还应指出:水在土中渗透,并不是通过土体的整个截面,仅是通过土粒间的孔隙,所以达西定律中的渗透速度只是假想的平均速度。因此,水在土中的实际平均流速要比达西定律求得的值大得多。它们之间的大致关系为:

$$v' = \frac{1+e}{e}v = \frac{v}{n} \tag{2.2.50}$$

式中　v——达西定律求得的平均渗透速度;

　　　v'——实际平均渗透速度;

　　　e、n——土的孔隙比、孔隙率。

式(2.2.50)的所谓平均流速仍不是土体孔隙中的真正平均流速,因为土的孔隙通道并非直道,而是弯弯曲曲不规则的曲道。由于土中孔隙的大小和形状极为复杂,尚难确定通过孔隙的真正流速,所以在工程中都采用达西定律计算的平均流速。

(2)渗透系数及其测定方法

1)渗透系数的定义

渗透系数又称水力传导系数。它是指各向同性介质中单位水力梯度下的单位流量,表示流体通过孔隙骨架的难易程度,用字母 k 表示,单位 mm/s。渗透系数愈大,岩石透水性愈强。强透水的粗砂砾石层渗透系数 >10 m/d;弱透水的亚砂土渗透系数为 1~0.01 m/d;不透水的黏土渗透系数 <0.001 m/d。

2)测定方法

Ⅰ.常水头渗透试验

常水头试验装置如图 2.2.38 所示,由于试验所需,土样两端设有两块透水石。试验设有两个排水管,且上部容器不断有水进行补给,两个容器中的水位永远保持不变,保证水头差为常值,所以该试验被称为常水头渗透试验。当渗流达到稳定状态后,用量筒收集一定时间内下排水管流出的水量,这里排出来的水都是通过土试样的水。由式(2.2.49)得

$$Q = Avt = A(ki)t \tag{2.2.51}$$

式中　Q——流量,表示单位时间内流过某一截面的流体体积(mm^3/s);

　　　A——土试样的横截面积(m^2);

　　　t——收集的时间(s)。

对应于图 2.2.38,其水力坡降为 $i = \frac{h}{L}$。将其代入式(2.2.51)后整理得

$$k = \frac{QL}{Aht} \tag{2.2.52}$$

常水头法适用于具有较高渗透系数的粗粒土,对于渗透系数较低的细粒土则适合用变水头法进行测定。

Ⅱ. 变水头渗透试验

变水头试验装置如图2.2.39所示。该装置类似于一个连通器,但是两边的液面要相平,必须得有水通过土样。初始时刻,该装置两边液面高差(水头差)为h_1,由连通器原理可得,一旦打开阀门,"连通器"两边的液面高差会降低,经过时间t_0后,两边液面高差(水头差)变为h_2,在这个过程中水头是在不断变化(变小)的,故称之为变水头渗透试验。

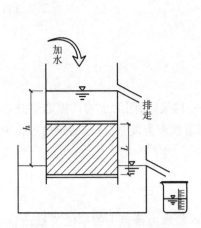

图2.2.38　常水头试验装置

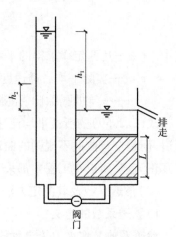

图2.2.39　变水头试验装置

假定从打开阀门时开始计时,则起始时刻(水头差为h_1)为$t_1 = 0$,水头差变为h_2时的时刻为$t_2 = t_0$。试验过程中某一时刻t对应的水头差为h,经过时间$\mathrm{d}t$后水头差下降$\mathrm{d}h$,则从时间t到$t + \mathrm{d}t$时间间隔内流经土样的水量$\mathrm{d}q$为

$$\mathrm{d}q = k\frac{h}{L}A\mathrm{d}t = -a\mathrm{d}h \tag{2.2.53}$$

式中　$\mathrm{d}q$——流量($\mathrm{cm^3/s}$);

　　　a——左边水柱的横截面积($\mathrm{m^2}$);

　　　A——土试样的横截面积($\mathrm{m^2}$)。

整理式(2.2.53)得

$$\mathrm{d}t = \frac{-aL\mathrm{d}h}{kAh} \tag{2.2.54}$$

将式(2.2.54)左边对时间$t_1 \to t_2$进行积分,右边对应对水头差$h_1 \to h_2$进行积分,得

$$\int_0^{t_0}\mathrm{d}t = \frac{-aL}{kA}\int_{h_1}^{h_2}\frac{1}{h}\mathrm{d}h \tag{2.2.55}$$

积分整理得

$$k = \frac{aL}{At_0}\ln\frac{h_1}{h_2} = 2.3\frac{aL}{At_0}\lg\frac{h_1}{h_2} \tag{2.2.56}$$

Ⅲ. 现场井点抽水试验确定渗透系数

实际工程中,土的平均渗透系数可通过井点抽水试验方法测得。如图2.2.40所示,不透

水层上分布了一定厚度的半无限土体。透水层里设有一口抽水的试验井(试验井贯穿整个透水层),其目的是通过抽水降低地下水位;另外在离试验井不远处设至少两个以上的观测井,观测井的直径较试验井小,是用来观测地下水位的。

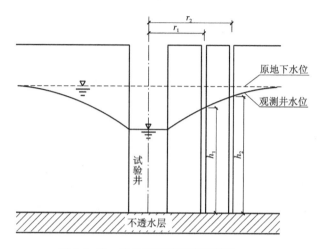

图 2.2.40　抽水试验确定渗透系数

试验井抽水前水位与观测井水位相同,抽水初期,各观测井的水位明显下将,随后逐渐形成与抽水量相对稳定的地下水位,此时抽水量和补水量相等的稳定渗流状态下得到的渗透系数为现场井点抽水法测得的土层平均渗透系数。

若单位时间内的抽水量(流量)为 q,由抽水井周围土体水的补给量与抽水量相等可得

$$q = k\left(\frac{\mathrm{d}h}{\mathrm{d}r}\right)2\pi rh \qquad (2.2.57)$$

对上式分离变量积分得现场渗透水层平均渗透系数为

$$k = \frac{2.3q\lg(r_1/r_2)}{\pi(h_1^2 - h_2^2)} \qquad (2.2.58)$$

实际工程中透水层或许由多层渗透系数不同的沉积土层组成,所以,成层土的渗透系数在计算时可根据渗透方向的不一样进行平均渗透系数的计算。

(3)土的渗透变形

水在土的孔隙中流动时,将会产生水头损失。而这种水头损失是因为水在土的孔隙中流动时,作用在土粒上的拖曳力而引起的,由渗透水流作用于单位土体内土粒上的拖曳力称为渗流力。

下面通过试验观察水在土体孔隙中流动时的一些现象。图 2.2.41 中圆筒容器 1 中装有均匀的砂土,厚度为 L,容器底部由管子与供水容器 2 相通,当两个容器的水面保持齐平时,无渗流发生;若容器 2 逐渐提升,由于水头差 h 逐渐增大,容器 2 内的水便从底部透过砂层从容器 1 的顶部边缘不断溢出,当水头差 h 达到某一高度时,便会发现砂土表面出现类似沸腾的现象,这种现象称为流土。

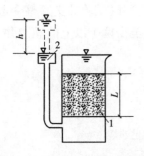

图 2.2.41　流土实验示意图

上述现象说明水在土的孔隙中流动时,确有沿水流方向的渗流力存在,并使土体失稳。

大量的研究和实践均表明,渗透失稳可分为流土与管涌两种基本类型。

1)流土及临界梯度

流土通常指在渗流作用下,黏性土或无黏性土体中某一范围内的颗粒或颗粒群同时发生移动的现象,如图 2.2.42(a)所示。流土发生在水流出溢口处,不发生在土体内部。在开挖基坑时常遇到的所谓流砂现象均属流土的类型。

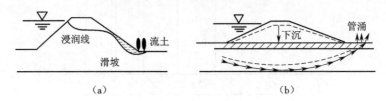

图 2.2.42　渗透变形示意图

(a)流土　(b)管涌

流土的临界梯度 i_{cr} 为濒临发生流土的水力梯度。根据力的平衡关系通过计算得

$$j = i_{cr}\gamma_w = \gamma'$$

$$i_{cr} = \frac{\gamma'}{\gamma_w} = \frac{\gamma_{sat} - \gamma_w}{\gamma_w} = \frac{d_s - 1}{1 + e} \tag{2.2.59}$$

式中　j——渗流作用于单位土体的力;

　　　d_s——土粒相对密度;

　　　e——土的孔隙比;

　　　γ_{sat}——土的饱和重度;

　　　γ_w——水的重度。

防止发生流土的允许水力梯度为 $[i] = \dfrac{i_{cr}}{F_s}$,$F_s$ 为安全系数,一般取 2.0 ~ 2.5。

2)管涌及临界梯度

管涌是指在渗流力作用下,无黏性土中的细小颗粒通过粗大颗粒的孔隙,发生移动或被水流带出的现象,在水流出溢口或土体内部均有可能发生,如图 2.2.42(b)所示。由于黏性土土粒间具有黏聚力,颗粒联结较紧,不易发生管涌。

产生管涌的条件比较复杂,我国科学家在总结前人经验的基础上,经过研究,得出了发生管涌的临界梯度 i_{cr} 的简化经验公式:

$$i_{cr} = \frac{d}{\sqrt{\dfrac{k}{n^3}}} \tag{2.2.60}$$

式中　　d——被冲动的细粒粒径,一般小于 $d_5 \sim d_3$(cm);

　　　　k——土的渗透系数(cm/s);

　　　　n——土的孔隙率。

防止发生管涌的允许水力梯度为 $[i] = \dfrac{i_{cr}}{F_s}$,$F_s$ 为安全系数,一般取 $1.5 \sim 2.0$。

2. 有效应力原理

土的压缩性原理揭示饱和土的压缩主要是由于土在荷载作用下孔隙水被挤出,使孔隙体积减小所致。饱和土是由土颗粒和孔隙水组成的两相体,当荷载作用于饱和土体时,这些荷载是由土颗粒和孔隙水共同承担的。通过土粒接触点传递的粒间应力称为有效应力,通过孔隙水传递的应力称为孔隙水应力,则

$$\sigma = \sigma' + u \tag{2.2.61}$$

或

$$\sigma' = \sigma - u \tag{2.2.62}$$

即饱和土中任意点的总应力 σ 总是等于有效应力 σ' 与孔隙水压力 u 之和,这就是著名的有效应力原理,是由太沙基(K. Terzaghi)1925 年首先提出的。其主要用于说明与自由水的渗透速度有关的饱和土固结过程,可用太沙基渗压模型来说明。

太沙基为研究土的固结问题提出了一维渗压模型来模拟现场土层中一点的固结过程,如图 2.2.43 所示。它由圆筒、开孔的活塞板、弹簧及筒中充满的水组成。活塞板上的小孔模拟土的孔隙,弹簧模拟土的颗粒骨架,筒中水模拟孔隙中的水。把土颗粒承担的应力称为有效应力,用 σ' 表示;由外荷在孔隙水中引起的压力称为超静水压力,用 u 表示。

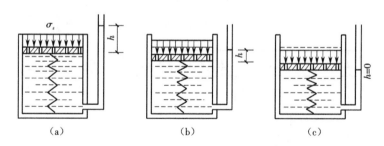

图 2.2.43　太沙基饱和土的一维(单向)渗压模型

当活塞板上没有外荷载作用时,测压管中的水位与圆筒中的静水位齐平,没有超静水压力,筒中水不会通过活塞板上小孔流出,说明土中未出现渗流。而当活塞板上作用一压力 σ (图 2.2.43(a))时,在荷载作用的瞬时,筒中水来不及排出,弹簧无变形,说明弹簧没受力,那么外荷产生的压力只能由孔隙水承担,超静水压力 $u = \sigma$,测压管中的水位升高,升高水头为

$$h = \frac{u}{\gamma_w} \tag{2.2.63}$$

在超静水压力作用下,筒中水通过活塞板上的小孔向外挤出,筒内水的体积减小,活塞随

之下沉,继而弹簧发生变形,承担了部分外荷,超静水压力减小,孔隙水不再承担全部应力(图2.2.43(b))。此时,应力由弹簧(颗粒骨架)和孔隙水共同承担,$\sigma = \sigma' + u$。

随着时间的增长,筒中的水不断挤出,筒内水体积逐渐减小,弹簧变形增大,承担更多的外荷,而孔隙水承担的超静水压力越来越小。当筒内水承担的超静水压力消散为零时,活塞停止下沉,弹簧(颗粒骨架)承担全部应力(图2.2.43(c)),即 $\sigma = \sigma'$,而超静水压力 $u = 0$,渗流过程终止。这一过程即为固结过程。

由上述分析可知,土层的排水固结过程是土中孔隙水压力消散、有效应力增长的过程,即两种应力的相互转换过程。这个过程可表述如下。

荷载施加瞬间:$t = 0$,$u = \sigma$,$\sigma' = 0$,$\sigma = \sigma' + u = u$。

渗流过程中:$0 < t < \infty$,$u \neq 0$,$\sigma' \neq 0$,$\sigma = \sigma' + u$。

渗流终止时:$t = \infty$,$u = 0$,$\sigma' = \sigma$,$\sigma = \sigma' + u = \sigma'$。

上述渗压模型说明了土中一点的应力随时间的变化过程,即在渗透固结过程中,随着孔隙水压力逐渐消失,有效应力逐渐增大,土的体积逐渐减小,强度不断提高。

3. 饱和土的单向渗透固结理论

通过上述分析已了解到地基的变形是随时间 t 而增长的,要确定饱和黏性土层在渗透固结过程中任意时间的变形,通常采用太沙基提出的一维(单向)渗透固结理论进行计算。该理论对无限大均布荷载作用、孔隙水主要沿铅直向渗流是适用的。

图2.2.44所示的土层情况属单向渗透固结,图中表示厚度为 H 的饱和黏土层的顶面是透水的,而底面是不透水的不可压缩层。该饱和黏土层在自重作用下已压缩稳定,属正常固结土,在透水面上一次施加的连续均布荷载 p_0 引起土层固结。

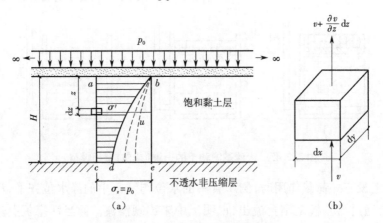

图 2.2.44 饱和黏性土的固结过程

单向渗透固结理论的假定条件为:

①土是均质、各向同性和完全饱和的;

②土粒和孔隙水都是不可压缩的,土的压缩速率取决于孔隙中水的排出速度;

③土中铅直向附加应力沿水平面是无限均布的,土的压缩和渗流都是一维的;

④渗流为层流,服从达西定律;

⑤固结过程中,渗透系数 k 与压缩系数 a 为常数;

⑥荷载为一次瞬时施加。

由图2.2.44中 σ、u 的分布曲线及前面的分析可知,土中有效应力和超静水压力是深度 z 和时间 t 的函数,即

$$\sigma' = f(z,t) \tag{2.2.64}$$

$$u = F(z,t) \tag{2.2.65}$$

当 $t=0$ 时(加荷瞬时),图2.2.44中 bd 与 ac 线重合,$\sigma' = f(z,t) = 0$ 及 $u = F(z,t) = \sigma_z$,即全部附加应力都由孔隙水承担;当 $t=\infty$ 时,bd 线与 be 线重合,$\sigma' = f(z,t) = \sigma_z$ 及 $u = F(z,t) = 0$,即全部附加应力都由土骨架承担。

在饱和土层顶面下 z 深度处取一微分体,如图2.2.44(b)所示,微分体的体积 $V = \mathrm{d}x\mathrm{d}y\mathrm{d}z$,微分体孔隙体积 $V_v = \dfrac{e}{1+e}\mathrm{d}x\mathrm{d}y\mathrm{d}z$,微分体土颗粒体积 $V_s = \dfrac{1}{1+e}\mathrm{d}x\mathrm{d}y\mathrm{d}z$,$V_s$ 在固结过程中保持不变。

根据渗流连续条件、达西定律及有效应力原理,可建立起固结微分方程为

$$c_v \frac{\partial^2 u}{\partial z^2} = \frac{\partial u}{\partial t} \tag{2.2.66}$$

式中 c_v——土的铅直向固结系数,$c_v = \dfrac{k(1+e)}{\alpha\gamma_w}$($\mathrm{m^2/a}$)。

式(2.2.66)为饱和黏性土单向渗透固结微分方程。

根据图2.2.44所示的开始固结时的附加应力分布情况,即初始条件,和土层顶面、底面的排水条件,即边界条件,有

当 $t=0$ 和 $0 \leqslant z \leqslant H$ 时,$u = p_0$;

当 $0 < t < \infty$ 和 $z=0$ 时,$u=0$;

当 $0 < t < \infty$ 和 $z=H$ 时,$\dfrac{\partial u}{\partial z} = 0$,在不透水层顶面,超静水压力的变化率为零;

当 $t=\infty$ 和 $0 \leqslant z \leqslant H$ 时,$u=0$。

根据边界条件、初始条件的不同,可求得它的特解。利用分离变量法求得式(2.2.66)的特解如下:

$$u_{z,t} = \frac{4}{\pi}p_0 \sum_{m=1}^{\infty} \frac{1}{m}\sin\frac{m\pi z}{2H}\exp\left(-\frac{m^2\pi^2}{4}T_v\right) \tag{2.2.67}$$

式中 $u_{z,t}$——某一时刻深度 z 处的超静水压力(kPa);

m——正整数奇数(1,3,5,…);

T_v——时间因数,$T_v = \dfrac{c_v t}{H^2}$,无量纲;

H——土层最远排水距离(m),单面排水时,取土层厚度,双面排水时,土层中心点排水

距离最远,故取土层厚度的一半,即 $H/2$。

有了孔隙水压力随时间 t、深度 z 变化的函数解,据此可以求得基础在任一时间的沉降量。此时,通常用到地基的固结度这一指标。地基的固结度是指地基固结的程度。它是地基在一定压力下,经某段时间产生的变形量 s_t 与地基最终变形量 s 的比值。其表达式为

$$U = \frac{s_t}{s} \quad 或 \quad s_t = Us \tag{2.2.68}$$

式中 s_t——基础在某一时刻 t 的沉降量;

   s——基础最终沉降量。

地基最终变形量 s 的计算已在前文中论述。经过时间 t 产生的变形量 s_t 取决于地基中的有效应力,在压缩应力、土层性质和排水条件等已定情况下,固结度 U_t 仅为时间因数 T_v 的函数,即

$$U_t = f(T_v) \tag{2.2.69}$$

由时间因数 T_v 和 C_v 的定义可知,只要土的物理力学性质指标 k、a、e 和土层厚度 H 为已知,U_t 与 t 的关系就可求得。

地基固结度基本表达式中的 U_t 值视地基产生固结情况不同而有所区别。因而式 (2.2.69) 所示关系也随之而变。所谓"情况",是指地基所受压缩应力分布和排水条件两个方面。对于单向固结问题,大致可分为五种情况,如图 2.2.45(a) 所示。其中 α 为描述附加应力分布的系数,即

$$\alpha = \frac{\sigma_{z0}}{\sigma_{z1}} = \frac{透水面的压缩应力(附加应力)}{不透水面的压缩应力(附加应力)}$$

为了便于应用,现将饱和黏性土中附加应力为不同分布情况下的固结度 U_t 与时间因数 T_v 的关系曲线绘于图 2.2.45(b) 中,以备查用。

从图中可看出,在不同情况下的 α 值如下:

情况 1:$\alpha = 1$,地基中压缩应力沿深度没有变化,而且只有一面排水。

情况 2:$\alpha = 0$,相当于大面积新填土,自重应力引起的固结。

情况 3:$\alpha = \infty$,相当于土层很厚,基底面积很小的情况。

情况 4:$0 < \alpha < 1$,相当于自重应力作用下,土层尚未固结完毕,又在地面上施加荷载(如建房、筑路等)。

情况 5:$1 < \alpha < \infty$,与情况 2 相近,只是在不透水层面的附加应力大于零。

以上均为单面排水情况。如固结土层上下面均有排水砂层,即属双面排水,其固结度均按情况 1 计算。但应注意:时间因数 $T_v = \dfrac{c_v t}{H^2}$ 中的 H 应以 $H/2$ 代替。

应用时,解决地基沉降与时间关系的计算题步骤一般如下。

①求某一时刻的沉降量 s_t:根据土层的 k、a、e 求 c_v;根据时间 t 和土层厚度 H 及 c_v,求 T_v;通过 α 及 T_v 查图得 U_t,由 $U = \dfrac{s_t}{s}$ 求 s_t。

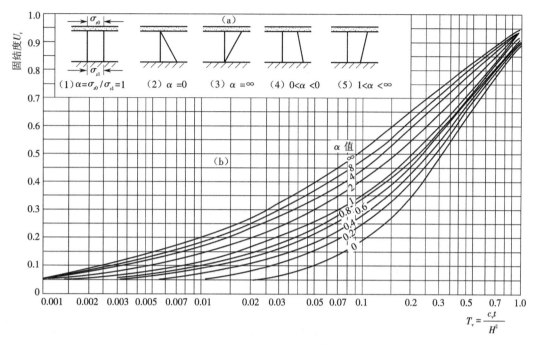

图 2.2.45　U_t—T_v 关系曲线

②计算达到某一沉降量 s_t 所需的时间 t:根据 s_t 计算 U_t,通过 α 及 U_t,查图得相应的 T_v; 根据已知条件求 c_v,再由 $t = T_v H^2 / c_v$,求 t。

例 2.2.7　某饱和黏土层厚度为 10 m,在连续均布荷载 $p_0 = 120$ kPa 作用下固结。土层的 初始孔隙比 $e_0 = 1.0$,压缩系数 $a = 0.3$ MPa^{-1},压缩模量 $E_s = 6.0$ MPa,渗透系数 $k = 0.018$ m/ a,土层单面排水,试分别计算:(1)加荷一年时的沉降量;(2)沉降量为 156 mm 所需要的时间。

解:根据题意,可采用上述总结的步骤来解该题。

(1)求 $t = 1$ 年的沉降量。

附加应力沿深度均匀分布:

$$\sigma_z = p_0 = 120 \text{ kPa}$$

黏土层的最终沉降量为:

$$s = \frac{\sigma_z}{E_s} H = \frac{120}{6\ 000} \times 10 = 0.2 \text{ m} = 200 \text{ mm}$$

铅直向固结系数

$$c_v = \frac{k(1+e)}{\alpha \gamma_w} = \frac{0.018(1+1.0)}{0.3 \times 10} \times 1\ 000 = 12 \text{ m}^2/\text{a}$$

时间因数

$$T_v = \frac{c_v t}{H^2} = \frac{12 \times 1}{10^2} = 0.12$$

查图 2.2.45，$\alpha = \dfrac{\sigma_{z0}}{\sigma_{z1}} = 1$（情况 1），相应的固结度 $U_t = 0.39$。

固结时间 1 年的沉降量

$$s_t = U_t s = 0.39 \times 200 \ \text{mm} = 78 \ \text{mm}$$

（2）求沉降量为 156 mm 所需时间：

$$U_t = \frac{s_t}{s} = \frac{156}{200} = 0.78$$

查图 2.2.45，$\alpha = 1$，相应的时间因数 $T_v = 0.53$，由 $T_v = \dfrac{c_v t}{H^2}$ 得

$$t = \frac{T_v H^2}{c_v} = \frac{0.53 \times 10^2}{12} = 4.42 \ \text{a}$$

2.6　建筑物的沉降观测及地基变形允许值

建筑物的荷载作用在地基上将产生附加应力，致使土体产生变形，引起基础沉降。如沉降较小，不会影响建筑物的正常使用，也不会引起建筑物的开裂或破坏，这是容许的。相反，则会引起建筑物的开裂、倾斜甚至破坏，或影响建筑物的正常使用，这是地基设计必须予以充分考虑的问题。

但是，在地基设计中所用到的地基变形量往往是通过理论计算得到的数值，尽管在使用时进行了经验修正，但仍与实际的地基变形情况有所差异。因此，对某些建筑物必须进行系统的沉降观测，并规定相应的地基变形容许值，以确保建筑物的正常使用。

2.6.1　建筑物的沉降观测

建筑物的沉降观测能反映地基变形的实际情况及地基变形对建筑物的影响程度。因此，系统的沉降观测资料是验证地基基础设计是否正确，分析地基事故以及判别施工质量的重要依据；也是确定建筑物地基的容许变形值的重要资料。此外，通过对沉降计算值与实际观测值的对比，还可以了解现行沉降计算方法的准确性，以便改选或发展更符合实际的沉降计算方法。

对高层建筑物，重要的新型或有代表性的建筑物，形式特殊或构造上、使用上对不均匀沉降有严格限制的建筑物，大型高炉、平炉，大型筒式钢制油罐以及软弱地基或基础下有古河道、池塘、暗沟的建筑物，需进行系统的沉降观测。沉降观测主要注意以下几点。

1. 水准基点的设置

通常水准基点的设置以保证其稳定可靠为原则，并不少于两个，宜设置在坚实的土层上，离观测的建筑物 30~80 m 的范围之内妥加保护，使水准基点不受外界影响与损害。在一个观测区内，水准基点不应少于三个。

2.观测点的布置

观测点的布置应能全面反映建筑物基础的沉降,并根据建筑物的规模、形式和结构特征及建筑场地的工程地质和水文地质条件等确定,要求便于施测和不易遭到损坏。观测点宜设在下列各处。

①建筑物的四周角点、中点和转角处,沿建筑物周边每隔10～20 m可设一点。

②沉降缝的两侧,新建与原有建筑物连接处的两侧和伸缩缝的任一侧。

③宽度大于15 m的建筑物内部承重墙(柱)上,同时宜设在纵横轴线上。

④重型设备基础和动力基础的四角。

⑤有相邻荷载影响处。

⑥受振源振动影响的区域。

⑦基础下有暗沟等处。

⑧框架结构的每个或部分柱基上。

⑨沿阀片或箱形基础的周边和纵横轴线上。

⑩筒式钢制油罐基础沿周边每隔10 m设一点,并均匀对称布置。

3.观测时间的控制

为取得较完整的资料,要求在灌筑基础时开始施测,施工期的观测可根据施工进度确定,如民用建筑每加高一层应观测一次;工业建筑物在不同荷载阶段分别进行观测。竣工后,前三个月每月测一次,以后根据沉降速率每2～6个月测一次,至沉降稳定为止。沉降稳定标准可采用半年沉降量不超过2 mm。遇地下水位升降、打桩、地震、洪水淹没现场等情况,应及时观测。当建筑物突然出现严重裂缝或大量沉降时,应连续观测建筑物的沉降量。

4.观测资料的整理

观测资料的整理要及时,测量后立即算出各测点的标高、沉降量和累计沉降量,绘出荷载—时间—沉降关系的实测曲线和修正曲线,经成果分析,写出观测报告。

2.6.2　地基变形允许值

为了保证建筑物的正常使用,必须使地基变形值不大于地基变形容许值。在地基基础设计中,一般针对各类建筑物的结构特点、整体刚度及使用要求的不同,计算地基变形的某一特征,验算其是否超过相应的容许值。

1.地基变形特征

地基变形特征可分为沉降量、沉降差、倾斜、局部倾斜。

①沉降量指基础中心点的沉降量,单位 mm。沉降量若过大,可能影响建筑物的正常使用。例如会导致室内外的上下水管、照明与通信电缆以及煤气管道的折断,污水倒灌,雨水积聚等。

②沉降差指相邻单独基础沉降量的差值,单位 mm。如果建筑物中相邻两个基础的沉降差过大,会使相应的上部结构产生额外应力,超过限度时,建筑物将发生裂缝、倾斜甚至破坏。

③倾斜指单独基础倾斜方向两端点的沉降差与其距离的比值,如图 2.2.46 所示,倾斜值 $\tan \theta = (s_2 - s_1)/b$;若建筑物倾斜过大,将影响正常使用,遇台风或强烈地震时将危及建筑物整体稳定,甚至倾覆。

④局部倾斜指砌体承重结构沿纵墙 6~10 m 之内基础两点的沉降差与其距离的比值,如图 2.2.47 所示,砌体基础的局部倾斜 $\delta = (s_2 - s_1)/l$。如建筑物的局部倾斜过大,往往使砖石砌体承受弯矩而拉裂。

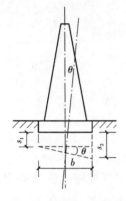

图 2.2.46　高耸构筑物
基础的倾斜

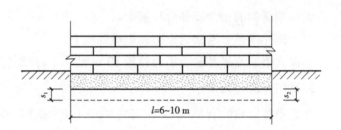

图 2.2.47　砌体承重结构基础的局部倾斜

2. 地基变形容许值

地基变形容许值的确定涉及的因素很多,除了要考虑各类建筑物对地基不均匀沉降反应的敏感性及结构强度贮备等有关情况外,还与建筑物的具体使用要求有关。根据《建筑地基基础设计规范》(GB 50007—2011),按建筑物的类型、变形特征将地基变形容许值规定如表 2.2.19 所示。

表 2.2.19　建筑物地基变形允许值

变形特征		地基土类别	
		中、低压缩性土	高压缩性土
砌体承重结构的局部倾斜		0.002	0.003
工业与民用建筑相邻柱基的沉降差	①框架结构	$0.002l$	$0.003l$
	②砌体墙填充的边排柱	$0.000\,7l$	$0.001l$
	③当基础不均匀沉降时不产生附加应力的结构	$0.005l$	$0.005l$
单层排架结构(柱距为 6 m)柱基的沉降量(mm)		(120)	200

续表

变形特征		地基土类别	
		中、低压缩性土	高压缩性土
桥式吊车轨面的倾斜（按不调整轨道考虑）	纵向	0.004	
	横向	0.003	
多层和高层建筑的整体倾斜	$H_g \leq 24$	0.004	
	$24 < H_g \leq 60$	0.003	
	$60 < H_g \leq 100$	0.002 5	
	$H_g > 100$	0.002	
体型简单的高层建筑基础的平均沉降量(mm)		200	
高耸结构基础的倾斜	$H_g \leq 20$	0.008	
	$20 < H_g \leq 50$	0.006	
	$50 < H_g \leq 100$	0.005	
	$100 < H_g \leq 150$	0.004	
	$150 < H_g \leq 200$	0.003	
	$200 < H_g \leq 250$	0.002	
高耸结构基础的沉降量(mm)	$H_g \leq 100$	400	
	$100 < H_g \leq 200$	300	
	$200 < H_g \leq 250$	200	

注:①本表数值为建筑物地基实际最终变形允许值;

②有括号者仅适用于中压缩性土;

③l 为相邻基础中心距离,mm;H_g 为自室外地面起算的建筑物高度,m;

④倾斜指基础倾斜方向两端点的沉降差与其距离的比值;

⑤局部倾斜指砌体承重结构沿纵向 6～10 m 内基础两点的沉降差与其距离的比值。

实践证明,由于地基不均匀、荷载差异很大或体型复杂等因素引起的地基变形,对砌体承重结构基础应由局部倾斜控制,对框架结构和单层排架基础应由相邻两柱基的沉降差控制,对多层或高层建筑结构基础和高耸结构基础应由倾斜值控制。

综合练习题

1. 某建筑场地地表及各层土水平地质剖面图如图 2.2.48 所示,试绘制自重应力沿深度的分布曲线。

2. 如图 2.2.49 所示,在地基表面作用有集中荷载,试计算地基中 1、2、3、4、5 点的附加应力。

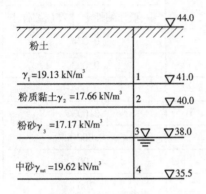

图 2.2.48　1 题图

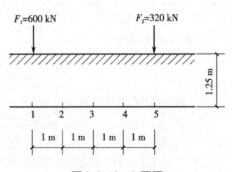

图 2.2.49　2 题图

3. 某柱下独立基础,埋置深度为 3 m,基底尺寸为 2.5 m × 4 m,作用于基础上的荷载为 $F = 1\,300$ kN,埋深范围内土的重度为 18.0 kN/m³,试求基础在自身所受荷载作用下地基中心点的附加应力。

4. 已知某土样的比重为 2.8,体积为 100 cm³,湿土重 190 g,含水量为 20%,取该土样进行压缩试验,环刀高 $h_0 = 2$ cm,当压力 $p_1 = 100$ kPa 时,测得稳定压缩量为 0.75 mm,$p_2 = 200$ kPa 时,稳定压缩量为 0.95 mm,试求土的压缩系数 a_{1-2} 并评价该土的压缩性。

5. 地基中自重应力与附加应力分布图如图 2.2.50 所示,地基土的压缩试验结果见表 2.2.20,试用分层总和法计算基础的最终沉降量。

表 2.2.20　压缩试验结果

荷载(kPa)	32	48	64	80	100	109	128	142
孔隙比	1.08	1.02	0.98	0.96	0.94	0.92	0.91	0.90

6. 如图 2.2.51 和表 2.2.21 所示,某柱基础底面尺寸为 2.0 m × 3.0 m,基础埋深见图 2.2.51,上部荷载 $F = 1\,000$ kN,地基为黏土,重度为 18.8 kN/m³,压缩模量为 7.0 MPa,地基承载力标准值为 130 kPa,试分别用单向压缩分层总和法与规范法计算基础最终沉降量。

表 2.2.21　6 题数据

压力(kPa)	0	50	100	150	200
孔隙比	1.211	1.085	0.920	0.765	0.697

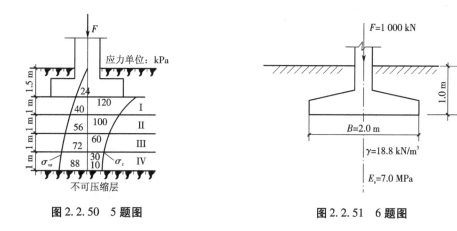

图 2.2.50 5 题图   图 2.2.51 6 题图

任务3 土方的排水及降水施工

在土方开挖前,应做好地面排水和降低地下水位工作。为保证施工的正常进行,防止边坡塌方和地基承载力下降,在组织土方工程施工时,必须认真做好施工排水工作。施工排水可分为排除地表水和降低地下水两类。

3.1 排除地表水

为了保证土方施工顺利进行,对施工现场的排水系统应有一个总体规划,做到场地排水通畅。尤其在雨期中施工,能尽快地将地面水排走,以保持场地土体干燥是十分重要的。

对地表水的处理原则:上游截水,下游疏水,场外挡水,场内排水。

地表水的排除通常可采用设置泄水坡、排水沟、截水沟或修筑土堤等方法来进行。

在现场周围地段应修设临时或永久性排水沟、防洪沟或挡水堤,山坡地段应在坡顶或坡脚设环形防洪沟或截水沟,以拦截附近的雨水、潜水排入施工区域内。

现场内外原有自然排水系统尽可能保留或适当加以整修、疏水,改造或根据需要增设少量排水沟,以利排泄现场积水、雨水和地表滞水。应尽量利用自然地形设置排水沟,以便将水直接排至场外。

大面积的地表水,可采取在施工范围区段内挖排水沟。主排水沟最好设置在施工区域或道路的两旁,保持场地排水和道路畅通,其横断面和纵向坡度根据最大流量确定。工程范围内再设纵横排水支沟,将水流疏干,再在低洼地段设集水、排水设施,将水排走。一般排水沟的横断面不小于 0.5 m × 0.5 m,纵向坡度根据地形确定一般不小于 3‰。在山坡地区施工,应在较

191

高一面的坡上先做好永久性截水沟或设置临时截水沟阻止山坡水流入施工现场。在低洼地区施工时除开挖排水沟外必要时还需修筑土堤以防止场外水流入施工场地。出水口应设置在远离建筑物或构筑物的低洼地点并保证排水通畅。

3.2 降低地下水位

在基坑开挖过程中,当基底低于地下水位时,由于土的含水层被切断,地下水会不断地渗入坑内。雨期施工时,地表水也会不断流入坑内。如果不采取降水措施,把流入基坑内的水及时排走或把地下水位降低,不仅会使施工条件恶化,而且地基土被水泡软后,容易造成边坡塌方并使地基的承载力下降。另外,当基坑下遇有承压含水层时,若不降水减压,则基底可能被冲溃破坏。因此,为了保证工程质量和施工安全,在基坑开挖前或开挖过程中,必须采取措施,控制地下水位,使地基土在开挖及基础施工时保持干燥。基坑降水的方法有集水井降水和井点降水法,其中设明(暗)沟、集水井排水为施工中应用最广泛、简单、经济的方法。各种井点降水主要应用于大面积深基坑降水。

1. 集水井降水(明沟排水)

在地下水位较高的地段或有地面滞水的地段开挖基坑(槽),常会遇到地下水问题。由于地下水的存在,非但土方开挖困难,费工费时,边坡易于塌方,而且会导致地基被水浸泡,扰动地基土,造成工程竣工后建筑物的不均匀沉降,使建筑物开裂或破坏。因此,基坑(槽)开挖施工中,应根据工程地质和地下水文情况,采取有效的降低地下水位措施,使基坑开挖和施工达到无水状态,以保证工程质量和工程的顺利进行。

(1)集水井的设置要求

在开挖基坑的一侧、两侧或四侧,或在基坑中部设置排水明(边)沟,在四角或每隔 20~40 m 设一集水井,使地下水流汇集于集水井内,再用水泵将地下水排出基坑外,见图 2.3.1。排水深度应始终保持比挖土面低 0.4~0.5 m;集水井应比排水沟低 0.5~1.0 m,或深于抽水泵进水阀的高度以上,并随基坑的挖深而加深,保持水流畅通,使地下水位低于开挖基坑底 0.5 m。一侧排水沟设在地下水的上游。一般小面积基坑排水沟深 0.3~0.6 m,底宽应不小于 0.2 m,水沟的边坡为 1:(1~1.5),沟底设有 0.2%~0.5% 的纵坡,使水流不致阻塞。集水井井壁用木方、木板支撑加固。至基底以下井底应填以 20 cm 厚碎石或卵石,水泵抽水龙头应包以滤网,防止泥砂进入水泵。抽水应连续进行,直至基础施工完毕,回填土后才停止。

集水井施工方便,设备简单,降水费用低,管理维护较易,应用最多,适用于土质情况较好、地下水不很旺的一般基础及中等面积基础群和建(构)筑物基坑(槽、沟)的排水。

四周的排水沟及集水井一般应设置在基础范围以外,地下水流的上游。根据地下水量、基坑平面形状及水泵能力,集水井每隔 20~40 m 设置一个;基坑四个角应各设一个。

集水井直径或宽度一般为 0.6~0.8 m,深度低于挖土面 0.5~1.0 m。集水井井壁用竹、木等加固,并在井底铺设碎石滤水层,以免在抽水时将泥砂抽出。

排水沟宽为 0.4 ~ 0.6 m,深为 0.4 ~ 0.6 m,并有一定的坡度(2‰左右)。

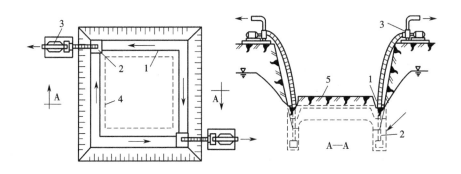

图 2.3.1　集水坑降水

1—排水沟;2—集水坑;3—水泵;4—基础外缘线;5—地下水位线

(2)水泵分类及选用

基坑排水用的水泵主要有离心泵、潜水泵和软轴水泵等。集水坑排水所用的水泵应根据基坑(槽)内水的流量、基坑(槽)的开挖深度及水泵性能来选用。

1)离心水泵

离心水泵由泵壳、泵轴及叶轮等主要部件组成。其管路系统包括底阀及滤网、吸水管和出水管等,如图 2.3.2 所示。离心水泵的抽水原理是利用叶片轮高速旋转时所产生的离心力,将轮中心的水甩出而形成负压,使水在大气压力的作用下自动进入水泵,并将水压出。施工中常用水泵性能指标见表 2.3.1。

表 2.3.1　常用离心泵技术性能

型　　号	流量(m³·h⁻¹)	总扬程(m)	吸水扬程(m)	电动机功率(kW)
$1\frac{1}{2}$B17	6 ~ 14	20.3 ~ 14	6.6 ~ 6.0	1.7
2B19	11 ~ 15	21 ~ 16	8.0 ~ 6.0	2.8
2B31	10 ~ 30	34.5 ~ 24.0	8.7 ~ 5.7	4.5
3B19	32.4 ~ 52.2	21.5 ~ 15.6	6.5 ~ 5.0	4.5
3B33	30 ~ 55	35.5 ~ 28.8	7.3 ~ 3.0	7.0
4B20	65 ~ 110	22.6 ~ 17.1	5	10.0

注:1.2B19—进水口径为 2 英寸(50.8 mm),总扬程为 19 m 的单级离心泵。

2.B—是 BA 型的改进型。

选择离心水泵的要点如下。

①正确确定水泵安装高度。由于水经过管有阻力而引起水头(扬程)损失,通常实际吸水扬程可按表2.3.1中吸水扬程减去0.8 m(无底阀)~1.2 m(有底阀)来进行估算。

②水泵流量应大于基坑内的涌水量。一般选用口径为2~4英寸(5.08~10.16 cm)的排水管,能满足水泵流量的要求。

③吸水扬程应与降水深度保持一致。若不能保持一致时,可另选水泵,亦可将水泵安装位置降低至基坑(槽)土壁台阶或坑底上。

2)潜水泵

潜水泵由立式水泵和电动机组成,其构造如图2.3.3所示,水泵装在电动机上端,电动机设有密封装置,工作时完全浸在水中。常用潜水泵流量有15 m³/h、25 m³/h、65 m³/h、100 m³/h,其扬程分别为25 m、15 m、7 m、3.5 m。它具有体积小、质量轻、移动方便、开泵时不需引水等特点,适用于一般基坑(槽)和独立的柱基坑的排水。

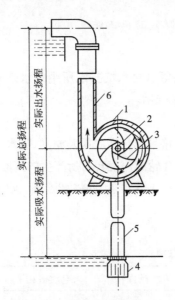

图2.3.2　离心水泵工作示意图

1—泵壳;2—泵轴;3—叶轮;4—底阀及滤网;
5—吸水管;6—出水管

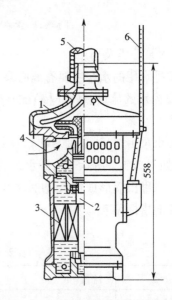

图2.3.3　潜水泵构造及工作示意图

1—叶轮;2—轴;3—电动机;4—进水口;
5—出水胶管;6—电缆

3)软轴水泵

软轴水泵由软轴、离心泵和出水管组成。其工作状态如图2.3.4所示,电动机放在地面,泵体浸在集水坑中,电动机通过软轴带动水泵工作。其出水管径40 mm,流量10 m³/h,扬程为6~8 m。软轴水泵具有结构简单、体积小、质量轻、移动方便等优点。但应注意:软轴水泵工作1~2 h须暂停一会,以免发热损坏软轴。软轴水泵适用于单独基坑降水。

2.分层明沟排水

当基坑开挖土层由多种土组成,中部夹有透水性强的砂类土时,为避免上层地下水冲刷基

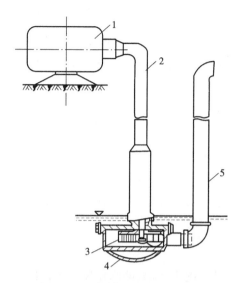

图 2.3.4　软轴水泵工作示意图

1—电动机;2—软轴;3—叶轮;4—泵壳;5—出水管

坑下部边坡,造成塌方,可在基坑边坡上设置 2~3 层明沟及相应的集水井,分层阻截并排除上部土层中的地下水,见图 2.3.5。排水沟与集水井的设置,应注意防止上层排水沟的地下水溢流向下层排水沟,冲坏、掏空下部边坡,造成塌方。本法可保持基坑边坡稳定,减少边坡高度和扬程,适于深度较大、地下水位较高且上部有透水性强的土层的建筑基坑排水。

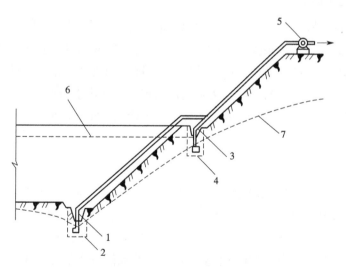

图 2.3.5　分层明沟排水法

1—底层排水沟;2—底层集水井;3—二层排水沟;4—二层集水井;5—水泵;

6—水位线;7—水位降低线

3. 深层明沟排水

当地下基坑相连,土层渗水量和排水面积大时,为减少大量设置排水沟的复杂性,可在基坑上距边 6 ~ 30 m 或基坑内深基础部位开挖一条纵向深的明排水沟,作为主沟,使附近基坑地下水均通过深沟自行流入下水道,或流入另设的集水井,再用泵排到施工场地以外的主沟中,将水流引至主沟排走,排水主沟的沟底应比最深基坑底低 0.5 ~ 1.0 m。主沟比支沟低 500 ~ 700 mm,通过基础部位用碎石及砂子做盲沟,以后在基坑回填前分段用黏土回填夯实截断,以免地下水在沟内继续流动破坏地基土。深层明沟亦可设在厂房内或四周的永久性排水沟位置,集水井宜设在深基础部位或附近。本法将多块小面积基坑排水变为集中排水,降低地下水位面积和深度大,节省降水设施和费用,施工方便,降水效果好。适用于深度大的大面积地下室、箱基、设备基础群等施工时降低地下水位。

4. 暗沟排水

在场地狭窄、地下水很大的情况下,设置明沟比较困难,可结合工程设计,在基础底板四周设暗沟(又称盲沟),暗沟的排水沟坡向集水坑(井)。在挖土时先挖排水沟,随挖随加深,形成连通基坑内外的暗沟排水系统,以控制地下水位,至基础底板标高后做成暗沟,使基础周围地下水流向永久性下水道或集中到设计永久性排水坑,用水泵将地下水排走,使水位降低到基底以下。本法可避免地下水冲刷边坡造成塌方,减少边坡挖方土方量,适于基坑深度较大、场地狭窄、地下水较旺的构筑物施工基坑排水。

5. 利用工程设施排水

选择基坑附近深基础工程先施工,作为施工排水的集水井或排水设施,使基础内及附近地下水汇流到该较低处,再用水泵排走;或先施工建筑物周围或内部的正式防水、排水设计的渗排水工程或下水道工程,利用其作为排水设施,在基坑一侧或两侧设排水明沟或暗沟,将水流引入渗排水系统或下水道排走,本法利用永久性工程设施降排水,省去大量挖沟工程和排水设施,因此最为经济。适于工程附近有较深的大型地下设施(如设备基础群、地下室、油库等)工程的排水。

6. 井点降水

在地下水位以下的含水丰富的土层中开挖大面积基坑时,采用一般的明沟排水方法,常会遇到大量地下涌水,难以排干;当遇粉、细砂层时,还会出现严重的翻浆、冒泥、流砂现象,不仅使基坑无法挖深,而且还会造成大量水土流失,使边坡失稳或附近地面出现塌陷,严重时还会影响邻近建筑物的安全。当遇到开挖土质不好且地下水位较高的深基坑时,应采用井点降水的方法,即在基坑开挖前,预先在基坑四周埋设一定数量的滤水管(井),在基坑开挖前和开挖过程中,利用抽水设备从管(井)内不间断抽水,使地下水位降至基底以下,直至基础施工结束为止使所挖的土始终保持较干燥状态。其作用主要表现在杜绝地下水涌入坑内(图 2.3.6(a))、阻止边坡塌方(图 2.3.6(b))、防止坑底土的管涌(图 2.3.6(c))、减小侧向水平荷载

(图2.3.6(d))、消除流砂现象(图2.3.6(e))、使土层密实,从而增加地基土的承载力。

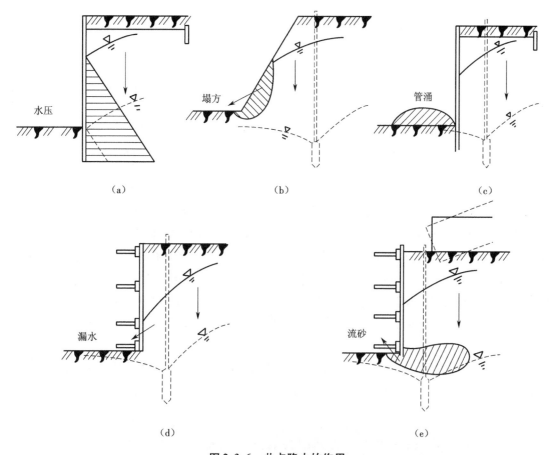

（a）杜绝涌水　　（b）阻止塌方

图2.3.6　井点降水的作用
（a)杜绝涌水　　(b)阻止塌方　　(c)防止管涌　　(d)减小水平荷载　　(e)消除流砂

　　井点降水方法按其系统的设置、吸水方法和原理的不同,可以分为轻型井点、喷射井点、电渗井点、管井井点和深井井点等。可根据土的渗透系数、降低水位的深度、工程特点及设备经济技术比较等,选用各种井点。其中以轻型井点采用较广,各种井点的适用范围如表2.3.2所示。

表2.3.2　各种井点的适用范围

井点类别	井点类型	土的渗透系数(m/d)	降水深度(m)	适用土质
轻型井点	一级轻型井点	0.1~50	3~6	粉质黏土、砂质粉土、粉砂、含薄层粉砂的粉质黏土
	多级轻型井点	0.1~50	视井点级数而定	粉质黏土、砂质粉土、粉砂、含薄层粉砂的粉质黏土

井点类别	井点类型	土的渗透系数(m/d)	降水深度(m)	适用土质
管井类	喷射井点	0.1 ~ 5	8 ~ 20	粉质黏土、砂质粉土、粉砂、含薄层粉砂的粉质黏土
	电渗井点	<0.1	视选用的井点而定	黏土、粉质黏土
	管井井点	20 ~ 200	3 ~ 5	砂质黏土、粉砂、含薄层粉砂的粉质黏土、各类砂土、砾砂
	深井井点	10 ~ 250	>15	粉质黏土、砂质黏土、粉砂、含薄层粉砂的粉质黏土

(1)轻型井点

轻型井点系在基坑的四周或一侧埋设井点管深入含水层内,井点管的上端通过弯联管与集水管连接,集水总管再与真空泵和离心水泵相连,启动抽水设备,地下水便在真空泵吸力的作用下,经滤水管进入井点管和集水总管,排除空气后,由离心水泵的排水管排出,使地下水位降到基坑底以下。本法具有机具简单,使用灵活,装拆方便,降水效果好,可防止流砂现象发生,提高边坡稳定,费用较低等优点,但需配置一套井点设备。适于渗透系数为 0.1 ~ 50 m/d 的土以及土层中含有大量的细砂和粉砂的土或明沟排水易引起流砂、塌方等情况使用。

1)轻型井点的主要设备

轻型井点的主要设备由管路系统和抽水设备组成(图 2.3.7)。管路系统包括滤管、井点管、弯联管、总管。抽水设备包括真空泵、离心泵、水气分离器,其工作原理见图 2.3.8。

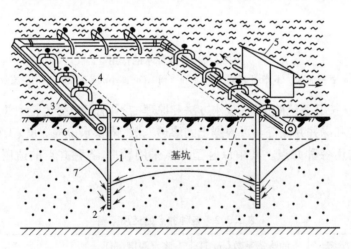

图 2.3.7　轻型井点降地地下水位图

1—井点管;2—滤管;3—总管;4—弯联管;5—水泵房;

6—原有地下水位线;7—降低后地下水位线

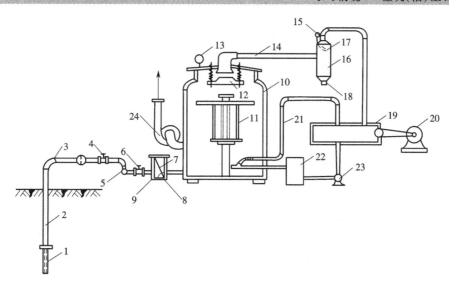

图2.3.8 轻型井点设备工作原理

1—滤管;2—井点管;3—弯联管;4—阀门;5—集水总管;6—闸门;7—滤管;8—过滤箱;9—淘砂孔;10—水、气分离器;
11—浮筒;12—阀门;13—真空计;14—进水管;15—真空计;16—副水、气分离器;17—挡水板;18—放水口;
19—真空泵;20—电动机;21—冷却水管;22—冷却水箱;23—循环水泵;24—离心水泵

井点管用直径38~55 mm的钢管(或镀锌钢管),长度5~10 m,管下端配有滤管和管尖。滤管为井点管的进水设施,见图2.3.9。滤管直径常与井点管相同。长度不小于含水层厚度的2/3,一般为0.9~1.7 m。管壁上呈梅花形钻直径为10~18 mm的孔,管壁外包两层滤网,内层为细滤网,采用网眼30~50孔/cm²的黄铜丝布、生丝布或尼龙丝布;外层为粗滤网,采用网眼3~10孔/cm²的铁丝布或尼龙丝布或棕树皮。为避免滤孔淤塞,在管壁与滤网间用铁丝绕成螺旋状隔开,滤网外面再围一层8号粗铁丝保护层。滤管下端放一个锥形的铸铁头,井点管的上端用弯管与总管相连。

连接管用塑料透明管、胶皮管或钢管制成,直径为38~55 mm。每个连接管均应装阀门,以便检修节点。集水总管一般用直径为75~100 mm的钢管分节连接,每节长4 m,一般每隔0.8~1.6 m设一个连接井点管的接头。

轻型井点根据抽水机组类型不同,分为真空泵轻型井点、射流泵轻型井点和隔膜泵轻型井点三种。真空泵轻型井点设备由真空泵一台、离心式水泵二台(一台备用)和气水分离器一台组成一套抽水机组。射流泵轻型井点设备由离心水泵、射流器(射流泵)、水箱等组成。隔膜泵轻型井点分真空型、压力型和真空压力型三种。前二者由真空泵、隔膜泵、气液分离器等组成;真空压力型隔膜泵则兼有前二者特性,可一机代三机。

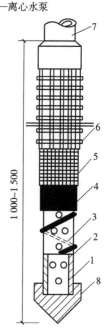

图2.3.9 滤管构造

1—钢管;2—管壁小孔;

3—缠绕塑料管;4—细滤网;

5—粗滤网;6—粗铁丝保护网;

7—井点管;8—铸铁头

2)轻型井点的布置

井点布置应根据基坑平面形状与大小、地质和水文情况、工程性质、降水深度等而定。当基坑(槽)宽度小于6 m,且降水深度不超过6 m时,可采用单排井点,布置在地下水上游一侧,两端延伸长度一般不小于沟槽宽度,见图2.3.10。

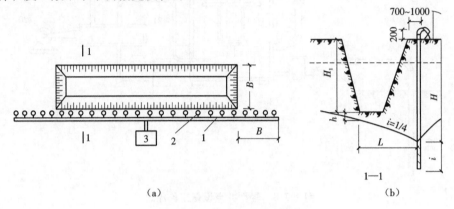

图2.3.10 单排线状井点布置

(a)平面布置 (b)高程布置

1—总管;2—井点管;3—抽水设备

当基坑(槽)宽度大于6 m,或土质不良,渗透系数较大时,宜采用双排井点,布置在基坑(槽)的两侧,见图2.3.11。

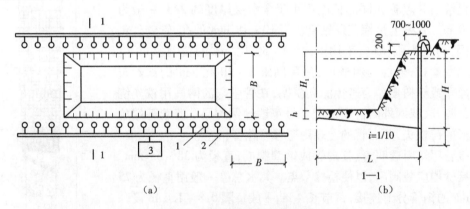

图2.3.11 双排线状井点布置

(a)平面布置 (b)高程布置

1—总管;2—井点管;3—抽水设备

面积较大的基坑宜用环状井点。为便于挖土机械和运输车辆出入基坑,可不封闭,布置为U形环状井点,见图2.3.12。

井点管距坑壁不应小于1.0～1.5 m,距离太小,易漏气,大大增加了井点数量。间距一般为0.8～1.6 m。集水总管标高宜尽量接近地下水位线并沿抽水水流方向有0.25%～0.5%的上仰坡度,水泵轴心与总管齐平。井点管的入土深度应根据降水深度及储水层的位置确定,但

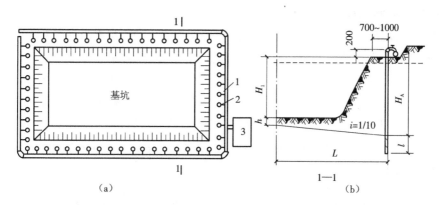

图 2.3.12　环状井点布置

(a)平面布置　(b)高程布置

1—总管;2—井点管;3—抽水设备

必须将滤水管埋入含水层内,并且比挖基坑(沟、槽)底深 0.9 ~ 1.2 m,井点管的埋置深度亦可按高程公式计算:

$$H \geqslant H_1 + h + i \cdot L \tag{2.3.1}$$

式中　H_1——井点管埋设面至基坑底面的距离(m);

　　　h——基坑底面至降低后的地下水位线的最小距离,一般取 0.5 ~ 1.0 m;

　　　i——水力坡度,根据实测双排和环状井点为 1/10,单排井点为 1/4;

　　　L——井点管至基坑中心的水平距离,单排井点为至基坑另一边的距离(m)。

当一级井点系统达不到降水深度时,可采用二级井点(图 2.3.13),即先挖去第一级井点所疏干的土,然后在基坑底部装设第二级井点,使降水深度增加。

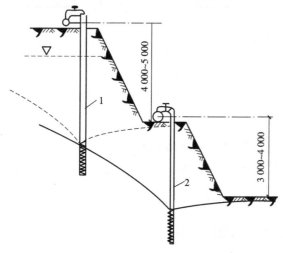

图 2.3.13　二级轻型井点示意图

1—第一级井点管;2—第二级井点管

3) 轻型井点降水的计算

井点系统的设计计算必须以施工现场地形图、水文地质勘察资料及基坑(槽)设计资料等作为依据,确定井点系统的涌水量、井点管数量、井点间距及选择抽水设备等。

按水井理论计算井点系统涌水量时,首先要判定井的类型。凡水井井底达到不透水层的井称为完整井,水井井底达不到不透水层的井称为非完整井。根据地下水有无压力的情况,又可将水井分为承压井和无压井。当滤管布置在上下不透水层之间,抽汲其间具有压力水的井称为承压井;若地下水上部均为透水地层,则地下水为无压潜水,抽汲无压潜水的井称为无压井。水井类型见图2.3.14。

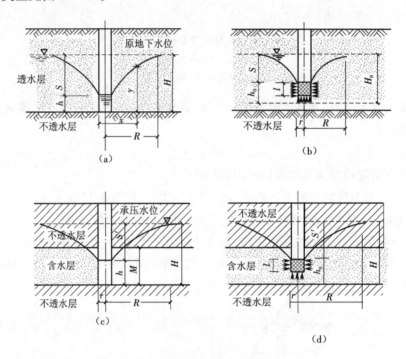

图 2.3.14 水井的类型

(a)无压完整井 (b)无压非完整井 (c)承压完整井 (d)承压非完整井

I. 井点系统的涌水量计算

水井类型不同,其涌水量的计算方法亦不同。

①无压完整井环状井点系统(图2.3.15(a))。其总涌水量的计算公式为:

$$Q = 1.366k \frac{(2H - S)S}{\lg R - \lg x_0} \qquad (2.3.2)$$

式中　Q——井点系统的总涌水量($\mathrm{m^3/d}$);

　　　　k——土的渗透系数($\mathrm{m/d}$);

　　　　H——含水土层的厚度(m);

　　　　S——水位降低值(m);

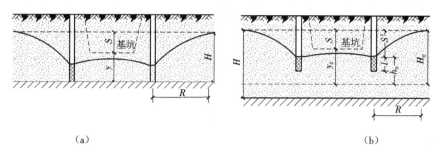

（a）　　　　　　　　　　　　　　　　（b）

图 2.3.15　环状井点涌水量计算简图

（a）无压完整井　（b）无压非完整井

R——环状井点系统的抽水影响半径(m)，其值由 $R = 1.95S(H \cdot k)^{1/2}$ 计算；

x_0——环状井点系统的假想半径(m)，若矩形基坑长度与宽度之比不大于 5 时，可按

$x_0 = (F/\pi)^{1/2}$ 计算，F 为环状井点系统所包围的面积(m^2)。

③无压非完整井井点系统(图 2.3.15(b))。其总涌水量的计算公式为：

$$Q = 1.366k \frac{(2H_0 - S)S}{\lg R - \lg x_0} \cdot \sqrt{\frac{h_0 + 0.5r}{h_0}} \cdot \sqrt{\frac{2H_0 - l}{h_0}} \qquad (2.3.3)$$

式中　H_0——抽水影响深度(查表 2.3.3)(m)，当计算出的 H_0 大于实际含水土层厚度 H 时，取 $H_0 = H$；

r——井点管的半径(m)；

l——滤管的长度(m)；

h_0——最小理论含水土层的厚度(m)。

表 2.3.3　抽水影响深度 H_0

$S'/(S'+l)$	0.2	0.3	0.5	0.8
H_0	$1.3(S'+l)$	$1.5(S'+l)$	$1.7(S'+l)$	$1.85(S'+l)$

③承压完整井点系统的总涌水量：

$$Q = 2.73k \frac{M \cdot S}{\lg R - \lg x_0} \qquad (2.3.4)$$

式中　M——承压含水土层厚度(m)。

应当注意：当矩形基坑的长与宽之比大于 5，或基坑宽度大于抽水影响半径的 2 倍时，应将基坑分块，使其符合上述计算公式的适用条件，然后分别计算各块的涌水量，并将其相加即为总涌水量。

Ⅱ.确定井点管数量

先计算出单根井点管的最大出水量，再根据总涌水量大小计算出井点管的数量。因有的

井点管可能堵塞,故井点管应考虑10%的备用系数。单根井点管的最大出水量为

$$q = 65\pi d \cdot l \cdot k^{1/3} \tag{2.3.5}$$

式中　q——单根井点管的最大出水量(m^3/d);

　　　d——滤管的直径(m)。

井点系统的井点管数量(考虑井点管堵塞等的备用系数1.1)由下式确定:

$$n = 1.1\frac{Q}{q} \tag{2.3.6}$$

式中　Q——井点系统的总涌水量(m^3);

　　　q——单根井点管的最大出水量(m^3/d)。

Ⅲ.确定井点管间距

井点系统的井点管间距由下式确定:

$$D = L/n \tag{2.3.7}$$

式中　D——井点管的间距,一般可取0.8 m、1.2 m、1.6 m;

　　　L——井点系统总管的长度(m)。

Ⅳ.抽水设备的选择

真空泵的类型有干式和湿式两种,常用的是干式 W_5、W_6 型。采用 W_5 型时,井点系统的总管长度不得超过100 m;采用 W_6 型时,其总管长不得超过120 m。

真空泵在抽水时所需最低真空度为

$$h_k = 10^3 g(h_A + \Delta h) \tag{2.3.8}$$

式中　h_k——真空泵在抽水时所需的最低真空度(Pa);

　　　h_A——根据降水要求的可吸真空高度(近似取集水总管至滤管的深度);

　　　Δh——水头损失,包括进入滤管的水头损失、管路阻力损失及漏气损失等(近似取1.0

　　　　　　　~1.5 m)。

在抽水过程中,真空泵的实际真空度若小于上式计算的最低真空度,降水深度则达不到要求,应重新选择水泵。

在轻型井点中水泵类型宜选用单级离心泵(表2.3.1),其型号应根据流量、吸水扬程和总扬程而定,一般水泵流量应比井点系统涌水量大10%~20%。如采用多套抽水设备共同工作时,则涌水量应除以套数。通常一套抽水设备配置两台离心泵,既可轮换使用,又可同时使用。

例2.3.1　某一综合楼基坑即将开挖,由于基坑范围土层内富含水,为保证基坑的正常施工,现决定采用轻型井点法降低地下水位。已知基坑底宽为20 m,长为60 m,基坑深为4.5 m,挖土边坡坡度为1:0.5,其平面图如图2.3.16所示。根据地质勘探资料,在天然地面以下土层为1 m的亚黏土,其下土层为8 m厚的细砂土(渗透系数为5 m/d),再其下土层为不透水的黏土。地下水位在地面以下1.4 m处。试进行井点系统设计。

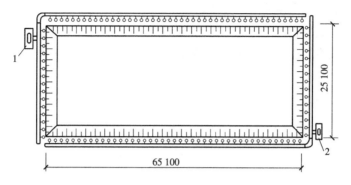

图 2.3.16　基坑井点系统平面布置

解:

(1)井点系统布置。

为降低井点管深度和不影响地面交通运输,将抽水总管埋设在地面以下 0.5 m 处。为了不致影响基坑边坡,将井点管布置在距基坑边缘 1 m 处。根据已知条件,基坑坑底尺寸为 20 m×60 m,每侧留 0.3 m 的工作面,挖土边坡为 1∶0.5,则基坑上口平面尺寸为 25.1 m× 65.1 m,故采用环状井点布置。

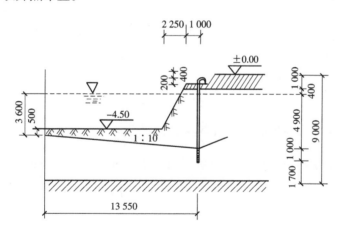

图 2.3.17　基坑井点系统剖面布置

井点管的埋置深度(不计滤管)为:

$$H \geqslant H_1 + h + i \cdot L = 4.5 + 0.5 + \frac{1}{10} \times \frac{20 + 0.6 + 4.5 + 2}{2} = 6.355 \text{ m}$$

现选用标准井点管,其长度为 6 m,滤管长 1 m,直径 0.05 m。井点管上端高出地面 0.2 m。为使总管接近地下水位,先在地面挖 0.6 m 的沟槽,然后在沟槽底部铺设总管,此时井点管所需长度为 6.355 − 0.6 + 0.2 = 5.955 m < 6 m,故符合埋设要求。

此时基坑上口平面长度为 60 + 4.5 + 0.6 = 65.1 m,宽度为 20 + 4.5 + 0.6 = 25.1 m,故所需总管长度 $L = [(25.1 + 2) + (65.1 + 2)] \times 2 = 188.4$ m。

基坑中心要求的降水深度 $S = 4.5 - 1.4 + 0.5 = 3.6$ m。

井点管及滤管总长度为 $6 + 1 = 7$ m,滤管底部到不透水层的距离为 $9 - (6 + 1 + 0.4) = 1.6$ m。由于该基坑的长宽比小于 5,故按无压非完整井环状井点系统计算。

(2)计算涌水量。

地下水面标高至滤管上端的距离 $S' = 6 - (1.4 - 0.4) = 5$ m。

由 $\dfrac{S'}{S' + l} = 0.83$ 查表 2.3.3,则抽水影响深度 $H_0 = 1.85(S' + l) = 1.85(5 + 1) \approx 11$ m。

由于抽水影响深度 $H_0 = 11$ m 大于含水层厚度 $H = 9 - 1.4 = 7.6$ m,取 $H_0 > H = 7.6$ m,则最小理论含水层厚度 $h_0 = H_0 - S' = 7.6 - 5 = 2.6$ m。

抽水影响半径 $R = 1.95S\sqrt{H_0 k} = 1.95 \times 3.6 \times \sqrt{7.6 \times 5} = 43.27$ m。

基坑假想半径 $x_0 = \sqrt{\dfrac{F}{\pi}} = \sqrt{\dfrac{67.1 \times 27.1}{3.14}} = 24.06$ m。

则总涌水量为

$$Q = 1.366\, k\, \frac{(2H_0 - S)S}{\lg R - \lg x_0}\sqrt{\frac{h_0 + 0.5r}{h_0}} \cdot \sqrt{\frac{2h_0 - l}{h_0}}$$

$$= 1.366 \times 5 \times \frac{(2 \times 7.6 - 3.6) \times 3.6}{\lg 43.27 - \lg 24.06} \times \sqrt{\frac{2.6 + 0.5 \times 0.025}{2.6}} \times \sqrt{\frac{2 \times 2.6 - 1}{2.6}} = 1\,425 \ \text{m}^3/\text{d}$$

(3)计算井点管数量及井距。

①先计算单根井点管的出水量:

$$q = 65\pi \cdot d \cdot l \cdot \sqrt[3]{k} = 65 \times 3.14 \times 0.05 \times 1 \times \sqrt[3]{5} = 17.34 \ \text{m}^3/\text{d}$$

则该井点系统所需的井点管数量 $n = 1.1\dfrac{Q}{q} = 1.1 \times \dfrac{1\,425}{17.34} = 90.4$ 根,取 91 根。

②计算井点管的距离:根据该井点系统平面尺寸的周长,其井点管的距离为

$$D = \frac{L}{n} = \frac{188.4}{91} = 2.07 \ \text{m}$$

取 2.1 m。

为了提高基坑四个大角处的抽水效率,在其每个大角处各增加 2 根,故整个抽水系统共布置 99 根井点管。

(4)选用抽水设备。

根据总管长度 188.4 m,故选用 2 台 W5 型干式真空泵。真空泵所需的最低真空度为

$$h_k = 10^3 \cdot g(hA + \Delta h) = 10^3 \times 9.8 \times (6 + 1) = 68\,600 \ \text{Pa}$$

水泵所需的流量为

$$Q_1 = 1.1\frac{Q}{2} = 1.1 \times \frac{1\,425}{2} = 783.75 \ \text{m}^3/\text{d} = 32.66 \ \text{m}^3/\text{h}$$

水泵吸水扬程 $H_3 \geqslant 6 + 1 = 7$ m。根据 Q_1 及 H_3 查表 2.3.1,选用 3B33 型离心式水泵。

4)轻型井点降水法的施工

轻型井点的施工分为准备工作及井点系统安装。准备工作包括井点设备、动力、水泵及必要材料准备,排水沟的开挖,附近建筑物的标高监测以及防止附近建筑沉降的措施等。

埋设井点系统的施工顺序:根据降水方案放线→挖管沟→布设总管→冲孔→下井点管、埋砂滤层、黏土封口→弯联管连接井点管与总管接通→安装抽水设备与总管连通→安装集水箱和排水管→开动真空泵排气、再开动离心泵抽水→测量观测井中地下水位变化。

井点管的埋设一般用水冲法施工。用起吊设备将冲管吊起并插在井点位置上,开动高压水泵,将土层冲松,边冲管边下沉,如图2.3.18所示。为保证井点管四周有一定的砂滤层,冲孔直径一般为0.3 m;考虑到拔出冲管时可能部分土粒沉于孔底而影响抽水效果,故冲孔深度宜比滤管底部深0.5 m。

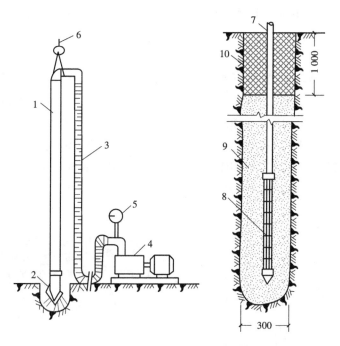

图2.3.18 井点的埋设冲孔及埋管

1—冲管;2—冲嘴;3—胶皮管;4—高压水泵;5—压力表;6—起重吊钩;
7—井点管;8—滤管;9—填砂;10—黏土封口

冲孔后应立即拔出冲管,插入井点管,并用干净粗砂将井点管与孔壁之间的间隙填至滤管顶上部1~1.5 m,以保证水流畅通。井点管埋设方法,可根据土质情况、场地和施工条件,选择适用的成孔机具和方法。工艺方法基本都是用高压水冲刷土体,用冲管扰动土体助冲,将土层冲成圆孔后埋设井点管,只是冲管构造有所不同。所有井点管在地面以下0.5~1.0 m的深度内,黏土填实,以防止漏气。井点管埋设完毕,应接通总管与抽水设备,接头要严密,并进行试抽水,检查有无漏气、淤塞等情况,出水是否正常,如有异常情况,应检修好方可使用。

5）轻型井点降水的使用

井点使用时，应保证连续不断地抽水，并备双电源，以防断电。一般在抽水3~5天后水位降落漏斗基本趋于稳定。正常出水规律是"先大后小，先混后清"。如不上水，或水一直较混，或出现清后又混等情况，应立即检查纠正。真空度是判断井点系统良好与否的尺度，应经常观测，一般不低于55.3~66.7 kPa，如真空度不够，通常是由于管路漏气，应及时修好。井点管淤塞，可通过听管内水流声、手扶管壁感到振动、手触摸管壁有冬暖夏凉的感觉等简便方法进行检查。如井点管淤塞太多，严重影响降水效果时，应逐个用高压反冲洗井点管或拔出重新埋设。

地下构筑物竣工并进行回填土后，方可拆除井点系统，并借助倒链或杠杆式起重机拔出，所留孔洞用砂或土堵塞。对地基有防渗要求时，地面下2 m应用黏土填实。

井点降水时，应对水位降低区域内的建筑物进行沉陷观测，发现沉陷或水平位移过大时，应及时采取防护技术措施。

（2）喷射井点

当开挖的基坑深度较大，且地下水位较高时，若布置一层轻型井点不能满足降水深度要求，而采用多层轻型井点布置，在技术经济上又不合理，因此，当降水深度超过6 m，土层渗透系数为0.1~5 m/d的弱水层时，可采用喷射井点（图2.3.19），降水深度可达20 m。

喷射井点的平面布置：当基坑宽度小于10 m时，井点可做单排布置；当大于10 m时，可做双排布置；当基坑面积较大时，宜采用环形布置，井点间距一般取2~3.5 m，（道路）进出口处的井点间距为5~7 m。涌水量计算和井管的埋设，与一般轻型井点相同。

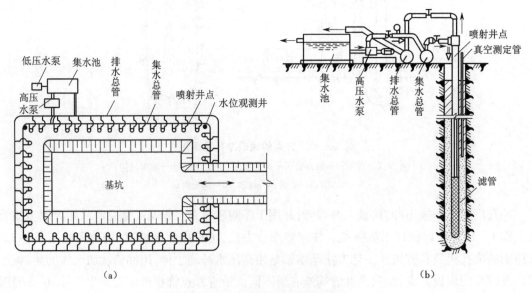

图2.3.19　喷射井点布置示意图

（a）平面布置　（b）竖向布置

喷射井点的施工顺序:作业准备、设置泵房→安装抽水设备,进水、排水总管→敷设进水、排水总管→水冲法或钻孔法成井→安装喷射井点管、填滤料→接通进水、排水总管,并与高压水泵或空气压缩机接通→黏性土封填孔口→通到循环水箱→启动高压水泵或空气压缩机抽取地下水→用离心泵排除循环水箱中多余的水→测量观测井中地下水位。

为保证埋设质量,宜用套管法冲孔,加水及压缩空气排泥。当套管含泥量经测定小于5%时,下井管及灌砂,然后再拔套管。对10 m以上喷射井点管,宜用吊车下管,下井管时,水泵应先开始运转,以便每下好一根井点管立即与总管相通,然后及时进行单根试抽排泥,让井管内出来的泥浆从水沟排出并测定真空度,待井管出水变清后地面测定真空度不宜小于93.3 kPa。

全部井点管沉没完毕后,再开通回水总管全面试抽,然后使工作水循环,进行正式工作。为防止喷水器损坏,安装前应对喷射井管逐根冲洗试泵压力,此时试压不宜大于0.3 kPa,以后再将其逐步开足。如果发现井点管周围有翻砂冒水现象,应立即关闭井管检修。

工作水位保持清洁,试抽2天后,应更换清水。此后视水质污浊程度定期更换清水,以减轻对喷嘴及水泵叶轮的磨损。

(3)电渗井点

在深基坑施工中,有时会遇到渗透系数小于0.1 m/d的土质,这类土含水量大,压缩性高,稳定性差。由于土粒间微小孔隙的毛细管作用,将水保持在孔隙内,单靠用真空吸力的降水方法效果已不大,此时,常采用电渗井点(图2.3.20)降水。

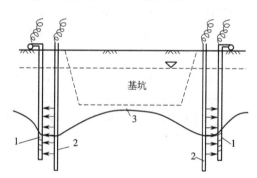

图 2.3.20 电渗井点示意图
1—井点管;2—金属棒;3—地下水降落曲线

电渗井点一般与轻型井点或喷射井点结合使用,利用轻型井点或喷射井点管本身做阴极。沿基坑(槽、沟)外围布置;用钢管(直径50~70 mm)或钢筋(直径25 mm以上)做阳极,埋设在井点管环圈内侧1.25 mm处,外露在地面上200~400 mm,其入土深度应比井点管深500 mm,以保证水位能降到所要求的深度。阴阳极的间距,采用轻型井点做阳极时一般为0.8~1.0 m;采用喷射井点时为1.2~1.5 m,并成平行交错排列,阴阳极的数量宜相等,必要时阳极数量可多于阴极。阴、阴极分别用BX型铜芯橡皮线或扁钢、钢筋等连成通路,并分别接到直流发电机的相应电极上。一般常用功率为9.6~55 kW的直流电焊机代替直流发电机使用。

通入直流电时,黏土粒即能沿电力线向阳极移动,称为电泳;而水分子则向阴极移动,称为电渗。电渗井点就是运用电渗现象,通电后土层中的水分子即能迅速渗至井管周围,便于抽出排水。同时与电渗一起产生的电泳作用,能使阳极周围土体加密,并可防止黏土颗粒淤塞井点管的过滤网,保证井点正常抽水。

电渗井点埋设程序一般是埋设轻型井点或喷射井点管,预留出布置电渗井点阴极的位置,待轻型井点降水不能满足降水要求时,再埋设电渗阴极,以改善降水性能。电渗井点阴极埋设与轻型井点、喷射井点相同,而阳极埋设可用 75 mm 旋叶式电钻钻孔埋设,钻进时加水和高压空气循环排泥,阳极就位后,利用下一钻孔排出的泥浆进行倒灌填孔,使阳极与土接触良好,减少电阻,以利电渗。如深度不大,亦可用锤击法打入。钢筋埋设必须垂直,严禁与相邻阴极相碰,以免造成短路,损坏设备。使用时工作电压不宜大于 60 V,为防止大量电流从土表面通过,降低电渗效果,减少电耗,应在不需要电渗的土层(如渗透系数较大的土层)的阳极表面涂二层沥青绝缘;地面应使之干燥,并将地面以上部分的阳极和阴极间的金属或其他导电物处理干净,有条件时亦涂上一层沥青绝缘,以提高电渗效果。电渗降水时,为清除由于电解作用产生的气体积聚在电极附近及表面,而使土体电阻加大,电能消耗增加,应采用间歇通电方式,即通电 24 h 后,停电 2 ~ 3 h,再通电。

(4)管井井点与深井井点

在土的渗透系数为 20 ~ 200 m/d、地下水含量丰富的土层中降水时,宜采用管井或深井井点。管井井点就是在基坑四周每隔 10 ~ 50 m 钻孔成井,然后放入钢管或钢筋混凝土管,其底部设置一段滤水管,每个井管用一台水泵不断抽水,以使水位降低 。

管井埋设可采用泥浆护壁冲击钻成孔或泥浆护壁钻孔方法成孔。钻孔底部应比滤水井管深 200 mm 以上。井管下沉前应清洗滤井,冲除沉渣,为此可灌入稀泥浆用吸水泵抽出置换或用空压机洗井法,将泥渣清出井外,并保持滤网的畅通,然后下管。滤水井管应置于孔中心,下端用圆木堵塞管口,井管与孔壁之间用 3 ~ 15 mm 砾石填充作过滤层,地面下 0.5 m 内用黏土填充夯实,如图 2.3.21 所示。

深井井点与管井井点基本相同,只是井较深,井内用深井泵抽水。深井泵的扬程可达 100 m,故当要求降水深度很大,采用管井井点已不能满足要求时,则用深井井点。

深井井点一般沿工程基坑周围离边坡上缘 0.5 ~ 1.5 m 呈环形布置;当基坑宽度较窄时,亦可在一侧呈直线布置;当为面积不大的独立深基坑时,亦可采取点式布置。井点宜深入透水层 6 ~ 9 m,通常还应比所需降水的深度深 6 ~ 8 m,间距一般相当于埋深,为 10 ~ 30 m,基坑开挖 8 m 以内,井距为 10 ~ 15 m;8 m 以上,井距为 15 ~ 20 m。井点不宜设在正式工程上,但可利用少量保护壁的人工挖孔作临时性降水深井用。在一个基坑布置的井点,应尽可能多地为附近工程基坑降水所利用,或上部二节尽可能地回收利用。

7. 井点降水对周围环境的影响

(1)井点降水的不利影响

在井点管埋设完成开始抽水时,井内水位开始下降,周围含水层的水不断流向滤管。在无

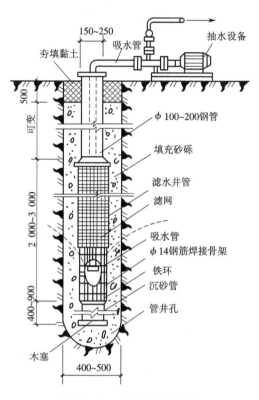

图 2.3.21　管井井点示意图

承压水等环境条件下,经过一段时间后,在井点周围形成漏斗状的弯曲水面,这个漏斗状水面逐渐趋于稳定,一般需要几天到几周的时间,降水漏斗范围内的地下水位下降以后,就必然造成土体固结沉降,使地面随之产生不均匀沉降。由于井点管滤网及砂滤层结构不良,把土层中的黏土颗粒、粉土颗粒甚至细砂同地下水一起抽出地面的情况也会发生,加剧地面的不均匀沉降,会造成附近建筑物及地下管线不同程度的损坏。

(2)防治井点降水不利影响的措施

在降水施工的同时,需要对邻近建筑物采取具体的保护措施。

①详细分析研究邻近建筑物的地质状况,了解其下卧层及主要压缩层内土的性质、土的密实度、土层构造状态等物理性质。

②根据水位降低深度、井点与邻近建筑物的距离、水的渗透系数确定井管布置所形成的降水漏斗曲线,估算出在降低水位后引起邻近建筑物的附加沉降。

③设置地下水位观测孔,并对临近建筑、管线进行监测,在降水系统运转过程中,随时检查观测孔中的水位。当发现沉降量达到报警值时应及时采取措施。

④降水施工时,做好井点管滤网及砂率层结构,以防止抽水带走土层中的细颗粒。当有坑底承压水时应采取有效措施防止流砂。

⑤施工区周围有湖、河等贮水体时,则应在井点和贮水体之间设置止水帷幕,以防抽水造

成与贮水体穿通,引起大量涌水,甚至带出土粒,产生流砂。

⑥在建筑物和地下管线密集区,尽可能采取止水帷幕进行坑内降水,以减小对周围环境的影响。

⑦控制邻近建筑物沉降的另一措施是采用注水回灌的方法,使邻近建筑物的地下水位保持在天然水位。

3.3 流砂及其防治

采用集水井降水法,当基坑开挖到地下水位以下时,有时坑底土会进入流动状态,随地下水涌入基坑,即土颗粒不断地从基坑边或基坑底部冒出,这种现象称为流砂现象。一旦出现流砂,土体边挖边冒流砂,土完全丧失承载力,至使施工条件恶化,基坑难以挖到设计深度。严重时会引起基坑边坡塌方;临近建筑因地基被掏空而出现开裂、下沉、倾斜甚至倒塌。

1. 产生流砂的原因

流砂产生的内因可以归结为土的孔隙比大、含水量大、黏粒含量少、粉粒多、渗透系数小、排水性能差;外因归结为流动中的地下水对土颗粒产生的压力,即动水压力,流砂现象是水在土中渗流所产生的动水压力对土体作用的结果,这是流砂发生的重要条件。

如图 2.3.22 所示,由于高水位的左端(水头为 h_1)与低水位的右端(水头为 h_2)之间存在压力差,水则经过断面为 F、长度为 L 的土体从左端向右端渗流。水在土中渗流时,作用在土体上的力有以下三个。

①作用在土体左端 a—a 截面的总水压力,其大小为 $9.8\rho_w h_1 F$,方向与水流方向一致(ρ_w 为水的重度)。

②作用在土体右端 b—b 截面的总水压力,其大小为 $9.8\rho_w h_2 F$,方向与水流方向相反。

③水流动时受到土颗粒的总阻力,其大小为 TLF,方向与水流方向相反(T 为单位土体的阻力)。

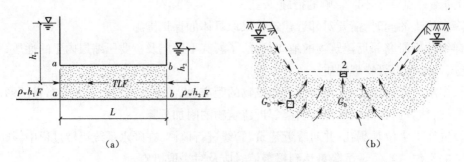

图 2.3.22　动水压力原理

(a)水在土中渗流时的力学现象　(b)动水压力对地基土的影响

动水压力的大小与水力坡度成正比,即水位差愈大,渗透路径愈短,则动水压力愈大。

由于地下水的水力坡度大,而且动水压力的方向与土的重力方向相反,土不仅受水的浮力,而且受动力水压的作用,有向上举的趋势。当动水压力大于土的浮重度时,土颗粒处于悬浮状态,会随着渗流的水一起流动,涌入基坑内,形成流砂,即发生流砂现象。

2.易发生流砂的特征土质

流砂现象易发生在细砂、粉砂及亚沙土中。归类讲,流砂的现象一般多发于有以下特征的土质中:

①土的颗粒组成中,黏粒含量小于10%,粉粒、砂粒含量大于75%;

②土的不均匀系数小于5;

③土的含水量大于30%;

④土的孔隙率大于43%(孔隙比大于0.75);

⑤黏性土中夹有砂层时,其层厚大于25 cm。

3.流砂的防治

由于产生流砂的主要原因是动水压力的大小和方向,当动水压力方向向上且足够大时,土颗粒被带出而形成流砂;而动水压力方向向下时,如发生土颗粒的流动,其方向向下,使土体稳定。因此,在基坑开挖中,防治流砂应从"治水"着手。防治流砂的基本原则是减少或平衡动水压力;设法使动水压力方向向下;截断地下水流。其具体措施如下。

①在枯水季节开挖。枯水期地下水位较低,基坑内外水位差小,动水压力减小,就不易产生流砂。

②抢挖法。组织分段抢挖,使挖土速度超过冒砂速度,挖到标高后立即铺竹、芦席并抛大石块,以平衡动水压力,将流砂压住,此法适用于治理局部的或轻微的流砂。

③设止水帷幕法。将连续的止水支护结构(如连续板桩、深层搅拌桩、密排灌注桩、地下连续墙等)打入基坑底面以下一定深度,形成封闭的止水帷幕,从而使地下水只能从支护结构下端向基坑渗流,增加地下水从坑外流入基坑内的渗流路径长度,减小水力坡度,从而减小动水压力,防止流砂产生。

④水下挖土法。采用不排水施工,使坑内水压与坑外地下水压平衡,抵消动水压力。

⑤人工降低地下水位,即采用井点降水法(如轻型井点、管井井点、喷射井点等),使地下水位降低至基坑底面以下,地下水的渗流向下,则动水压力的方向也向下,从而水不能渗流入基坑内,可有效地防止流砂的发生。此法应用广泛且较可靠。

复习思考题

1.组织土方工程施工时,施工排水可以分为哪两类?

2.基坑排水降水的方法可以分为哪几类?

3.井点降水的方法可以分为哪几类?主要根据什么来选择合适的降水方法?

4.轻型井点降水的平面布置有哪些形式？立面布置有哪些形式？

5.井点降水的不利影响是什么？

6.可以采取哪些措施防治井点降水的不利影响？

7.什么叫流砂？流砂发生的原因是什么？其防治措施有哪些？

综合练习题

某基坑平面尺寸为 30 m × 20 m，开挖深度为 4 m，地下水位在地面以下 1 m 处，不透水层在地面以下 10 m 处，基坑的开挖土层为细砂，基坑设计边坡为 1 : 0.5，现拟选用轻型井点法降低地下水位。

问：

(1)轻型井点应由哪些设备组成？

(2)有哪些因素可能会使井点管抽不出水？如果抽不出水，该如何处理？

(3)该井点系统如何进行平面布置？

(4)该井点系统如何进行高程布置？

任务4 基坑(槽)土方量的计算

基坑(槽)的施工应在场地平整后，首先根据建筑施工设计的要求进行基坑或基槽的放线，然后进行基坑或基槽的开挖工作。开挖出的土方一般可堆积在基坑或基槽的四周，作为基坑(槽)的回填土，以减少基坑(槽)回填时的运输距离。基坑(槽)的土方量应纳入土石方预算，应单独进行计算。

4.1 基坑土方量计算

基坑截面一般为方形或矩形，是由两个平行的平面做上下底的一个多面体，如图 2.4.1 所示，其土方量按下式计算：

$$V = \frac{h}{6}(A_1 + 4A_0 + A_2) \tag{2.4.1}$$

式中 h——基坑的深度(m)；

A_1、A_2——基坑上底、下底的面积(m^2)；

A_0——基坑 1/2 深处的面积(m^2)。

当基坑平面为多边形时，可将基坑划分成若干个矩形，然后分别按上式计算其土方量。

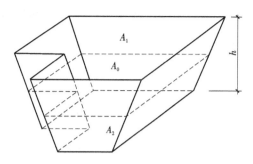

图2.4.1　基坑土方量计算示意图

4.2　基槽土方量计算

基槽或管沟具有宽度较小而长度较大的特点(图2.4.2),故可沿其长度方向分段计算土方量,每段的土方量按下式计算:

$$V_i = \frac{l_i}{6}(A_1 + 4A_0 + A_2) \tag{2.4.2}$$

式中　V_i——第i段基槽或管沟的土方量(m^3);

　　　l_i——第i段基槽或管沟的长度(m);

　　　A_1、A_2——第i段基槽或管沟两端的横截面面积(m^2);

　　　A_0——第i段基槽或管沟$1/2$长度处的横截面面积(m^2)。

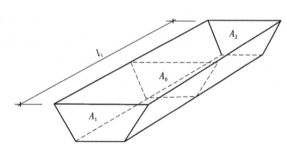

图2.4.2　基槽或管沟土方量计算示意图

然后将各段土方量相加求得总土方量,即

$$V = V_1 + V_2 + V_3 + \cdots + V_n \tag{2.4.3}$$

式中　V_1、V_2、V_3,$\cdots$,V_n——第1段至第n段基槽或管沟的土方量(m^3)。

4.3　基槽、基坑的施工

基槽、基坑施工时,首先应进行房屋的定位和标高的引测,然后根据基础的底面尺寸、埋置深度、土质水文条件及施工季节等,考虑施工需要,确定是否需要留设工作面、放坡和设置土体支撑等,从而圈定开挖边线和进行放线工作。

1. 基槽、基坑放线

(1)基槽放线要点

根据建筑物平面图主轴线控制点,用经纬仪将外墙轴线的交点引测到平整后的地面上,钉上木桩,并在其上钉上铁钉作为测量的标志点;再根据外墙轴线的要求,将房屋内部所有开间的轴线都一一测出,并做好标志;根据边坡坡度系数计算基槽的开挖宽度,在其轴线两侧用石灰在地面上划出基槽的开挖边线;在房屋的大角处设置龙门板,作为基础施工时轴线校核位置。

(2)基坑放线要点

根据建筑物平面图的纵横轴线,用经纬仪在矩形控制网上测定出基础中心线的端点,在每个柱基中心线上,测定基础的定位桩,每个基础的中心线上打设 4 个定位木桩,其桩位应在基础开挖线外侧 0.5 ~ 1.0 m;在定位桩上同样要钉上 1 个铁钉,以作为基础中心线的位置;再按施工图上基础的尺寸和按边坡度系数确定的开挖边线的尺寸,划出基坑上口的开挖范围,并用石灰撒出开挖轮廓线。

2. 基槽、基坑施工

基础开挖应根据基础的地质水文条件、基础平面布置与特点及施工设备等综合加以考虑,选择可行的施工方法。如条件允许时,应优先选择机械化施工方法。

(1)人工开挖施工要点

先应沿灰线切出基坑(槽)的开挖轮廓线;对一、二类土,应从上而下逐层(层厚 0.3 m)后退开挖,对三、四类土先用镐刨逐层(层厚 0.15 m)挖掘;在基槽、基坑边堆放弃土或材料时,应距基槽、基坑边缘 0.8 ~ 1.5 m,其堆高不宜超过 1.5 m,并间隔 10 m 设临时排水口;每 1 m 深沿水平方向隔 3 m 修挖边坡,依此类推开挖至基槽、基坑底部。当开挖至距槽、坑底 0.1 ~ 0.15 m 时停止挖土,待基础施工时,再挖至其设计标高。

(2)机械开挖施工要点

当基槽或基坑的开挖深度在 2 m 以内且就近弃土时,可选用推土机施工,并配以人工装土、运输、修边、成型及清底;当开挖停机面以下 4 ~ 6 m 以内的一、二类土时,宜选择反铲挖土机进行施工;对垂直开挖停机面以下的一、二类土深坑时,宜选择抓铲挖土机进行施工;施工机械的停靠点地基必须坚实可靠,应距基槽或基坑边不小于 0.8 m;当挖至基槽或基坑底部时,应预留 0.2 ~ 0.3 m 的土层,再人工清理至设计标高。

4.4 土体放坡与支撑

在基坑(槽)开挖深度超过一定限度时,为了防止土体塌方,保证施工安全,其土体应做成一定斜率的边坡或用临时支撑,以保持基坑(槽)土体的稳定。

造成边坡塌方的主要原因:土体边坡太陡、土质较差、挖深较大,使土体本身的稳定性不够;大气降水、地下水或施工用水的影响,使土体重量增大及抗剪强度降低;基坑(槽)土体上大量堆土或停放机械设备,使得在土体中产生的剪应力超过土体的抗剪强度。

1. 土体放坡

土体放坡是土方施工中保持土体稳定的常用方法之一。根据《土方与爆破工程施工及验收规范》(GB 50201—2012)的规定,当地质条件良好,土质均匀且地下水低于基坑(槽)或管沟底面标高时,其挖方土体可做成直立土壁不加支撑,其挖深不宜超过下列规定。

①密实、中密砂土和碎石类土(充填物为砂土)为 1.0 m;硬塑、可塑性粉土、粉质黏土为 1.25 m;硬塑、可塑性黏土、碎石类土(充填物为黏性土)为 1.5 m;坚硬黏土为 2 m。当土方挖深超过上述规定时,应考虑放坡或选用直立土壁再加支撑的施工方法。

②当地质条件良好,土质均匀,地下水低于基坑(槽)或管沟底面标高时,挖方深度在 5 m以内,不加支撑的边坡最陡坡度应符合表 2.4.1 的规定。

表 2.4.1　深度在 5 m 内的基坑(槽)边坡不加支撑时的最陡坡度

土的类别	边坡坡度(高∶宽)		
	坡顶无荷载	坡顶有静载	坡顶有动载
中密的砂土	1∶1.00	1∶1.25	1∶1.50
中密的碎石类土(充填物为砂土)	1∶0.75	1∶1.00	1∶1.25
硬塑的粉土	1∶0.67	1∶0.75	1∶1.00
中密的碎石类土(充填物为黏性土)	1∶0.50	1∶0.67	1∶0.75
硬塑的粉质黏土、黏土	1∶0.33	1∶0.50	1∶0.67
老黄土	1∶0.10	1∶0.25	1∶0.33
软土(经井点降水后)	1∶1.00	—	—

注:①静载指堆土或材料等,动载指机械挖土或汽车运输作业等。静载或动载距挖方边缘的距离应保证边坡和直立土壁的稳定,堆土或材料应距挖方边缘 0.8 m 以外,其高度不超过 1.5 m。

　　②当有成熟施工经验时,可不受本表限制。

③对使用时间较长的临时性边坡挖方边坡坡度,在山坡整体稳定情况下,如地质条件良好,土质均匀,高度在 10 m 以内的临时性挖方边坡坡度应按表 2.4.2 确定。

表 2.4.2　使用时间较长的临时性边坡挖土边坡坡度值

土的类别	边坡坡度(高∶宽)
砂土(不包括细砂、粉砂)	1∶1.25 ~ 1∶1.50

土的类别		边坡坡度(高:宽)
一般黏性土	坚硬	1:0.75~1:1.00
	硬塑	1:1.00~1:1.25
碎石类土	充填坚硬、硬塑黏性土	1:0.50~1:1.00
	充填砂土	1:1.00~1:1.50

注:①使用时间较长的临时性挖方是指使用时间超过1年的临时性道路、临时工程的挖方。

②挖方经过不同类别的土(岩)层或深度超过10 m时,其边坡可做成折线状或阶梯形。

③有成熟施工经验时,可不受本表限制。

2.土体支撑

在开挖基坑(槽)时,为了缩小工作面,减少挖土方量或受条件限制不能放坡时,可采用设置土体支撑的方法进行施工。这样不仅能确保施工安全,同时能减少对邻近建筑物的不利影响。

(1)横式支撑

在开挖较窄基槽时常采用横式支撑。横式支撑根据挡土板的不同,分为水平挡土板(图2.4.3(a))和垂直挡土板(图2.4.3(b))两类。前者按其挡土板的布置形式不同,又分为间断式支撑和连续式支撑两种。

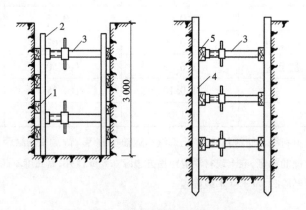

图2.4.3 横撑式支撑结构示意图

(a)间断式水平挡土板支撑 (b)垂直挡土板支撑

1—水平挡土板;2—竖楞木;3—工具式横撑(撑木);4—垂直挡土板;5—横楞木

对湿度小的黏性土、挖土深度小于3 m的基槽,选择间断式水平支撑。对松散、湿度较大的土、挖土深度小于5 m的基槽,可选择连续式水平支撑。对松散和湿度大、其挖深在5 m以上的基槽,则选择垂直挡土板式支撑。采用横式支撑时,应随开挖随支撑,做到支撑牢固安全可靠。施工过程中应经常观察和检查支撑结构,如发现支护结构有松动或变形时,应及时加固或更换松动或变形的构件。支撑结构的拆除应按回填顺序依次进行。对多层支护结构应从下而上逐层拆除,并随拆除随填土。

(2)板桩支撑

当挖基坑(槽)较深,地下水位较高易发生流砂危险,且没有降低地下水位时,则应选择钢板桩的支撑方法(图2.4.4)。钢板桩支撑不仅可防止流砂和塌方,而且还可防止周围的建筑物下沉、土体滑塌等。

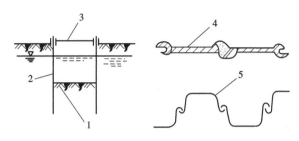

图2.4.4 钢板桩支撑

1—基槽底;2—钢板桩;3—横撑;4—直线形钢板桩;5—槽形钢板桩

除了上述支护方法外,土体的支护方法还有很多,如地下连续墙、土层锚杆等。

4.5 验坑(槽)方法

验坑(槽)是为了检验和判断其土质(层)是否达到设计要求,有无异常情况,是否需要对地基进行加固处理。检验内容主要有土质(层)及变化情况、坑(槽)底标高、上下口尺寸、边坡及轴线等。

对柱基、转角、承重墙下,或其他受力大的部分均作为重点部位进行检查验收,并做好记录,经业主单位、设计单位鉴定认可并签字后,方可进行下一道工序。

对验坑(槽)中发现的问题,应采取经业主及设计单位同意的措施进行处理,处理后应重新对其进行质量评定验收。

对于大型建筑和高耸建筑,应对其地基进行动载(静载)检测,以确定地基承受荷载后在强度、变形等方面能否达到设计要求。

1. 人工观察

在挖好的基坑(槽)或管沟内观察,检验土层与土质情况,有无地下管道、电缆等。配合人工夯探,判断在一定深度范围内有无空洞、古墓等,发现异常应及时会同业主及设计单位研究和制定处理方案。

2. 人工钎探

基坑(槽)挖成后,为防止今后基础的不均匀沉降,应采用钎探方法检查地基土下有无软(硬)下卧层、空洞及暗穴等。

（1）探钎规格

探钎由 $\phi 22$ mm ~ $\phi 25$ mm 的钢筋制成,钎尖呈 60° 锥状,长 1.8 ~ 2.0 m,钎杆上应刻有深度标记。

（2）探孔布置

画出钎探点平面布置图,并对探点编号,以此作为检验基坑（槽）的依据。探孔后应做好施工日志和有关记录。钎探孔位若无设计要求时,可参考表 2.4.3 进行确定。

表 2.4.3　钎探孔布置

槽宽（cm）	钎孔布置方式	图示	钎探间距（m）	钎探深度（m）
<80	中心一排	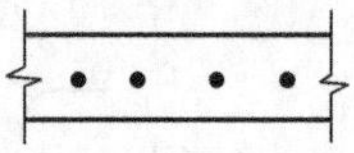	1.5	1.5
80 ~ 200	两排错开	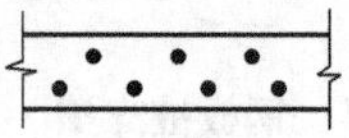	1.5	1.5
>200	梅花形	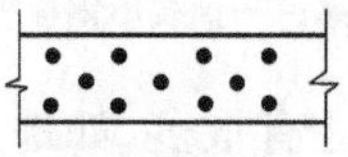	1.5	2.0
桩基	梅花形		1.5 ~ 2.0	1.5 并不浅于桩基短边

（3）禁用钎探情形

持力层为不厚的黏性土,而下面是含承压水的砂土层;下面有电缆或水管等。

4.6　基础回填要点

填土前应将基坑（槽）内清理干净,并对局部地基进行加固,找平至设计标高;当施工的基础经验收合格后,即可对基础两侧的空隙进行回填,其虚铺层厚为 200 ~ 250 mm;回填土应逐层夯实,其密度应符合设计要求,并进行填土表面铲平与补填工作;基坑（槽）的回填工作应连续进行,防止雨水流入,以保证回填土的质量。

综合练习题

1. 某综合楼建筑面积 6 800 m^2,6 层,框架结构,独立基础,柱基 30 个,其基坑底面积为 2.5 m×2.5 m,开挖的深度为 3 m,地基土为三类土,放坡系数 K = 0.33,土的可松系数 K_s = 1.25,K'_s = 1.05,基础所占的体积为 6 m^3,基坑回填后,将余土用 3 m^3 的运输车外运,需要运送多少车次?

2. 某基坑坑底长度为 85 m,宽度为 60 m,深度为 8 m。根据设计,要求每边各留 0.3 m 的工作面,基坑四边放坡,其边坡坡度为 1∶0.5。已知土的最初可松性系数 $K_s = 1.14$,最终可松性系数 $K'_s = 1.05$。试计算:

(1)挖土土方量为多少?

(2)若混凝土基础和地下室占有体积为 2 200 m³,则应预留多少回填土(自然状态土)?

(3)若多余土方需外运,则外运土方(自然状态土)为多少?

(4)若载重汽车容量为 4.0 m³/车,则需运多少车次?

3. 某房屋基础为带状基础,其基槽断面尺寸如图 2.4.5 所示。根据设计提供的资料,地基土为亚黏土,$K_s = 1.30$,$K'_s = 1.05$。施工组织设计已经批准,规定基槽两面均按 1∶0.33 放坡,余土用 2.5 m³/车容量的自卸载重汽车外运。经计算,基槽全长 240 m。

问题:

(1)计算基槽挖方量(计算结果保留整数);

(2)计算弃土土方量;

(3)计算外运车次。

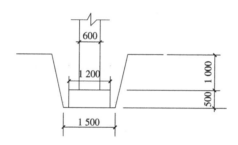

图 2.4.5　某房屋条形基础

任务 5　基坑(槽)的放线、开挖、验槽及回填施工

基坑(槽)的施工应在场地平整后,首先根据建筑施工设计的要求进行基坑(槽)的放线,然后进行基坑(槽)的开挖工作。开挖出的土方一般可堆积在基坑(槽)的四周,作为基坑(槽)的回填土,以减少基坑(槽)回填时的运输距离。基坑(槽)的土方量应纳入土石方预算,单独进行计算。

5.1　基坑(槽)的开挖

参见本学习情境 4.3、4.4 的内容。

5.2 验坑(槽)方法及回填要求

1.验坑（槽）内容

验坑（槽）是为了检验和判断其土质(层)是否达到设计要求,有无异常情况,是否需要对地基进行加固处理。不同建筑物对地基的要求不同,基础形式不同,验槽的内容也不同,验槽主要有以下几点。

①根据设计图纸检查基坑(槽)的开挖平面位置、尺寸、坑(槽)底深度,检查是否与设计图纸相符,开挖深度是否符合设计要求。

②仔细观察坑(槽)壁、坑(槽)底土质类型、均匀程度和有关异常土质是否存在,核对基坑(槽)土质及地下水情况是否与勘察报告相符。

③检查基坑(槽)之中是否有旧建筑物基础、古井、古墓、洞穴、地下掩埋物及地下人防工程等。

④检查基坑(槽)边坡外缘与附近建筑物的距离,基坑开挖对建筑物稳定是否有影响。

⑤天然地基验槽应检查核实分析钎探资料,对存在的异常点位进行复合检查。

2.验坑（槽）方法

(1)人工观察

参见本学习情境4.5的内容。

(2)人工触探

①基坑(槽)挖成后,为防止今后基础的不均匀沉降,遇到下列情况之一时,应在基坑底普遍进行轻型动力触探:

持力层明显不均匀;

浅部有软弱下卧层;

有浅埋的坑穴、古墓、古井等,直接观察难以发现时;

勘察报告或设计文件规定应进行轻型动力触探时。

②探孔布置。画出触探点平面布置图,并对探点编号,以此作为检验基坑(槽)的依据。采用轻型动力触探进行基槽检验时,若无设计要求,检验深度及间距可按表2.5.1进行确定。

表 2.5.1　轻型动力触探检验深度及间距表　　　　　　　　　　　　　　　　　(m)

排列方式	基槽宽度	检验深度	检验间距
中心一排	<0.8	1.2	
两排错开	0.8~2.0	1.5	1.0~1.5 m 视地层复杂情况定
梅花形	>2.0	2.1	

③遇下列情况之一时,可不进行轻型动力触探:

基坑不深处有承压水层,触探可造成冒水涌砂时;

持力层为砾石层或卵石层,且其厚度符合设计要求时。

④基坑(槽)检验应填写验坑(槽)记录或检验报告。

5.3　基坑(槽)的局部处理

基坑(槽)的局部处理是指在开挖基坑(槽)的施工中或验坑(槽)时,发现坑(槽)范围内有洞穴、墓坑、松土坑或岩基、墙基等局部异常地基对其进行的处理。局部基坑(槽)的处理方法和原则:将局部软弱层或硬物尽可能挖除,回填与天然土压缩性相近的材料,分层夯实;当天然土为砂土时,用砂或级配砂石回填;当天然土为较密实的黏性土时,用3:7的灰土分层回填;当天然土为中密可塑的黏性土或新近沉积黏性土时,可用1:9或2:8的灰土分层回填。

1. 墓坑、松土坑的处理

(1)墓坑、松土坑的范围较小

将墓坑、松土坑中的软土、虚土全部挖除,使坑底及四周均见天然土,然后用与坑边的天然土层相近的材料分层夯实回填至坑底标高处,如图2.5.1所示。

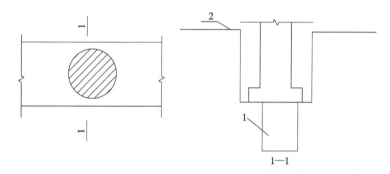

图2.5.1　软松土坑的范围较小(在基槽范围内)

1—松土全部挖出后填以好土;2—天然地面

当天然土为第四纪砂土时,用砂或级配砂石回填。回填时应分层夯实,或用平板振捣器振密实,每层厚度不大于200 mm。当天然土为较密实的黏性土时,则用3:7的灰土分层夯实。如果为中密的、可塑的黏性土或新近沉积黏性土,则可用1:9或2:8的灰土分层回填夯实。

(2)软松土坑范围较大

因条件限制,当槽壁挖不到天然土层时,则应将该范围内的基槽适当加宽,宽度可按下述条件确定:当用砂土回填时,基槽壁边均应按1:1坡度放宽;当用1:9或2:8的灰土分层回填时,基槽每边应按$b:h=0.5:1$坡度放宽;当用3:7的灰土分层回填时,如坑的长度小于2 m,基槽可不放宽,但灰土与槽壁接触处应夯实,如图2.5.2所示。

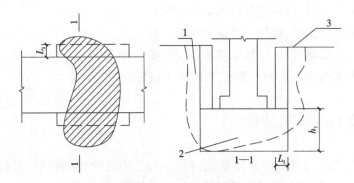

图 2.5.2　软土坑范围较大(超过基槽边沿)

1—软松土;2—2:8灰土;3—天然地面

(3)软松土坑范围较大,其长度超过 5 m

如果坑底土质与一般槽底土质相同,可将此部分基础加深,做成 1:2 踏步与两端相接,每步高不大于 50 cm,长度不小于 100 cm;如果深度较大,则用 3:7 的灰土分层回填夯实至与坑(槽)底齐平,如图 2.5.3 所示。

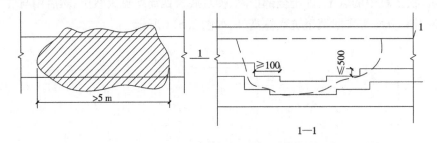

图 2.5.3　软松土坑范围较大且长度超过 5 m

1—天然地面

(4)软松土坑较深且大于槽宽或大于 1.5 m

按上述要求处理挖到老土,槽底处理完毕以后,还应适当考虑加强上部结构的强度,在灰土基础上 1~2 皮砖处(或混凝土基础内)、防潮层下 1~2 皮砖处及首层顶板处加配 $4\phi 8~12$ mm 的钢筋跨过松土坑两端各 1 m,以防产生过大的局部不均匀沉降。

(5)软土坑下水位较高

当坑下水位较高,坑内无法夯实时,可将坑(槽)中的软松土挖去,再用砂土、砂石或混凝土代替灰土回填,如果坑底在地下水位以下,则在回填前先用粗砂与碎石(比例1:3)分层回填夯实;地下水位以上用 3:7 的灰土回填夯实至要求高度。

2.土井或砖井的处理

①砖井、土井在室外且距离基础边缘 5 m 以内,先用素土分层夯实,回填到室外地坪以下 1.5 m 处,将井壁四周砖圈拆除或挖去松软部分,然后用素土分层回填并夯实。

②砖井、土井在室内基础附近,将水位降低到最低可能的限度,用中砂、粗砂及块石、卵石等回填到地下水位以上0.5 m。砖井应将四周砖圈拆至坑(槽)以下1 m或更深些,然后再用素土分层回填并夯实。

③当土井或砖井在基础以下时,先用素土分层回填并夯实到基础底下2 m处,将井壁四周的松软部分挖去,当有砖井圈时,将砖井圈拆至槽底以下1~1.5 m。当井内有水时,应用中、粗砂及石块、卵石或大块石等回填到地下水位0.5 m以上,然后再用素土分层回填并夯实。当井内已填有土但不密实,且挖除有困难时,可在部分拆除后的砖石井圈上加钢筋混凝土盖封口,上面用素土或2:8灰土分层回填、夯实至槽底,如图2.5.4所示。

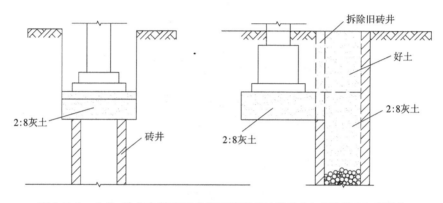

图2.5.4 土井、砖井在基础下或条形基础3B(基底宽)或柱基2B范围内

④当土井、砖井在房屋转角处且基础部分或全部压在井上时,除用前几种办法回填处理外,还应对基础加固处理。当基础压在井上部分较少时,可采用从基础中挑钢筋混凝土梁的方法;当基础压在井上部分较多,用挑梁的方法较困难或不经济时,则可将基础沿墙长方向向外延伸出去,使延伸部分落在天然土上,总面积应等于井圈范围内原有基础的面积,并在墙内配筋或用钢筋混凝土梁来加强,如图2.5.5所示。

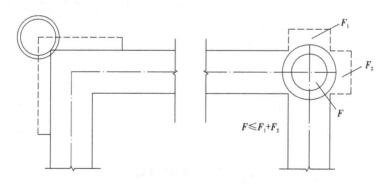

图2.5.5 土井、砖井在房屋转角处且基础部分或全部压在井上

⑤当土井、砖井已淤填,但不密实时,可用大块石将下面软土挤紧,再用前述方法回填处理。如果井内不能夯填密实,而上部荷载又较大,则可在井内用灰土挤密或石灰桩处理;如果

土井在大体积混凝土基础下,可采用在井圈上加钢筋混凝土盖板封口,上面用素土或2:8的灰土分层回填密实的方法处理,要求盖板到基底的高差大于井径。

3. 管道穿过基础的处理

建筑物中,供气通风、给水排水、电气工程中有许多管道要穿过建筑物的基础或墙体,这就涉及管道穿过基础的问题,从而引发管道和基础结构的保护以及防水等问题。

当基础受力较小以及管道在使用中振动轻微时,管道可采用主管直接埋入基础内,管道外壁应加焊钢板翼环。构造如图2.5.6所示。

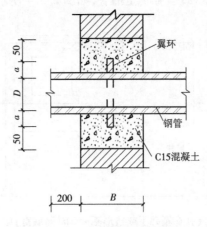

图 2.5.6　主管直接埋入基础内

当基础受力较大,在使用过程中可能产生较大的沉陷以及管道有较大振动并有防水要求时,则应采用在管道外预先埋设套管(也称防水套管),然后在套管内安装穿墙管(称为活动式穿墙管)的办法。分刚性和柔性两种,如图2.5.7所示。

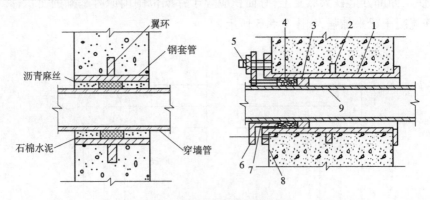

图 2.5.7　穿墙管的布置

(a)刚性穿墙套管　(b)柔性穿墙套管

1—套管;2—翼环;3—挡圈;4—橡皮条;5—双头螺栓;6—法兰盘;7—短管;8—翼盘;9—穿墙管

4.局部范围有硬土或硬物的处理

当桩基或部分基槽下有基岩、旧墙基、大孤石、化粪池、压实路面等硬土或坚硬物时,应尽量将地坑、地槽范围内的硬土或坚硬物挖除,以免基础局部落在硬物上造成不均匀沉降使上部建筑物开裂。硬土、硬物挖除后,若深度小于 1.5 m,则可用砂、砂卵石或灰土回填;若长度大于 5 m,则将槽底做 1:2 的踏步灰土垫层与两端紧密连接,然后再做基础。

若基础一部分落于基岩或硬土层上,一部分落于软弱土层上,基岩表面坡度较大,则应在软土层上采用现场钻孔灌注桩至基岩,或在软土部位做混凝土砌块石支撑墙(或支墩)至基岩,或将基础以下基岩凿去 0.3 ~ 0.5 m,填以中粗砂或土砂混合物做软性褥垫,使之能调整岩土交界部位地基的相对变形,避免应力集中出现裂缝,或采取加强基础和上部结构刚度来克服软硬地基的不均匀变形。

若基础一部分落于原土层上,另一部分落于回填土地基上,可在填土部位用现场钻孔灌注桩或钻孔爆扩桩直至原土层,使该部位上部荷载直接传至原土层,以避免地基土的不均匀沉降。

复习思考题

1.基坑(槽)放线要点主要有哪些?

2.基坑(槽)开挖的要点有哪些?

3.土体放坡施工时,《土方与爆破工程施工及验收规范》(GB 50201—2012)有哪些规定?

4.土体支撑的主要类型有哪些? 它们的适用条件有哪些?

5.验坑(槽)的主要方法有哪些?

6.基坑(槽)的局部处理有哪些内容?

任务6　基坑(槽)施工的质量及安全控制

6.1　基坑(槽)施工中的质量控制与检测

1.一般要求

①在基坑(槽)或管沟工程等开挖施工中,现场不宜进行放坡开挖,当可能对邻近建(构)筑物、地下管线、永久性道路产生危害时,应对基坑(槽)、管沟进行支护后再开挖。

② 基坑(槽)、管沟开挖前应做好下述工作。

a.基坑(槽)、管沟开挖前,应根据支护结构形式、挖深、地质条件、施工方法、周围环境、工期、气候和地面载荷等资料制定施工方案、环境保护措施、监测方案,经审批后方可施工。

b.土方工程施工前,应对降水、排水措施进行设计,系统应经检查和试运转,一切正常时方可开始施工。

c.围护结构的施工质量应按设计或相应规范进行验收,验收合格后方可进行土方开挖。

③土方开挖的顺序、方法必须与设计工况相一致,并遵循"开槽支撑,先撑后挖,分层开挖,严禁超挖"的原则。

④基坑(槽)、管沟的挖土应分层进行。在施工过程中基坑(槽)、管沟边堆置土方不应超过设计荷载,挖方时不应碰撞或损伤支护结构、降水设施。

⑤基坑(槽)、管沟土方施工中应对支护结构、周围环境进行观察和监测,如出现异常情况应及时处理,待恢复正常后方可继续施工。

⑥基坑(槽)、管沟开挖至设计标高后,应对坑底进行保护,经验坑(槽)合格后,方可进行垫层施工。对特大型基坑,宜分区分块挖至设计标高,分区分块及时浇筑垫层。必要时,可加强垫层。

⑦基坑(槽)、管沟土方工程验收必须以确保支护结构安全和周围环境安全为前提。当设计有指标时,以设计要求为依据,如无设计指标时应按表2.6.1的规定执行。

表2.6.1　基坑变形的监控值　　　　　　　　　　　　　　　　　　　(cm)

基坑类别	围护结构墙顶位移监控值	围护结构墙体最大位移监控值	地面最大沉降监控值
一级基坑	3	5	3
二级基坑	6	8	6
三级基坑	8	10	10

注:① 符合下列情况之一,为一级基坑:

　　a.重要工程或支护结构作为主体结构的一部分;

　　b.开挖深度大于 10 m;

　　c.与邻近建筑物、重要设施的距离在开挖深度以内的基坑;

　　d.基坑范围内有历史文物、近代优秀建筑、重要管线等需严加保护的基坑。

②三级基坑为开挖深度小于 7 m,且周围环境无特别要求时的基坑。

③除一级和三级外的基坑属二级基坑。

④当周围已有设施有特殊要求时,尚应符合这些要求。

2. 排桩墙支护工程

①排桩墙支护结构包括灌注桩、预制桩、板桩等类型桩构成的支护结构。

②灌注桩、预制桩的检验标准应符合设计和相应规范的规定。钢板桩均为工厂成品,新桩

可按出厂标准检验,重复使用的钢板桩应符合表2.6.2的规定,混凝土板桩应符合表2.6.3的规定。

表2.6.2　重复使用的钢板桩检验标准

序号	检查项目	允许偏差或允许值		检查方法
		单位	数值	
1	桩垂直度	%	<1	用钢尺量
2	桩身弯曲度		<2%l	用钢尺量,l为桩长
3	齿槽平直度及光滑度	无电焊渣或毛刺		用1 m长的桩段做通过试验
4	桩长度	不小于设计长度		用钢尺量

表2.6.3　混凝土板桩制作标准

项目	序号	检查项目	允许偏差或允许值		检查方法
			单位	数值	
主控项目	1	桩长度	mm	+10 0	用钢尺量
	2	桩身弯曲度		<0.1%l	用钢尺量,l为桩长
一般项目	1	保护层厚度	mm	±5	用钢尺量
	2	模截面相对两面之差	mm	5	用钢尺量
	3	桩尖对桩轴线的位移	mm	10	用钢尺量
	4	桩厚度	mm	+10 0	用钢尺量
	5	凹凸槽尺寸	mm	±3	用钢尺量

③排桩墙支护的基坑,开挖后应及时支护,每一道支撑施工应确保基坑变形在设计要求的控制范围内。

④在含水地层范围内的排桩墙支护基坑,应有确实可靠的止水措施,确保基坑施工及邻近构筑物的安全。

3.水泥土桩墙支护工程

①水泥土桩墙支护结构指水泥土搅拌桩(包括加筋水泥土搅拌桩)、高压喷射注浆桩所构成的围护结构。

②水泥土搅拌桩及高压喷射注浆桩的质量检验应满足《建筑地基基础工程施工质量验收规范》(GB 50202—2013)的规定,具体如下。

a. 高压喷射注浆地基。第一,施工前应检查水泥、外掺剂等的质量,桩位、压力表、流量表的精度和灵敏度,高压喷射设备的性能等。第二,施工中应检查施工参数(压力、水泥浆量、提升速度、旋转速度等)及施工程序。第三,施工结束后,应检验桩体强度、平均直径、桩身中心位置、桩体质量及承载力等。桩体质量及承载力检验应在施工结束后28 d进行。第四,高压喷射注浆地基质量检验标准应符合表2.6.4的规定。

表 2.6.4　高压喷射注浆地基质量检验标准

项目	序号	检查项目	允许偏差或允许值		检查方法
			单位	数值	
主控项目	1	水泥及外掺剂质量	符合出厂要求		查产品合格证书或抽样送检
	2	水泥用量	设计要求		查看流量表及水泥浆水灰比
	3	桩体强度或完整性检验	设计要求		按规定方法
	4	地基承载力	设计要求		按规定方法
一般项目	1	钻孔位置	mm	≤50	用钢尺量
	2	钻孔垂直度	%	≤1.5	经纬仪测钻杆或实测
	3	孔深	mm	±200	用钢尺量
	4	注浆压力	按设定参数指标		查看压力表
	5	桩体搭接	mm	>200	用钢尺量
	6	桩体直径	mm	≤50	开挖后用钢尺量
	7	桩身中心允许偏差		≤$0.2D$ (D 为桩径)	开挖后桩顶下500 mm处用钢尺量,

b. 水泥土搅拌桩地基。第一,施工前应检查水泥及外掺剂的质量、桩位、搅拌机工作性能及各种计量设备(主要是水泥浆流量计及其他计量装置)完好程度。第二,施工中应检查机头提升速度、水泥浆或水泥注入量、搅拌桩的长度及标高。第三,施工结束后,应检查桩体强度、桩体直径及地基承载力。第四,进行强度检验时,对承重水泥土搅拌桩应取90 d后的试件;对支护水泥土搅拌桩应取28 d后的试件。第五,水泥土搅拌桩地基质量检验标准应符合表2.6.5的规定。

表2.6.5　水泥土搅拌桩地基质量检验标准

项目	序号	检查项目	允许偏差或允许值		检查方法
			单位	数值	
主控项目	1	水泥及外掺剂质量	设计要求		查产品合格证书或抽样送检
	2	水泥用量	参数指标		查看流量计
	3	桩体强度	设计要求		按规定办法
	4	地基承载力	设计要求		按规定办法
一般项目	1	机头提升速度	m/min	≤0.5	量机头上升距离及时间
	2	桩底标高	mm	±200	测机头深度
	3	桩顶标高	mm	+200 −50	水准仪(最上部500 mm不计入)
	4	桩位偏差	mm	<50	用钢尺量
	5	桩径		<0.04D (D为桩径)	用钢尺量
	6	垂直度	%	≤1.5	经纬仪
	7	搭接	mm	>200	用钢尺量

③加筋水泥土桩应符合表2.6.6的规定。

表2.6.6　加筋水泥土桩质量检验标准

序号	检查项目	允许偏差或允许值		检查方法
		单位	数值	
1	型钢长度	mm	±10	用钢尺量
2	型钢垂直度	%	<1	经纬仪
3	型钢插入标高	mm	±30	水准仪
4	型钢插入平面位置	mm	10	用钢尺量

4. 锚杆及土钉墙支护工程

①锚杆及土钉墙支护工程施工前应熟悉地质资料、设计图纸及周围环境,降水系统应确保正常工作,必需的施工设备如挖掘机、钻机、压浆泵、搅拌机等应能正常工作。

②一般情况下,应遵循分段开挖、分段支护的原则,不宜按一次挖就再行支护的方式施工。

③施工中应对锚杆或土钉位置,钻孔直径、深度及角度,锚杆或土钉插入长度,注浆配比、压力及注浆量,喷锚墙面厚度及强度、锚杆或土钉应力等进行检查。

④每段支护体施工完后,应检查坡顶或坡面位移,坡顶沉降及周围环境变化,如有异常情况应采取措施,恢复正常后方可继续施工。

⑤锚杆及土钉墙支护工程质量检验应符合表2.6.7的规定。

表2.6.7　锚杆及土钉墙支护工程质量检验标准

项目	序号	检查项目	允许偏差或允许值		检查方法
			单位	数值	
主控项目	1	锚杆土钉长度	mm	±30	用钢尺量
	2	锚杆锁定力	设计要求		现场实测
一般项目	1	锚杆或土钉位置	mm	±100	用钢尺量
	2	钻孔倾斜度	(°)	±1	测钻机倾角
	3	浆体强度	设计要求		试样送检
	4	注浆量	大于理论计算浆量		检查计量数据
	5	土钉墙面厚度	mm	±10	用钢尺量
	6	墙体强度	设计要求		试样送检

5. 钢或混凝土支撑系统

①支撑系统包括围囹及支撑,当支撑较长(一般超过15 m)时,还包括支撑下的立柱及相应的立柱桩。

②施工前应熟悉支撑系统的图纸及各种计算工况,掌握开挖及支撑设置的方式、预顶力及周围环境保护的要求。

③施工过程中应严格控制开挖和支撑的程序及时间,对支撑的位置(包括立柱及立柱桩的位置)、每层开挖深度、预加顶力(如需要时)、钢转囹与围护体或支撑与围囹的密贴度应做周密检查。

④全部支撑安装结束后,仍应维持整个系统的正常运转直至支撑全部拆除。

⑤作为永久性结构的支撑系统尚应符合现行国家标准《混凝土结构工程施工质量验收规范》(GB 50204—2015)的要求。

⑥钢或混凝土支撑系统工程质量检验标准应符合表2.6.8的规定。

表 2.6.8　钢或混凝土支撑系统工程质量检验标准

项目	序号	检查项目	允许偏差或允许值		检查方法
			单位	数值	
主控项目	1	支撑位置:标高	mm	30	水准仪
		平面	mm	100	用钢尺量
	2	预加顶力	kN	±50	油泵读数或传感器
一般项目	1	围图标高	mm	30	水准仪
	2	立柱桩	参见相应规范		参见相应规范
	3	立柱位置:标高	mm	30	水准仪
		平面	mm	50	用钢尺量
	4	开挖超深(开槽放支撑不在此范围)	mm	<200	水准仪
	5	支撑安装时间	设计要求		用钟表估测

6.地下连续墙

①地下连续墙应设置导墙,导墙动工有预制及现浇两种,现浇导墙形状有"L"形或倒"L"形,可根据不同土质选用。

②地下墙施工前宜先试成槽,以检验泥浆的配比、成槽机的选型并可复核地质资料。

③作为永久结构的地下连续墙,其抗渗质量标准可按现行国家标准《地下防水工程质量验收规范》(GB 50208—2011)执行。

④地下墙槽段间的连接接头形式,应根据地下墙的使用要求选用,且应考虑施工单位的经验,无论选用何种接头,在浇筑混凝土前,接头处必须刷洗干净,不留任何泥砂或污物。

⑤地下墙与地下室结构顶板、楼板、底板及梁之间的连接可预埋钢筋或接驳器(锥螺纹或直螺纹),对接驳器也应按原材料检验要求,抽样复验,数量每500套为一个检验批,每批应抽查3件,复验内容为外观、尺寸、抗拉试验等。

⑥施工前应检验进场的钢材、电焊条。已完工的导墙应检查其净空尺寸、墙面平整度与垂直度。检查泥浆用的仪器、泥浆循环系统应完好。地下连续墙应用商品混凝土。

⑦施工中应检查成槽的垂直度、槽底的淤积物厚度、泥浆比重、钢筋笼尺寸、浇筑导管位置、混凝土上升速度、浇筑面标高、地下墙连接面的清洗程度、商品混凝土的坍落度、锁口管或接头箱的拔出时间及速度等。

⑧成槽结束后应对成槽的宽度、深度及倾斜度进行检验,重要结构每个槽段都应检查,一般结构可抽查总槽段数的20%,每槽段应抽查1个断面。

⑨永久性结构的地下墙,在钢筋笼沉放后,应做二次清孔,沉渣厚度应符合要求。

⑩每50 m² 地下墙应做1组试件,每个槽段不得少于1组,在强度满足设计要求后方可开挖土方。

⑪作为永久性结构的地下连续墙,土方开挖后应进行逐段检查,钢筋混凝土底板也应符合现行国家标准《混凝土结构工程施工质量验收规范》(GB 50204—2015)的规定。

⑫地下墙的钢筋笼检验标准应符合相应规范要求。地下墙质量检验标准如表2.6.9所示。

表2.6.9 地下墙质量检验标准

项目	序号	检查项目		允许偏差或允许值		检查方法
				单位	数值	
主控项目	1	墙体强度		设计要求		查试件记录或取芯试压
	2	垂直度:永久结构			1/300	测声波测槽仪或成槽机上的监测系统
		临时结构			1/150	
一般项目	1	导墙尺寸	宽度	mm	$W+40$	用钢尺量,W为地下墙设计厚度
			墙面平整度	mm	<5	用钢尺量
			导墙平面位置	mm	±10	用钢尺量
	2	沉渣厚度:永久结构		mm	≤100	重锤测或沉积物测定仪测
		临时结构		mm	≤200	
	3	槽深		mm	+100	重锤测
	4	混凝土坍落度		mm	18~220	坍落度测定器
	5	钢筋笼尺寸		见相应规范		见相应规范
	6	地下墙表面平整度	永久结构	mm	<100	此为均匀黏土层,松散及易坍土层由设计决定
			临时结构	mm	<150	
			插入式结构	mm	<20	
	7	永久结构的预埋件位置	水平向	mm	≤10	用钢尺量
			垂直向	mm	≤20	水准仪

7.沉井与沉箱

①沉井是下沉结构,必须掌握确凿的地质资料,钻孔可按下述要求进行。

a.面积在200 m²以下(包括200 m²)的沉井(箱),应有一个钻孔(可布置在中心位置)。

b.面积在200 m²以上的沉井(箱),在四角(圆形为相互垂直的两直径端点)应各布置一个钻孔。

c.特大沉井(箱)可根据具体情况增加钻孔。

d.钻孔底标高应深于沉井的终沉标高。

e.每座沉井(箱)应有一个钻孔提供土的各项物理力学指标、地下水位和地下水含量资料。

②沉井(箱)的施工应由具有专业施工经验的单位承担。

③沉井制作时,承垫木或砂垫层的采用,与沉井的结构情况、地质条件、制作高度等有关,无论采用何种形式,均应有沉井制作时的稳定计算及措施。

④多次制作和下沉的沉井(箱),在每次制作接高时,应对下卧层进行稳定复核计划,并确定确保沉井接高的稳定措施。

⑤沉井采用排水封底,应确保终沉时井内不发生管涌、涌土及沉井止沉稳定。如不能保证时,应采用水下封底。

⑥沉井施工除应符合以上规定外,尚应符合现行国家标准《混凝土结构工程施工质量验收规范》(GB 50204—2015)及《地下防水工程质量验收规范》(GB 50208—2011)的规定。

⑦沉井(箱)在施工前应对钢筋、电焊条及焊接成形的钢筋半成品进行检验。拆模后应检查浇筑质量(外观及强度),符合要求后方可下沉。浮运沉井尚需做起浮可能性检查。下沉过程中应对下沉偏差做过程控制检查。下沉后的接高应对地基强度、沉井的稳定做检查。封底结束后,应对底板的结构(有无裂缝)及渗漏做检查。有关渗漏验收标准应符合现行国家标准《地下防水工程质量验收规范》(GB 50208—2011)的规定。

⑧沉井(箱)竣工后的验收应包括沉井(箱)的平面位置、终端标高、结构完整性、渗水等的综合检查。

⑨沉井(箱)的质量检验标准应符合表2.6.10的要求。

表2.6.10　沉井(箱)的质量检验标准

项目	序号	检查项目	允许偏差或允许值		检查方法
			单位	数值	
主控项目	1	混凝土强度	满足设计要求(下沉前必须达到70%设计强度)		查试件记录或抽样记录
	2	封底前,沉井(箱)的下沉稳定	mm/8 h	<10	水准仪
	3	封底结束后的位置: 刃脚平均标高(与设计标高比) 刃脚平面中心线位置 四角中任何两角的底面高差	mm	<100 <1% H <1% l	水准仪 经纬仪,H 为下沉总深度,$H<10$ m 时,控制在100 mm 之内 水准仪,l 为两角的距离,但不超过300 mm,$l<10$ m 时,控制在100 mm 之内

项目	序号	检查项目	允许偏差或允许值		检查方法
			单位	数值	
一般项目	1	钢材、对接钢筋、水泥、骨料等原材料检查	符合设计要求		查出厂质保书或抽样送检
	2	结构体外观	无裂缝,无风窝、孔洞,不露筋		直观
	3	平面尺寸:长与宽	%	±0.5	用钢尺量,最大控制在100 mm之内
		曲线部分半径	%	±0.5	用钢尺量,最大控制在50 mm之内
		两对角线差	%	1.0	用钢尺量
		预埋件	mm	20	用钢尺量
	4	下沉过程中的偏差 高差	%	1.5~2.0	水准仪,但最大不超过1 m
		平面轴线		<1.5%H	经纬仪,H为下沉深度,最大应控制在300 mm之内,此数值不包括高差引起的中线位移
	5	封底混凝土坍落度	cm	18~22	坍落度测定器

注:主控项目3的三项偏差可同时存在,下沉总深度系指下沉前后刃脚之高差。

6.2 基坑(槽)开挖与回填安全技术措施

1. 一般要求

①基坑工程应建立现场安全管理制度。开工前进行安全交底,并留有书面记录。施工现场应设置专职安全员。

②土方开挖前,应查清周边环境,如建筑物、市政管线、道路、地下水等情况;应将开挖范围内的各种管线迁移、拆除,或采取可靠保护措施。

③基坑土方开挖应按设计和施工方案要求分层、分段、均衡开挖,并贯彻先锚固(支撑)后开挖、边开挖边监测、边开挖边防护的原则。严禁超深挖土。

④基坑土方开挖按要求设置变形观测点,并按规定进行观测,发现异常情况要及时处理,做到信息化施工。

2. 基坑开挖的防护

① 深度超过1.5 m的基坑周边须安装防护栏杆。防护栏杆应符合以下规定。

a. 防护栏杆高度应为1.2~1.5 m。

b. 防护栏杆由横杆及立柱组成。横杆2~3道,下杆离地高度0.3~0.6 m,上杆离地高度1.0~1.2 m;立柱间距不大于2 m,立柱离坡边距离应大于0.5 m。防护栏杆外放置有砂、石、土、砖、砌块等材料时尚应设置扫地杆。

c.防护栏杆上应加挂密目安全网或挡脚板。安全网自上而下封闭设置,网眼不大于25 mm;挡脚板高度不小于180 mm,挡脚板下沿离地高度不大于10 mm。

d.防护栏杆的材料要有足够的强度,并须安装牢固,上杆应能承受任何方向大于1 kN的外力。

e.防护栏杆上应没有毛刺。

②做好道路、地面的硬化及防水措施。基坑边坡的顶部应设排水措施,防止地面水渗漏、流入基坑和冲刷基坑边坡。基坑底四周应设排水沟,防止坡脚受水浸泡,发现积水要及时排除。基坑挖至坑底时应及时清理基底并浇筑垫层。

③基坑内应有专用坡道或梯道供施工人员上下。梯道的宽度不应小于0.75 m。坡道宽度小于3 m时应在两侧设置安全护栏。梯道的搭设应符合相关安全规范要求。

④基坑支护结构物上及边坡顶面等处有坠落可能的物件、废料等,应先行拆除或加以固定,防止坠落伤人。

⑤基坑支护应尽量避免在同一垂直作业面的上下层同时作业。如果必须同时作业,须在上下层之间设置隔离防护措施。施工作业所需脚手架的搭设应符合相关安全规范要求。在脚手架上进行施工作业时,架下不得有人作业、停留及通行。

3.安全作业要求

①在电力管线、通信管线、燃气管线2 m范围内及上下水管线1 m范围内挖土时,宜在安全人员监护下开挖。

②支护结构采用土钉墙、锚杆、腰梁、支撑等结构形式时,必须等结构的强度达到开挖时的设计要求后才可开挖下一层土方,严禁提前开挖。施工过程中,严禁各种机械碰撞支撑、腰梁、锚杆、降水井等基坑支护结构物,且不得在其上面放置或悬挂重物。

③基坑开挖的坡度和深度应严格按设计要求进行。当设计未做规定时,对人工开挖的狭窄基槽或坑井,应按其塌方不会导致人身安全隐患的条件对挖土深度和宽度进行限制。人工开挖基坑的深度较大并存在边坡塌方危险时,应采取临时支护措施。

④开挖的基坑深度低于邻近建筑物基础时,开挖的边坡应距邻近建筑物基础一定距离。当高差不大时,根据土层的性质、邻近建筑物的荷载和重要性等情况,其放坡坡度的高宽比应小于1:0.5;当高差较大或邻近建筑物结构刚度较弱时,应对开挖对其的影响程度进行分析计算。当基坑开挖不能满足安全要求时,应对基坑边坡采取加固或支护等措施。

⑤在软土地基上开挖基坑,应防止挖土机械作业时的下陷。当在软土场地上挖土机械不能正常行走和作业时,应对挖土机械行走路线用铺设渣土或砂石等方法进行硬化。开挖坡度和深度应保证软土边坡的稳定,防止塌陷。

⑥场地内有桩的空孔时,土方开挖前应先将其填实。挖孔桩的护壁、旧基础、桩头等结构物不应使用挖掘机强行拆除,应采用人工或其他专用机械拆除。

⑦陡边坡处作业时,坡上作业人员必须系挂安全带,弃土下方以及滚石危及的范围内应设明显的警示标志,并禁止作业及通行。

⑧遇软弱土层、流砂(土)、管涌、向坑内倾斜的裂隙面等情况时,应及时向上级及设计人员汇报,并按预定方案采取相应措施。

⑨除基坑支护设计要求允许外,基坑边1 m范围内不得堆土、堆料、放置机具。

⑩采用井点降水时,井口应设置防护盖板或围栏,警示标志应明显。停止降水后,应及时将井填实。

⑪施工现场应采用大功率、防水型灯具,夜间施工的作业面以及进出道路应有足够的照明措施和安全警示标志。

⑫碘钨灯、电焊机、气焊与气割设备等能够散发大量热量的机电设备,不得靠近易燃品。灯具与易燃品的最小间距不得小于1 m。

⑬采用钢钎破碎混凝土、块石、冻土等坚硬物体时,扶钎人应在打锤人侧面用长把夹具扶钎,打锤人不得戴手套。施工人员应佩戴防护眼镜。打锤1 m范围内不得有其他人停留。

⑭遇到六级及以上的强风、台风、大雨、雷电、冰雹、浓雾、暴风雪、沙尘暴、高温等恶劣天气,不应进行高处作业。恶劣天气过后,应对作业安全设施逐一检查修复。

⑮施工人员进入施工现场必须佩戴安全帽。严禁酒后作业,禁止赤脚、穿拖鞋、穿凉鞋、穿高跟鞋进入施工现场。基坑边清扫的垃圾、废料等不得抛掷到基坑内。

⑯禁止施工人员连续加班、持续作业。

4. 安全检查、监测和险情预防

①开挖深度超过5 m、垂直开挖深度超过1.5 m的基坑、软弱土层中开挖的基坑,应进行基坑监测,并应向基坑支护设计人员、安全工程师等相关人员及时通报监测成果。安全员等相关人员应掌握基坑的安全状况,了解监测数据。

②基坑开挖过程中,应及时、定时对基坑边坡及周边环境进行巡视,随时检查边坡位移(土体裂缝)、边坡倾斜、土体及周边道路沉陷或隆起、支护结构变形、地下水涌出、管线开裂、不明气体冒出和基坑防护栏杆的安全性等。

③开挖中如发现古墓、古物、地下管线或其他不能辨认的异物及液体、气体等异常情况时,严禁擅自挖掘,应立即停止作业,及时向上级及相关部门报告,待相关部门进行处理后,方可继续开挖。

④当基坑开挖过程中出现边坡位移过大、地表出现明显裂缝或沉陷等情况时,须及时停止作业并尽快通知设计等有关人员进行处理;出现边坡塌方等险情或险情征兆时,须及时停止作业,组织撤离危险区域并对险情区域回填,并尽快通知设计等有关人员进行研究处理。

复习思考题

1. 基坑(槽)施工中的质量控制与检测的一般要求有哪些?

2. 锚杆及土钉墙支护工程质量检查项目有哪些？它们的检测方法分别是什么？

3. 基坑开挖的防护内容主要有哪些？

4. 基坑开挖安全作业要求有哪些？

学习情境3 挡土墙施工

【学习目标】

知识目标	能力目标	权重
能正确陈述土压力的形成过程,土压力的影响因素;能正确陈述朗肯土压力理论、库仑土压力理论、土压力计算的规范方法及常见情况的土压力计算方法	能根据实际工程中支挡结构的形式、土层分布特点、土层上的荷载分布情况、地下水情况等计算出作用在支挡结构上的土压力、水压力及总压力	0.25
能正确陈述挡土墙的类型,能正确陈述重力式挡土墙的构造,能正确陈述重力式挡土墙的设计步骤及设计原理	能选择挡土墙的类型并进行验算	0.25
能正确陈述重力式挡土墙的施工方法	能正确指导挡土墙的施工	0.25
能正确陈述常见地质灾害的类型及特点,能正确陈述滑坡、塌方等常见地质灾害的预防与处理方法	能根据地质地形的实际情况,正确预防与治理地质灾害,能较正确地编写地质灾害处理措施	0.13
能正确陈述挡土墙施工常见质量事故及其原因,能正确陈述常见挡土墙施工的质量控制措施与安全控制措施,能正确陈述挡土墙施工质量的检查方法及质量控制过程	能对挡土墙施工中的常见质量问题及安全事故进行分析处理并形成报告	0.12
合　计		1.0

【教学准备】

任务单、挡土墙施工图、施工方案、钢管、钢板、扣件、施工规范、验收规范、安全规程等。

【教学方法建议】

多媒体教学,建筑技能实训基地或施工现场采用集中讲授、视频教学、案例教学、分组讨论等方法教学。

【建议学时】

8(2)学时

任务 1 土压力的计算

挡土结构经常出现在道路、桥梁、水利及建筑等工程中,它是用来支撑天然或人工斜坡不致倒塌,以保持土体稳定性的一种构筑物,俗称挡土墙。土体作用于挡土墙墙背的侧压力,称为土压力。土压力是挡土墙设计时考虑的主要外荷载。

1.1 土压力的类型

1.1.1 土压力的分类

作用在挡土墙上的土压力,按挡土墙的位移方向、大小及墙后土体的应力状态,可分为静止土压力、主动土压力和被动土压力三种。

1. 静止土压力

在土压力的侧向作用下,挡土墙并不向任何方向运动(移动或转动),土体处于弹性极限平衡状态,此时作用在墙背上的土压力称为静止土压力,用 E_0 表示。

2. 主动土压力

在土压力的侧向作用下,挡土墙向背离土体的方向运动(移动或转动)。作用在墙背上的土压力将随着位移的增大而减小。当位移达到某一数值时,土体达到主动极限平衡状态,此时作用在墙背上的土压力称为主动土压力,用 E_a 表示。

3. 被动土压力

在外力作用下,挡土墙向土体的方向推挤土体(移动或转动)。作用在墙背上的土压力将随着位移的增大而增大。当位移达到某一数值时,土体达到被动极限平衡状态,此时作用在墙背上的土压力称为被动土压力,用 E_p 表示。

实验与理论研究均表明,在相同条件下,主动土压力小于静止土压力,而静止土压力又小于被动土压力,即 $E_a < E_0 < E_p$。

1.1.2 影响土压力的因素

1. 挡土墙的位移

挡土墙的位移(或转动)方向和位移量的大小,是影响土压力大小的最主要因素,产生被动土压力的位移量大于产生主动土压力的位移量。如图 3.1.1(a)所示,墙身位移偏向土体则位移为正,反之为负。如图 3.1.1(b)所示墙身位移为零时,对应的土压力即为静止土压力;位移为 Δ_a 对应的土压力即为主动土压力 E_a;位移为 Δ_p 时对应的土压力即为被动土压力 E_p(明显 $\Delta_a < \Delta_p$)。

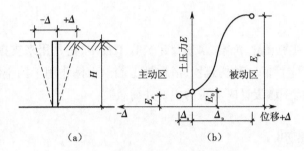

图 3.1.1　墙身位移与土压力的关系

2. 挡土墙的形状

挡土墙剖面形状包括墙背为竖直或倾斜,墙背为光滑或粗糙,不同的情况,土压力的计算公式不同,计算结果也不一样。

3. 填土的性质

挡土墙后填土的性质,包括填土的松密程度(即重度、干湿程度等)、土的强度指标内摩擦角和黏聚力的大小以及填土的形状(水平、上斜或下斜)等,都将影响土压力的大小。

1.2　土压力的计算方法

1.2.1　静止土压力的计算

静止土压力强度沿墙高呈三角形分布,如图 3.1.2 所示,任意深度 z 点处的竖向土压应力 $\sigma_{cz} = \gamma z$,围压(水平方向压应力) σ_{cx} 即为墙后土的侧向压应力 σ_0,它们之间的关系见式(3.1.1),则墙后静止土压力 E_0 的计算参见式(3.1.2)。

$$\sigma_0 = \sigma_{cx} = K_0 \sigma_{cz} = K_0 \gamma z \tag{3.1.1}$$

$$E_0 = \frac{1}{2} \times K_0 \gamma h \times h \times 1 = \frac{1}{2} \gamma h^2 K_0 \tag{3.1.2}$$

由式(3.1.2)可知,静止土压力为线性分布,分布形状为三角形,其大小为 $E_0 = \frac{1}{2} \gamma h^2 K_0$,作用点位于墙底上方 1/3 墙高处。

　　例 3.1.1　已知某挡土墙高 4.0 m,墙背垂直光滑,墙后填土面水平,填土重力密度 $\gamma = 18.0$ kN/m³,静止土压力系数 $K_0 = 0.65$,试计算作用在墙背的静止土压力大小及其作用点,并绘出土压力沿墙高的分布图。

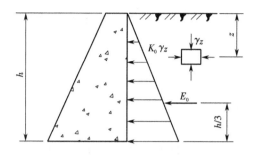

图 3.1.2　墙背竖直时的静止土压力

解：按静止土压力计算公式，墙顶处静止土压力强度为：

$$\sigma_{01} = K_0 \gamma z = 0.65 \times 1.80 \times 0 = 0$$

墙底处静止土压力强度为：

$$\sigma_{02} = K_0 \gamma z = 0.65 \times 18.0 \times 4 = 46.8 \text{ kPa}$$

土压力沿墙高分布图如图 3.1.3 所示，土压力合力 E_0 的大小可通过三角形面积求得：

$$E_0 = \frac{1}{2} \times 46.8 \times 4 = 93.6 \text{ kN/m}$$

也可直接套用公式得到同样的结果：

$$E_0 = \frac{1}{2} \gamma h^2 K_0 = \frac{1}{2} \times 18.0 \times 4^2 \times 0.65 = 93.6 \text{ kN/m}$$

静止土压力 E_0 的作用点离墙底的距离为：

$$\frac{h}{3} = \frac{4}{3} = 1.33 \text{ m}$$

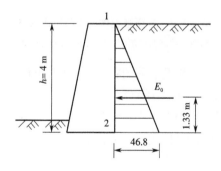

图 3.1.3　例 3.1.1 图

建筑物地下室的外墙、岩基上的挡土墙、涵洞的侧壁以及不产生任何位移的挡土构筑物，其侧壁所受到的土压力均可按静止土压力计算。

1.2.2 朗肯土压力理论(朗肯主动土压力、朗肯被动土压力)

1.基本原理

朗肯土压力理论从研究半无限土体中的一点的极限平衡状态出发,应用莫尔应力圆及极限应力理论。为了满足土体的极限平衡条件,朗肯理论假定:墙体为刚性、墙背垂直光滑、墙后填土表面水平。

研究墙后土体中一点的极限平衡,可在挡土墙后土体表面下深度为 z 处取一微单元体,如图3.1.4所示,微单元的水平和竖直面上的应力 $\sigma_1 = \sigma_{cz} = \gamma z$;$\sigma_3 = \sigma_{cx} = K_0 \gamma z$。

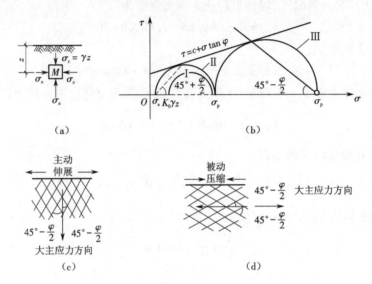

图3.1.4 半无限土体的极限平衡状态

(a)单元土体 (b)主动、被动朗肯状态的莫尔应力圆表示 (c)主动朗肯状态 (d)被动朗肯状态

当挡土墙前移,使墙后土体达到极限平衡状态时,此时土体处于主动朗肯状态,σ_{cx} 达到最小值,此时的应力状态如图3.1.4(b)中的莫尔应力圆Ⅱ,此时的应力称为朗肯主动土压力 σ_a;当挡土墙后移,使墙后土体达到极限平衡状态时,此时土体处于朗肯被动状态,σ_{cx} 达到最大值,此时的应力状态如图3.1.4(b)中的莫尔应力圆Ⅲ,此时的应力称为朗肯被动土压力 σ_p。

2.朗肯主动土压力计算

朗肯主动土压应力即为墙后土中的水平压应力大小,根据土的极限应力理论(参见式(1.2.14)、(1.2.15),其中 σ_1、σ_3 的取值参见图3.1.5(a)中 x、y 两个方向的应力大小,较大者和 σ_1 对应,较小者和 σ_3 对应),得到挡土墙后的主动土压力强度 σ_a,见式(3.1.3),如果墙后填土是无黏性土,则土的压应力强度计算参见式(3.1.4)。

$$\sigma_a = \sigma_3 = \sigma_1 \tan^2\left(45° - \frac{\varphi}{2}\right) - 2c\tan\left(45° - \frac{\varphi}{2}\right)$$

$$= \gamma z\tan^2\left(45° - \frac{\varphi}{2}\right) - 2c\tan\left(45° - \frac{\varphi}{2}\right) \tag{3.1.3}$$

当 $c = 0$ 时

$$\sigma_a = \sigma_3 = \sigma_1 \tan^2\left(45° - \frac{\varphi}{2}\right) = \gamma z\tan^2\left(45° - \frac{\varphi}{2}\right) \tag{3.1.4}$$

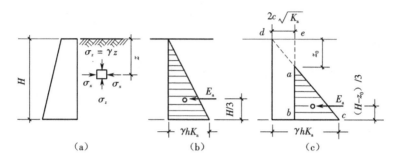

图 3.1.5　主动土压力强度分布图

(a)主动土压力的计算　(b)无黏性土　(c)黏性土

通过以上结论可得以下内容。

（1）无黏性土

式（3.1.4）中 $\tan^2\left(45° - \frac{\varphi}{2}\right)$ 用 K_a 表示，K_a 即为朗肯主动土压力系数，则式（3.1.4）可表示为：

$$\sigma_a = \gamma z K_a \tag{3.1.5}$$

作用在单位长度墙上的总土压力计算公式为：

$$E_a = \frac{1}{2}\gamma H^2 K_a \tag{3.1.6}$$

无黏性土中主动土压力强度分布参见图 3.1.5（b）。E_a 作用方向为水平，作用点在距墙基 $H/3$ 处（土压力强度分布图的形心处）。

（2）黏性土

引入朗肯土压力系数后，黏性土的朗肯土压力计算公式可表示为：

$$\sigma_a = \gamma z K_a - 2c\sqrt{K_a} \tag{3.1.7}$$

观察式（3.1.7）可知当深度达到某一个值时 $\sigma_a = 0$，此时这个深度称作临界深度。令 $\sigma_a = 0$，则

$$\sigma_a = \gamma z K_a - 2c\sqrt{K_a} = 0 \tag{3.1.8}$$

由式（3.1.8）可得临界深度计算公式为：

$$z_0 = \frac{2c}{\gamma\sqrt{K_a}} \tag{3.1.9}$$

黏性土的主动土压力分布图参见图 3.1.5(c),则作用在单位长度墙上的总土压力计算公式为:

$$E_a = \frac{1}{2}(H - z_0)(\gamma H K_a - 2c\sqrt{K_a}) = \frac{1}{2}\gamma H^2 K_a - 2cH\sqrt{K_a} + 2\frac{c^2}{\gamma} \quad (3.1.10)$$

E_a 的作用方向水平,作用点在距墙基 $(H - z_0)/3$ 处(三角形 abc 的形心处),如图 3.1.5(c)所示。

例 3.1.2 有一挡土墙高 6 m,墙背竖直、光滑,墙后填土表面水平,填土的物理力学指标 $c = 15$ kPa,$\varphi = 30°$,$\gamma = 18$ kN/m^3。求主动土压力并绘出主动土压力分布图。

解:计算主动土压力系数:

$$K_a = \tan^2\left(45° - \frac{\varphi}{2}\right) = \tan^2\left(45° - \frac{15°}{2}\right) = 0.59$$

$$\sqrt{K_a} = 0.77$$

计算主动土压力:

$z = 0$ m 时,

$$\sigma_{a1} = \gamma z K_a - 2c\sqrt{K_a} = 18 \times 0 \times 0.59 - 2 \times 15 \times 0.77 = -23.1 \text{ kPa}$$

$z = 6$ m 时,

$$\sigma_{a2} = \gamma z K_a - 2c\sqrt{K_a} = 18 \times 6 \times 0.59 - 2 \times 15 \times 0.77 = 40.6 \text{ kPa}$$

计算临界深度 z_0:

$$z_0 = \frac{2c}{\gamma\sqrt{K_a}} = \frac{2 \times 15}{18 \times 0.77} = 2.16 \text{ m}$$

计算总主动土压力 E_a:

$$E_a = \frac{1}{2} \times 40.6 \times (6 - 2.16) = 78 \text{ kN/m}$$

E_a 的作用方向水平,作用点距离墙基 $\dfrac{6 - 2.16}{3} = 1.28$ m。

主动土压力分布如图 3.1.6 所示。

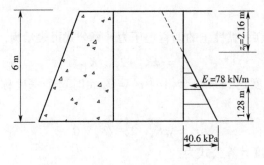

图 3.1.6 例 3.1.2 主动土压力分布图

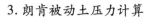

3. 朗肯被动土压力计算

（1）朗肯被动土压力的计算

朗肯被动土压力的计算与主动土压力的计算方法和原理相同。此刻水平方向的应力大于竖直方向的应力，即 $\sigma_x > \sigma_y$，参见图3.1.7(a)。所以由极限平衡条件可得被动土压力的计算公式为：

无黏性土

$$\sigma_p = \sigma_1 = \sigma_3 \tan^2 \left(45° + \frac{\varphi}{2}\right) \qquad (3.1.11)$$

黏性土

$$\sigma_p = \sigma_1 = \sigma_3 \tan^2 \left(45° + \frac{\varphi}{2}\right) + 2c\tan\left(45° + \frac{\varphi}{2}\right) \qquad (3.1.12)$$

因此，引入被动土压力系数 $K_p = \tan^2 \left(45° + \frac{\varphi}{2}\right)$ 后，朗肯被动土压力的计算公式如下。

无黏性土

$$\sigma_p = \gamma z K_p \qquad (3.1.13)$$

黏性土

$$\sigma_p = \gamma z K_p + 2c \sqrt{K_p} \qquad (3.1.14)$$

作用在单位长度墙上的总土压力计算公式如下。

黏性土

$$E_p = \frac{1}{2}(2c \sqrt{K_p} + \gamma H K_p + 2c \sqrt{K_p}) \times H = \frac{1}{2}\gamma H^2 K_p + 2cH \sqrt{K_p} \qquad (3.1.15)$$

E_p 大小即土压力强度分布图的面积大小，参见图3.1.7(c)，被动土压力强度沿墙高呈梯形分布，其作用点位于该图的形心处。

无黏性土

$$E_p = \frac{1}{2}\gamma H^2 K_p \qquad (3.1.16)$$

E_p 大小即土压力强度分布图的面积，参见图3.1.7(b)，被动土压力强度沿墙高呈三角形分布，其作用点位于该图的形心处（$H/3$ 处）。

例3.1.3　有一挡土墙高6 m，墙背竖直、光滑，墙后填土表面水平，填土的重度 $\gamma = 18.5$ kN/m³，内摩擦角 $\varphi = 20°$，黏聚力 $c = 19$ kPa。求被动土压力并绘出被动土压力分布图。

解：计算被动土压力系数：

$$K_p = \tan^2 \left(45° + \frac{20°}{2}\right) = 2.04$$

$$\sqrt{K_p} = 1.43$$

计算被动土压力：

$z = 0$ m 时，

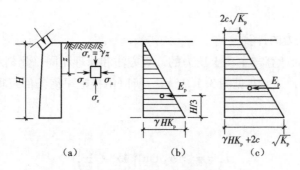

图 3.1.7 被动土压力的计算

(a)被动土压力的计算 (b)无黏性土 (c)黏性土

$$\sigma_p = \gamma z K_p + 2c\sqrt{K_p} = 18.5 \times 0 \times 2.04 + 2 \times 19 \times 1.43 = 54.34 \text{ kPa}$$

$z = 6$ m 时，

$$\sigma_p = \gamma z K_p + 2c\sqrt{K_p} = 18.5 \times 6 \times 2.04 + 2 \times 19 \times 1.43 = 280.78 \text{ kPa}$$

计算总被动土压力：

$$E_p = \frac{1}{2}(54.34 + 280.78) \times 6 = 1\,005.36 \text{ kN/m}$$

E_p 的作用方向水平，作用点距墙基为 z，则

$$E_p = \frac{1}{1\,005.36}\left[\frac{6}{2} \times 54.34 \times 6 + \frac{6}{3} \times \frac{1}{2}(280.78 - 54.34) \times 6\right] = 2.32 \text{ m}$$

被动土压力分布如图 3.1.8 所示。

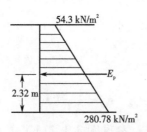

图 3.1.8 例 3.1.3 图

4.几种常见情况的土压力

(1)填土表面作用均布荷载

当墙后土体表面有连续均布荷载 q 作用（图 3.1.9）时，均布荷载 q 在土中产生的上覆压力沿墙体方向呈矩形分布，分布强度 q，土压力的计算方法是将垂直压力项 γz 换以 $\gamma z + q$ 计算即可。

无黏性土

$$\sigma_a = (\gamma z + q)K_a \qquad (3.1.17)$$

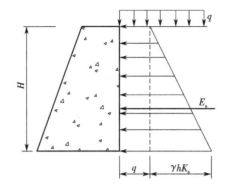

图 3.1.9   墙后土体表面荷载 q 作用下的土压力计算

$$\sigma_p = (\gamma z + q)K_p \tag{3.1.18}$$

黏性土

$$\sigma_a = (\gamma z + q)K_a - 2c\sqrt{K_a} \tag{3.1.19}$$

$$\sigma_p = (\gamma z + q)K_p + 2c\sqrt{K_p} \tag{3.1.20}$$

例 3.1.4   已知某挡土墙高 6.00 m,墙背竖直、光滑、墙后填土表面水平。填土为粗砂,重度 $\gamma = 19.0 \text{ kN/m}^3$,内摩擦角 $\varphi = 32°$,在填土表面作用均布荷载 $q = 18.0 \text{ kPa}$。计算作用在挡土墙上的主动土压力。

解:计算主动土压力系数:

$$K_a = \tan^2\left(45° - \frac{32°}{2}\right) = 0.307$$

计算主动土压力:

$z = 0$ m 时,

$$\sigma_{a_1} = (\gamma z + q)K_a = (19 \times 0 + 18) \times 0.307 = 5.53 \text{ kPa}$$

$z = 6$ m 时,

$$\sigma_{a_2} = (\gamma z + q)K_a = (19 \times 6 + 18) \times 0.307 = 40.52 \text{ kPa}$$

计算总主动土压力:

$$E_a = 5.53 \times 6 + \frac{1}{2}(40.52 - 5.53) \times 6 = 33.18 + 104.97 = 138.15 \text{ kN/m}$$

E_a 作用方向水平,作用点距墙基为 z,则

$$z = \frac{1}{138.15}\left(33.18 \times \frac{6}{2} + 104.97 \times \frac{6}{3}\right) = 2.24 \text{ m}$$

主动土压力分布如图 3.1.10 所示。

(2)墙后填土分层

挡土墙后填土由几种性质不同的土层组成时,挡土墙上的土压力需分层计算。若计算第 i 层土对挡土墙产生的土压力,其上覆土层的自重应力可视为均布荷载作用在第 i 层土上。以

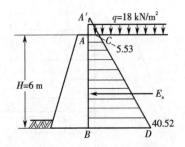

图 3.1.10 例 3.1.4 图

黏性土为例,其计算公式为:

$$\sigma_{a_i} = (\gamma_1 h_1 + \gamma_2 h_2 + \cdots + \gamma_i h_i) K_{a_i} - 2c_i \sqrt{K_{a_i}} \tag{3.1.21}$$

$$\sigma_{p_i} = (\gamma_1 h_1 + \gamma_2 h_2 + \cdots + \gamma_i h_i) K_{p_i} + 2c_i \sqrt{K_{p_i}} \tag{3.1.22}$$

例 3.1.5 挡土墙高 5 m,墙背直立,光滑,墙后填土水平,共分两层,各土层的物理力学指标如图 3.1.11 所示,试求主动土压力并绘出土压力分布图。

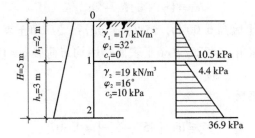

图 3.1.11 例 3.1.5 图

解: 计算主动土压力系数:

$$K_{a_1} = \tan^2\left(45° - \frac{32°}{2}\right) = 0.31$$

$$K_{a_2} = \tan^2\left(45° - \frac{16°}{2}\right) = 0.57$$

$$\sqrt{K_{a_2}} = 0.75$$

计算第一层的土压力:

顶面

$$\sigma_{a_0} = \gamma_1 z K_{a_1} = 17 \times 0 \times 0.31 = 0 \text{ kPa}$$

底面

$$\sigma_{a_1} = \gamma_1 z K_{a_1} = 17 \times 2 \times 0.31 = 10.5 \text{ kPa}$$

计算第二层的土压力:

顶面

$$\sigma_{a_1} = (\gamma_1 h_1 + \gamma_2 z) K_{a_2} - 2c \sqrt{K_{a_2}} = (17 \times 2 + 19 \times 0) \times 0.57 - 2 \times 10 \times 0.75 = 4.4 \text{ kPa}$$

底面

$$\sigma_{a_2} = (\gamma_1 h_1 + \gamma_2 z)K_{a_2} - 2c\sqrt{K_{a_2}} = (17 \times 2 + 19 \times 3) \times 0.57 - 2 \times 10 \times 0.75 = 36.9 \text{ kPa}$$

计算主动土压力:

$$E_a = \frac{1}{2} \times 10.5 \times 2 + 4.4 \times 3 + \frac{1}{2}(36.9 - 4.4) \times 3 = 10.5 + 13.2 + 48.75 = 72.5 \text{ kN/m}$$

E_a 作用方向水平,作用点距墙基为 z,则

$$z = \frac{1}{72.5}\left[10.5 \times \left(3 + \frac{2}{3}\right) + 13.2 \times \frac{3}{2} + 48.75 \times \frac{3}{3}\right] = 1.5 \text{ m}$$

挡土墙上主动土压力分布如图 3.1.11 所示。

(3)填土中有地下水

当墙后土体中有地下水存在时,墙体除受到土压力的作用外,还将受到水压力的作用。计算土压力时,可将地下潜水面看作土层的分界面,按分层土计算。潜水面以下的土层可采用"水土分算"或"水土合算"的方法计算。

1)水土分算法

这种方法比较适合渗透性大的砂土层。计算作用在挡土墙上的土压力时,采用有效重度;计算水压力时按静水压力计算。然后两者叠加为总的侧压力。

2)水土合算法

这种方法比较适合渗透性小的黏性土层。计算作用在挡土墙上的土压力时,采用饱和重度,水压力不再单独计算叠加。

例 3.1.6 用水土分算法计算图 3.1.12 所示的挡土墙上的主动土压力、水压力及其合力。

解:计算主动土压力系数:

$$K_{a_1} = \tan^2\left(45° - \frac{30°}{2}\right) = 0.333$$

计算地下水位以上土层的主动土压力:

顶面:

$$\sigma_{a_0} = \gamma_1 z K_{a_1} = 18 \times 0 \times 0.333 = 0$$

底面:

$$\sigma_{a_1} = \gamma_1 z K_{a_1} = 18 \times 6 \times 0.333 = 36.0 \text{ kPa}$$

计算地下水位以下土层的主动土压力及水压力。因水下土为砂土,采用水土分算法。

主动土压力:

顶面:

$$\sigma_{a_1} = (\gamma_1 h_1 + \gamma_2 z)K_{a_2} = (18 \times 6 + 9 \times 0) \times 0.333 = 36.0 \text{ kPa}$$

底面:

$$\sigma_{a_2} = (\gamma_1 h_1 + \gamma_2 z)K_{a_2} = (18 \times 6 + 9 \times 4) \times 0.333 = 48.0 \text{ kPa}$$

水压力:

顶面:

$$\sigma_{w1} = \gamma_w z = 9.8 \times 0 = 0$$

底面:

$$\sigma_{w2} = \gamma_w z = 9.8 \times 4 = 39.2 \text{ kPa}$$

计算总主动土压力和总水压力:

$$E_a = \frac{1}{2} \times 36 \times 6 + 36 \times 4 + \frac{1}{2} \times (48 - 36) \times 4 = 108 + 144 + 24 = 276 \text{ kN/m}$$

E_a 作用方向水平,作用点距墙基为 z,则

$$z = \frac{1}{276}\left[108 \times \left(4 + \frac{6}{3}\right) + 144 \times \frac{4}{2} + 24 \times \frac{4}{3}\right] = 3.51 \text{ m}$$

$$P_w = \frac{1}{2} \times 39.2 \times 4 = 78.4 \text{ kN/m}$$

P_w 作用方向水平,作用点距墙基 4/3 = 1.33 m。

挡土墙上主动土压力及水压力如图 3.1.12 所示。

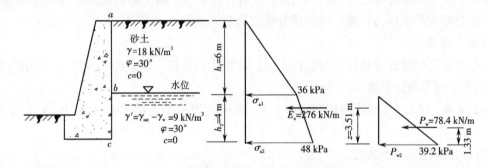

图 3.1.12　例 3.1.6 图

1.2.3　库仑土压力理论

1. 基本原理

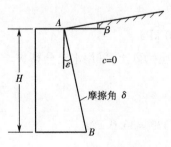

图 3.1.13　库仑研究模型

库仑对土压力的研究模型与朗肯有所区别,在墙背、墙后填土等方面都有所变化,如图 3.1.13 所示。库仑研究的挡土墙模型认为:墙背俯斜,倾角为 ε(墙背俯斜为正,反为负);墙背粗糙,墙与土间摩擦角为 δ;填土为理想散粒体,黏聚力 $c=0$;填土表面倾斜,坡角为 β。

库仑理论假定:挡土墙向前(或向后)移动(或转动);墙后填土沿墙背 AB 和填土中某一平面 BC 同时向下(或向上)滑动,形成土楔体 ABC;土楔体处于极限平衡状态,不

计本身压缩变形;土楔体 ABC 对墙背的推力即为主动土压力 E_a(或被动土压力 E_p)。

库仑土压力是通过墙后土楔体 ABC 的静力平衡得到的,参见图 3.1.14、图 3.1.15。

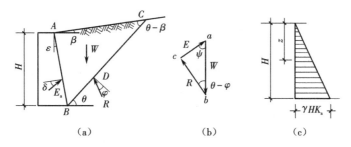

图 3.1.14　按库仑理论求主动土压力

(a)土楔体 ABC 的作用力　(b)力矢三角形　(c)主动土压力分布图

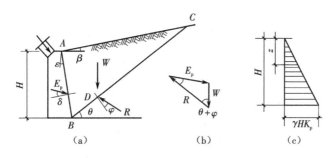

图 3.1.15　按库仑理论求被动土压力

(a)土楔体 ABC 的作用力　(b)力矢三角形　(c)被动土压力分布图

2. 库仑主动土压力计算(无黏性土)

$$E_a = \frac{1}{2}\gamma H^2 K_a \tag{3.1.23}$$

式中　E_a——墙背上的总主动土压力;

　　　δ——墙背与填土之间的摩擦角,可用试验确定;

　　　K_a——库仑主动土压力系数,

$$K_a = \frac{\cos^2(\varphi - \varepsilon)}{\cos^2\varepsilon \cdot \cos(\delta + \varepsilon)\left[1 + \sqrt{\dfrac{\sin(\delta + \varphi) \cdot \sin(\varphi - \beta)}{\cos(\delta + \varepsilon) \cdot \cos(\varepsilon - \beta)}}\right]^2} \tag{3.1.24}$$

总主动土压力 E_a 的作用方向与墙背法线成 δ 角,与水平面成 $\delta + \varepsilon$ 角,其作用点在距墙基 $H/3$ 处。

3. 库仑被动土压力计算(无黏性土)

$$E_p = \frac{1}{2}\gamma H^2 K_p \tag{3.1.25}$$

式中 E_p——墙背上的总被动土压力;

K_p——库仑被动土压力系数,

$$K_p = \frac{\cos^2(\varphi + \varepsilon)}{\cos^2\varepsilon \cdot \cos(\varepsilon - \delta)\left[1 - \sqrt{\dfrac{\sin(\varphi + \delta) \cdot \sin(\varphi + \beta)}{\cos(\varepsilon - \delta) \cdot \cos(\varepsilon - \beta)}}\right]^2} \qquad (3.1.26)$$

总被动土压力 E_p 的作用方向与墙背法线顺时针成 δ 角,作用点在距墙基 $H/3$ 处。

提示:土楔体 ABC 的 AB 和 BC 面作用荷载方向的规律与其运动趋势有关;要注意挡土墙与土楔体 ABC 之间的作用力与反作用力之间的关系。

例 3.1.7 挡土墙高 6 m,墙背俯斜 $\varepsilon = 10°$,填土面坡角 $\beta = 20°$,填土重度 $\gamma = 18 \ kN/m^3$,$\varphi = 30°$,$c = 0$,填土与墙背的摩擦角 $\delta = 10°$,如图 3.1.16 所示,按库仑土压力理论计算主动土压力。

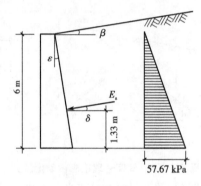

图 3.1.16 例 3.1.7 图

解: 已知 $\varepsilon = 10°$,$\beta = 20°$,$\delta = 10°$,$\varphi = 30°$,由式(3.1.24)得 $K_a = 0.534$。

主动土压力强度:

$z = 0$ m 时,

$$\sigma_{a1} = 18 \times 0 \times 0.534 = 0$$

$z = 6$ m 时,

$$\sigma_{a2} = 18 \times 6 \times 0.534 = 57.67 \ kPa$$

总主动土压力:

$$E_a = \frac{1}{2} \times 57.67 \times 6 = 173.02 \ kN/m$$

E_a 作用方向与墙背法线成 $10°$ 夹角,E_a 的作用点在距墙基 $\dfrac{6}{3} = 2$ m 处。

1.2.4 关于朗肯土压力与库仑土压力的讨论

朗肯土压力理论与库仑土压力理论都是研究土压力问题的简化方法。它们都有各自的基本假定、分析方法和适用条件。在应用时必须根据实际情况做出合理的选择。

1. 基本假定

朗肯土压力与库仑土压力的基本假定归纳于表3.1.1。

表 3.1.1　朗肯土压力与库仑土压力基本假定的对比

项目	朗肯土压力理论	库仑土压力理论
墙后填土	表面水平	表面倾斜、填土无黏性
墙背条件	垂直、光滑	倾斜、粗糙
破坏面	未假定破坏面	假定破坏面为一倾斜面;破坏面与挡土墙之间土体为一处于极限平衡状态的楔体,且无变形

通过上面假定条件的对比可知,库仑理论假定了破坏面,因而它是一种简化理论,但是它的其他假定和朗肯理论相比又与实际的各种复杂边界条件较为贴近,且通过计算论证,可在一定范围内得到较为满意的计算结果,所以其应用较广。

2. 分析方法

从分析方法上讲,朗肯理论与库仑理论均研究极限平衡,计算出的土压力都是墙后土体处于极限平衡状态时墙体所承受的压力。但是,朗肯理论是从研究土体中一点的极限平衡状态出发的,首先求出挡土墙背所承受的土压力强度 σ_a 或 σ_p 的分布情况,然后再计算作用在墙背上的总土压力 E_a 或 E_p,因而朗肯理论属于极限应力法。库仑理论则是根据墙背和滑裂面之间的土楔体整体处于极限平衡状态,用静力平衡条件计算 E_a 或 E_p。需要时再求出土压力强度 σ_a 或 σ_p 的分布情况,所以库仑理论属于滑动楔体法。

3. 计算误差

由于朗肯理论与库仑理论都是建立在某些假定的基础上,因此计算结果都有一定误差。朗肯理论由于假定墙背和填土之间无摩擦作用,所以由此求出的主动土压力将会偏大,被动土压力将会偏小。库仑理论考虑了墙背与填土之间的摩擦作用,边界条件与实际相符,但是却假定土中的滑裂面是通过墙踵的平面,这与实际情况不符,这使得用库仑理论计算得到的土压力存在较大误差,特别是被动土压力。用库仑理论计算的主动土压力稍偏小,而被动土压力则偏大。

因此,朗肯理论与库仑理论并不是在任何情况下都适用的,需要根据具体情况选择合理的计算方法。

4. 适用条件

朗肯理论与库仑理论因为都有各自的假设条件,所以相应有各自的适用条件。朗肯理论主要适用于填土表面水平,墙背垂直且较光滑的情况,墙后填土为黏性土、无黏性土均可;库仑理论适用于墙背形状复杂(需考虑墙背与土之间的摩擦),墙后填土与荷载条件复杂,墙后填土为无黏性土的情况。

1.2.5　规范法计算主动土压力

对于土质边坡,其边坡的主动土压力计算可选用《建筑地基基础设计规范》(GB 50007—2011)所推荐的公式:

$$E_a = \psi_C \frac{1}{2} \gamma h^2 K_a \tag{3.1.27}$$

式中　E_a——总主动土压力(kN);

　　　ψ_C——主动土压力增大系数,土坡高度小于 5 m 时宜取 1.0,高度为 5~8 m 时宜取 1.1,高度大于 8 m 时宜取 1.2;

　　　γ——填土的重度(kN/m³);

　　　h——挡土结构的高度(m);

　　　K_a——主动土压力系数。

$$K_a = \frac{\sin(\alpha+\beta)}{\sin^2\alpha \sin^2(\alpha+\beta-\varphi-\delta)} \Big\{ K_q \big[\sin(\alpha+\beta)\sin(\alpha-\delta) + \sin(\varphi+\delta)\sin(\varphi-\beta) \big]$$
$$+ 2\eta\sin\alpha\cos\varphi\cos(\alpha+\beta-\varphi-\delta) - 2\big[K_q\sin(\alpha+\beta)\sin(\varphi-\beta) + \eta\sin\alpha\cos\varphi \big)$$
$$\times (K_q\sin(\alpha-\delta)\sin(\varphi+\delta) + \eta\sin\alpha\cos\varphi \big]^{\frac{1}{2}} \Big\} \tag{3.1.28}$$

$$K_q = 1 + \frac{2q}{\gamma h} \cdot \frac{\sin\alpha\cos\beta}{\sin(\alpha+\beta)} \tag{3.1.29}$$

$$\eta = \frac{2c}{\gamma h} \tag{3.1.30}$$

q 为地表均布荷载(以单位水平投影上的荷载强度计),其他符号如图 3.1.17 所示。

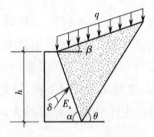

图 3.1.17　计算简图

《建筑地基基础设计规范》(GB 50007—2011)推荐的公式具有普遍性,但计算主动土压力系数 K_a 较烦琐。当填土为无黏性土时,主动土压力系数 K_a 可按库仑土压力理论确定;当支挡结构满足朗肯条件时,主动土压力系数 K_a 可按朗肯土压力理论确定;当挡土墙后填土后缘有较陡峭的稳定岩石坡面,岩坡的坡脚 $\theta > (45° + \varphi/2)$ 时,应按有限范围填土计算土压力,取岩石坡面为破裂面(具体计算方法参见《建筑地基基础设计规范》(GB 50007—2011))。对于高度小于或等于 5 m 的挡土墙,排水条件良好(或按规定设计了排水措施),且填土符合表 3.1.2 的质量要求时,其主动土压力系数可从图 3.1.18 查得。

表 3.1.2　填土质量要求(与主动土压力系数图对应)

类别	填土名称	密实度	干密度(kg/m³)
Ⅰ	碎石土	中密及以上	≥2 000
Ⅱ	砂土(包括砾砂、粗砂、中砂)	中密及以上	≥1 650
Ⅲ	黏土夹石块		≥1 900
Ⅳ	粉质黏土		≥1 650

例 3.1.7　某挡土墙高度 5 m,墙背倾斜 $\varepsilon = 20°$,墙后填土为粉质黏土,$\gamma_d = 17$ kN/m³,$\omega = 10\%$,$\varphi = 30°$,$\delta = 15°$,$\beta = 10°$,$c = 5$ kPa。挡土墙的排水措施齐全。按规范方法计算作用在该挡土墙上的主动土压力。

解:由 $\gamma_d = 17$ kN/m³,$\omega = 10\%$ 知土的重度

$$\gamma = \gamma_d(1 + \omega) = 17(1 + 10\%) = 18.7 \text{ kN/m}^3$$

$h = 5$ m,$\gamma_d = 17$ kN/m³,排水条件良好,可查图 3.1.18(d)得:$K_a = 0.52$,$\psi_C = 1.1$,则

$$E_a = \psi_C \frac{1}{2}\gamma h^2 K_a = 1.1 \times \frac{1}{2} \times 18.7 \times 5^2 \times 0.52 = 133.7 \text{ kN/m}$$

E_a 作用方向与墙背法线成 15° 角,其作用点在距墙基 $\dfrac{5}{3} = 1.67$ m 处。

1.2.6　图解法

图解法是数解法的辅助手段和补充,有些情况下比数解法还简便。库尔曼图解法是工程中广泛应用的一种图解法。它能解决库仑土压力数值解不能解决的某些情况下的主动土压力的求解,如墙后填土不为砂性土的情况、填土表面为不规则或作用各种荷载的情况,均不能应用解析解计算土压力,但可采用图解法计算。

下面介绍库尔曼图解法的具体步骤。

①按比例绘制挡土墙与填土的剖面图(图 3.1.19)。

②通过 B 点作自然坡面 $\overline{BD}$,使 $\overline{BD}$ 与水平线的夹角为 φ。

③通过 B 点作基线 $\overline{BL}$,使 $\overline{BL}$ 与 $\overline{BD}$ 夹角为 $\psi = 90 - \varepsilon - \delta$。

④在 $\overline{AB}$ 与 $\overline{BD}$ 面之间任选破坏面 $\overline{BC_1}$,$\overline{BC_2}$,…,分别求出土楔 ABC_1,ABC_2,…的自重 W_1,W_2,…,按某一适当比例作 $Bn_1 = W_1$,$Bn_2 = W_2$,…,过 n_1、n_2…分别作平行于 $\overline{BL}$ 的平行线与 $\overline{BC_1}$,$\overline{BC_2}$,…交于点 m_1、m_2…。

⑤将 m_1,m_2,…各点连成曲线。

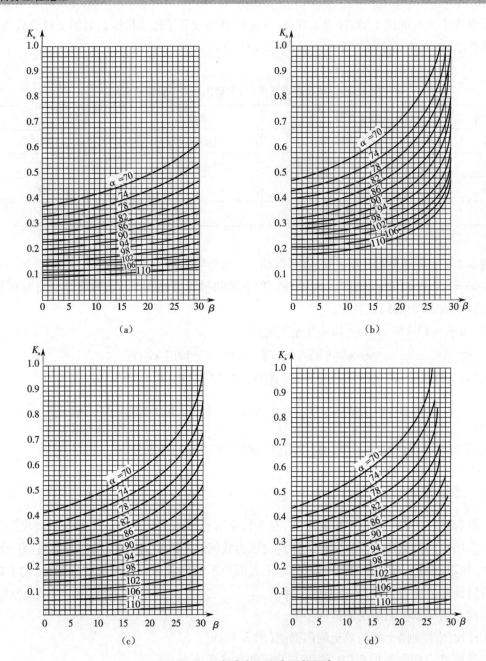

图 3.1.18 主动力土压力系数图表

(a) Ⅰ类土压力($\delta = 0.5\varphi, q = 0$)   (b) Ⅱ类土压力($\delta = 0.5\varphi, q = 0$);

(c) Ⅲ类土压力($\delta = 0.5\varphi, q = 0, h = 5\text{ m}$)   (d) Ⅳ类土压力($\delta = 0.5\varphi, q = 0, h = 5\text{ m}$)

⑥平行于 $\overline{BD}$ 作曲线的切线,切点为 m,过 m 点作平行于 $\overline{BL}$ 的直线与 $\overline{BD}$ 交于点 n。

⑦连接 Bm 并延长交于填土面于 C 点,则 $\overline{BC}$ 面即为所求的真正破坏面,如图 3.1.19 所示。

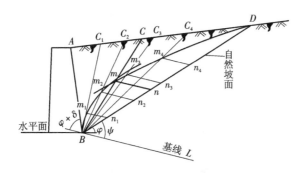

图 3.1.19 库尔曼图解法求主动土压力

复习思考题

1. 试阐述主动、静止、被动土压力产生的条件并比较其大小。

2. 试对比朗肯土压力理论与库仑土压力理论的基本假定和适用条件。

3. 常见挡土墙有哪些类型？常用于哪种场合？

4. 墙背积水对挡土墙有哪些影响？

综合练习题

1. 某挡土墙高 6 m，墙背垂直且光滑，墙后填土面水平，填土的黏聚力 $c = 10$ kPa，内摩擦角 $\varphi = 30°$，重度 $\gamma = 18.5$ kN/m³。试求出墙背主动土压力（强度）分布图形和主动土压力的合力。

2. 某挡土墙墙高 5 m，墙后填土为砂土，其内摩擦角 $\varphi = 35°$，重度 $\gamma = 20$ kN/m³，填土面与水平面的夹角 $\beta = 22°$，墙背倾角 $\alpha = 4°$，墙背外摩擦角 $\delta = 20°$，试求主动土压力 E_a。

3. 某挡土墙高 8 m，墙背直立光滑，填土表面水平。填土的物理力学性质指标为：$c = 13$ kPa，$\varphi = 15°$，$\gamma = 19$ kN/m³。试求总主动土压力及作用点的位置，并绘制土压力分布图。

4. 如图 3.1.20 所示，某挡土墙墙背直立光滑，墙高 7 m，墙后两层填土，地下水位在填土表面下 3 m 处与第二层填土面齐平。填土表面作用有 $q = 120$ kPa 的连续均布荷载。试求作用在墙上的总主动土压力、水压力的大小及作用点。

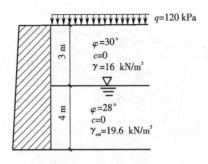

图 3.1.20　第 4 题图

任务 2　挡土墙的设计

2.1　常用的挡土墙形式

2.1.1　重力式挡土墙

挡土墙是指支承路基填土或山坡土体、防止填土或土体变形失稳的构造物。如图 3.2.1 所示,在挡土墙横断面中,与被支承土体直接接触的部位称为墙背,与墙背相对的、临空的部位称为墙面,与地基直接接触的部位称为基底,与基底相对的墙的顶面称为墙顶,基底的前端称为墙趾,基底的后端称为墙踵。

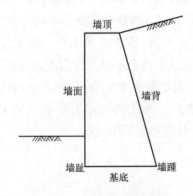

图 3.2.1　挡土墙断面示意

重力式挡土墙,指的是依靠墙身自重抵抗土体侧压力的挡土墙。重力式挡土墙可用块石、片石、混凝土预制块作为砌体,或采用片石混凝土、混凝土进行整体浇筑。它的优点是就地取材,施工方便,经济效果好。所以,重力式挡土墙在我国铁路、公路、水利、港湾、矿山等工程中得到广泛的应用。

根据墙背的倾斜方向的不同可以将其做成仰斜、直立、俯斜、凸折和衡重等形式,如图3.2.2所示。重力式挡土墙适用于高度小于8 m,地层稳定,开挖土石方时不会危及相邻建筑物安全的地段。

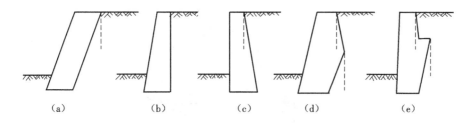

图 3.2.2　重力式挡土墙断面形式
(a)仰斜式　(b)垂直式　(c)俯斜式　(d)凸折式　(e)衡重式

重力式挡土墙断面尺寸大,自重较大,对其地基的承载力要求较高,所以一般要求地层较为稳定,如果要在软弱地基上应用,一定要对地基进行处理。

2.1.2　悬臂式挡土墙

悬臂式挡土墙(图3.2.3(a))的特点是体积小,利用墙后基础上方的土重保持稳定性。一般由钢筋混凝土砌筑,拉应力由钢筋承受,墙高一般小于或等于8 m。其优点是能充分利用钢筋混凝土的受力特点,工程量小。

2.1.3　扶壁式挡土墙

扶壁式挡土墙(图3.2.3(b))的特点是为增强悬臂式挡土墙的抗弯性能,沿长度方向每隔(0.8~1.0)h做一扶壁。其由钢筋混凝土砌筑,扶壁间填土可增强挡土墙的抗滑和抗倾覆能力,一般用于重大的大型工程。

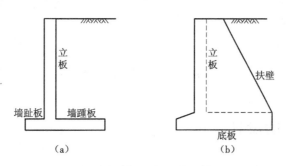

图 3.2.3　悬臂式、扶壁式挡土墙
(a)悬臂式　(b)扶壁式

2.1.4 锚定板及锚杆式挡土墙

锚定板及锚杆式挡土墙如图3.2.4所示,一般由预制的钢筋混凝土立柱、墙面、钢拉杆和埋置在填土中的锚定板在现场拼装而成,依靠填土与结构相互作用力维持稳定,与重力式挡土墙相比,其结构轻、高度大、工程量少、造价低、施工方便,特别适用于地基承载力不大的地区。

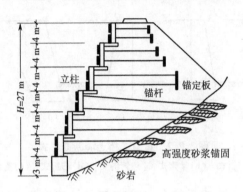

图3.2.4　锚定板、锚杆式挡土墙

2.1.5 加筋式挡土墙

加筋式挡土墙由墙面板、加筋材料及填土共同组成,如图3.2.5所示,依靠拉筋与填土之间的摩擦力来平衡作用在墙背上的土压力以保持稳定。拉筋一般采用镀锌扁钢或土工合成材料,墙面板用预制混凝土板。墙后填土需要较高的摩擦力,此类挡土墙目前应用较广。

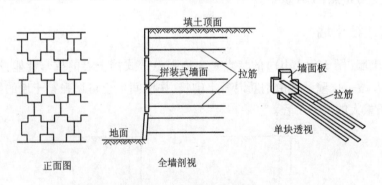

图3.2.5　加筋土挡土墙

2.2 重力式挡土墙设计

重力式挡土墙主要依靠墙体自重抵抗墙后土体的侧向土压力,以维持土体稳定,它应具有足够的强度和稳定性。挡土墙可能的破坏形式有滑移、倾覆、不均匀沉降和墙身断裂等。所以,挡土墙的设计应保证在自身和外荷载的作用下不发生全墙的滑动和倾覆,并保证墙身截面有足够的抗压和抗剪能力,基底压力应小于地基承载力,偏心距不超过规定值和容许值。

也就是说,在拟定墙身断面形式及尺寸后,应进行抗滑移稳定性和抗倾覆稳定性验算、基底应力(或地基承载力)和合力偏心距验算以及墙身截面的验算(强度验算)。

2.2.1 挡土墙选型

挡土墙的设计中选型是非常重要的。挡土墙的选型原则可归纳为以下几点:
①挡土墙的用途、高度与重要性;
②建筑场地的地形与地质条件;
③尽量就地取材,因地制宜;
④安全且经济。

2.2.2 重力式挡土墙截面尺寸设计

挡土墙的截面尺寸一般按试算法确定,即先根据挡土墙所处的工程地质条件、填土性质、荷载情况以及墙身材料、施工条件等,凭经验初步拟定截面尺寸,然后进行验算,如不满足要求,修改截面尺寸或采取其他措施。挡土墙截面尺寸一般包括挡土墙高度 h、挡土墙的顶宽和底宽。

1. 挡土墙高度 h

挡土墙高度一般由任务要求确定,即考虑墙后被支挡的填土呈水平时墙顶的高度。有时,对长度很大的挡土墙,也可使墙顶低于填土顶面,而用斜坡连接,以节省工程量。

2. 挡土墙的顶宽和底宽

挡土墙墙顶宽度,一般块石挡土墙不应小于 400 mm,混凝土挡土墙不应小于 200 mm。底宽由整体稳定性确定,一般为 0.5 ~ 0.7 倍的墙高。

2.2.3 重力式挡土墙的计算

重力式挡土墙的计算内容包括稳定性验算、墙身强度验算和地基承载力验算。

1. 抗滑移稳定性验算

挡土墙抗滑移验算受力图如图 3.2.6 所示。

在压力作用下,挡土墙基础底面有可能发生滑移。抗滑移力与滑移力之比称为抗滑移安全系数,用 K_s 表示。K_s 按下式计算:

$$K_s = \frac{抗滑移力}{滑移力} = \frac{(G_n + E_{an})\mu}{E_{at} - G_t} \geq 1.3 \qquad (3.2.1)$$

其中

$$G_n = G\cos\alpha_0 \qquad G_t = G\sin\alpha_0$$

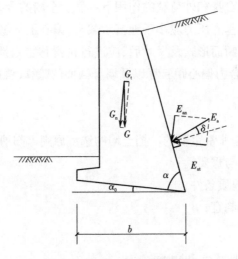

图 3.2.6　挡土墙抗滑移验算

$$E_{at} = E_a \sin(\alpha - \alpha_0 - \delta) \quad E_{an} = E_a \cos(\alpha - \alpha_0 - \delta)$$

式中　G——挡土墙每延米自重(kN/m);

$\quad\quad\alpha$——挡土墙墙背与水平面的夹角(°);

$\quad\quad\alpha_0$——挡土墙基底与水平面之间的夹角(°);

$\quad\quad\delta$——土对墙背的摩擦角(°);

$\quad\quad\mu$——土对挡土墙基底的摩擦系数,参见表 3.2.1。

表 3.2.1　土与挡土墙基底的摩擦系数 μ

土的类别		摩擦系数 μ
黏性土	可塑	0.25 ~ 0.30
	硬塑	0.30 ~ 0.35
	坚硬	0.35 ~ 0.45
粉土	$S_r \leqslant 0.5$	0.30 ~ 0.40
中砂、粗砂、砾石		0.40 ~ 0.50
碎石土		0.40 ~ 0.60
软质岩石		0.40 ~ 0.60
表面粗糙的硬质岩石		0.65 ~ 0.75

若验算结果不满足要求,可选用以下措施来解决:

①修改挡土墙的尺寸,增加自重以增大抗滑力;

②在挡土墙基底铺砂或碎石垫层,提高摩擦系数,增大抗滑力;

③增大墙背倾角或做卸荷平台,以减小土对墙背的土压力,减小滑动力;

④加大墙底面逆坡,增加抗滑力;

⑤在软土地基上,抗滑移安全系数较小,采取其他方法无效或不经济时,可在挡土墙踵后加钢筋混凝土拖板,利用拖板上的填土重量增大抗滑力。

2. 抗倾覆稳定性验算

挡土墙抗倾覆稳定性验算受力图如图 3.2.7 所示。

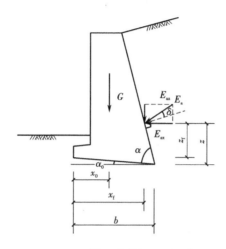

图 3.2.7　挡土墙的抗倾覆验算

图 3.2.7 所示为一基底倾斜的挡土墙,在主动土压力作用下可能绕墙趾向外倾覆。抗倾覆力矩与倾覆力矩之比称为倾覆安全系数,用 K_t 表示。

$$K_t = \frac{\text{抗倾覆力矩}}{\text{倾覆力矩}} = \frac{Gx_0 + E_{az}x_f}{E_{ax}z_f} \geq 1.6 \qquad (3.2.2)$$

其中

$$E_{ax} = E_a\sin(\alpha - \delta) \qquad E_{az} = E_a\cos(\alpha - \delta)$$
$$x_f = b - z\cot\alpha_0 \qquad z_f = z - b\tan\alpha_0$$

式中　　b——基底的水平投影宽度(m);

　　　　G——挡土墙的重力(kN/m);

　　　　x_0——挡土墙重心至墙趾的水平距离(m);

　　　　x_f——挡土墙重心至墙踵的水平距离(m);

　　　　z_f——土压力作用点离墙趾的竖直距离(m);

　　　　z——土压力作用点离墙踵的竖直距离(m);

　　　　α——挡土墙墙背与水平面的夹角(°);

　　　　α_0——挡土墙基底与水平面之间的夹角(°);

　　　　δ——土对墙背的摩擦角(°)。

挡土墙抗滑移验算能满足要求,抗倾覆验算一般也能满足要求。若验算结果不能满足要求,可伸长墙前趾,增加抗倾覆力臂,以增大挡土墙的抗倾覆稳定性。

3. 地基承载力验算

挡土墙地基承载力验算,应满足:

$$\frac{1}{2}(\sigma_{max} + \sigma_{min}) \leq f_a \text{ 且 } \sigma_{max} \leq 1.2 f_a \qquad (3.2.3)$$

另外,基底合力的偏心距不应大于 0.2 倍基础的宽度。

4. 墙身材料强度验算

墙身材料强度验算,与一般砌体构件相同。

2.3 重力式挡土墙的构造

在设计重力式挡土墙时,为了保证其安全、合理、经济,除进行验算外,还需采取必要的构造措施。

2.3.1 基础埋深

重力式挡土墙的基础埋深应根据地基承载力、冻结深度、岩石风化程度等因素决定,在土质地基中,基础埋深不宜小于 0.5 m;在软质岩石地基中,不宜小于 0.3 m。在特强冻胀、强冻胀地区应考虑冻胀影响。

2.3.2 墙背的倾斜形式

当采用相同的计算指标和计算方法时,挡土墙背仰斜时主动土压力最小,直立居中,俯斜最大。墙背倾斜形式应根据使用要求、地形和施工条件等因素综合考虑确定,应优先采用仰斜墙。

2.3.3 墙面坡度选择

当墙前地面陡时,墙面可取 1:0.05 ~ 1:0.2 仰斜坡度,亦可采用直立截面。当墙前地形较为平坦时,对中、高挡土墙,墙面坡度可较缓,但不宜缓于 1:0.4。

2.3.4 基底坡度

为增加挡土墙身的抗滑移稳定性,基底可做成逆坡,但逆坡坡度不宜过大,以免墙身与基底下的三角形土体一起滑动。一般土质地基坡度不宜大于 1:10,岩石地基不宜大于 1:5。

2.3.5 墙趾台阶

当墙高较大时,为了提高挡土墙抗倾覆能力,可加设墙趾台阶,墙趾台阶的高宽比可取 $h:a = 2:1$,a 不得小于 20 cm(如图 3.2.8 所示)。

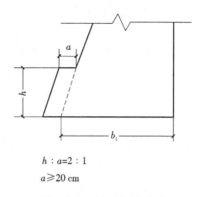

$h : a = 2 : 1$

$a \geqslant 20$ cm

图 3.2.8 墙趾台阶尺寸

2.3.6 设置伸缩缝

重力式挡土墙应每间隔 10～20 m 设置一道伸缩缝。当地基有变化时,宜加设沉降缝。在挡土结构的拐角处,应采取加强构造措施。

2.3.7 墙后排水措施

挡土墙因排水不良,雨水渗入墙后填土,使得填土的抗剪强度降低,对挡土墙的稳定产生不利的影响。当墙后积水时,还会产生静水压力和渗流压力,使作用于挡土墙上的总压力增加,对挡土墙的稳定性更不利。因此,在挡土墙设计时,必须采取排水措施。

1. 截水沟

凡挡土墙后有较大面积的山坡,则应在填土顶面,离挡土墙适当的距离设置截水沟,把坡上径流截断排除。截水沟的剖面尺寸要根据暴雨集水面积计算确定,并应用混凝土衬砌。截水沟出口应远离挡土墙,如图 3.2.9(a)所示。

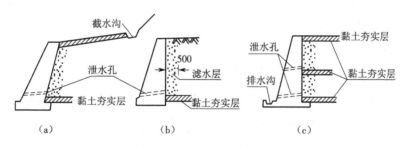

图 3.2.9 挡土墙的排水措施

(a)截水沟 (b)泄水孔 (c)排水沟

2. 泄水孔

已渗入墙后填土中的水,则应将其迅速排除。通常在挡土墙设置泄水孔,泄水孔应沿横竖两个方向设置,其间距一般取 2~3 m,排水孔外斜坡度宜为 5%,孔眼尺寸不宜小于 100 mm。泄水孔应高于墙前水位,以免倒灌。在泄水孔入口处,应用易渗的粗粒材料做滤水层,必要时做排水暗沟,并在泄水孔入口下方铺设黏土夯实层,防止积水渗入地基,不利墙体的稳定。墙前也要设置排水沟,在墙顶坡后地面宜铺设防水层,如图 3.2.9(c)所示。

2.3.8 填土质量要求

挡土墙后填土应尽量选择透水性较强的填料,如砂、碎石、砾石等,因为这类土的抗剪强度较稳定,易于排水。当采用黏性土作为填料时,应掺入适当的碎石。在季节性冻土地区,应选择炉渣、碎石、粗砂等非冻结填料,不应采用淤泥、耕植土、膨胀土等作为填料。

例 3.2.1 如图 3.2.10 所示,某块石挡土墙高 6 m,墙背倾斜 $\varepsilon = 10°$,填土表面倾斜 $\beta = 10°$,土与墙的摩擦角 $\delta = 20°$,墙后填土为中砂,内摩擦角 $\varphi = 30°$,重度 $\gamma = 18.5$ kN/m³。地基承载力设计值 $f_a = 160$ kPa。试设计挡土墙尺寸(砂浆块石的重度取 22 kN/m³)。

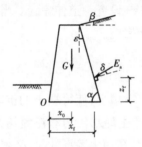

图 3.2.10 例 3.2.1 图

解:(1)初定挡土墙断面尺寸

设计挡土墙顶宽 1.0 m,底宽 4.5 m,如图 3.2.10 所示,墙的自重

$$G = \frac{(1.0 + 4.5) \times 6 \times 22}{2} = 363 \text{ kN/m}$$

因 $\alpha_0 = 0$,$G_n = 363$ kN/m,$G_t = 0$。

(2)土压力计算

由 $\varphi = 30°$,$\delta = 20°$,$\varepsilon = 10°$,$\beta = 10°$,应用库仑土压力理论得

$$K_a = \frac{\cos^2(\varphi - \varepsilon)}{\cos^2\varepsilon \cdot \cos(\delta + \varepsilon)\left[1 + \sqrt{\dfrac{\sin(\delta + \varphi) \cdot \sin(\varphi - \beta)}{\cos(\delta + \varepsilon) \cdot \cos(\varepsilon - \beta)}}\right]^2} = 0.438$$

$$E_a = \frac{1}{2}\gamma h^2 K_a = \frac{1}{2} \times 18.5 \times 6^2 \times 0.438 = 145.9 \text{ kN/m}$$

E_a 的方向与水平方向成 30°角,作用点在距离墙基 2 m 处。

$$E_{ax} = E_a\cos(\delta + \varepsilon) = 145.9 \times \cos(20° + 10°) = 126.4 \text{ kN/m}$$

$$E_{ax} = E_a\sin(\delta + \varepsilon) = 145.9 \times \sin(20° + 10°) = 73 \text{ kN/m}$$

$$\alpha_0 = 0, E_{an} = E_{ax} = 73 \text{ kN/m}$$

$$E_{at} = E_{ax} = 126.4 \text{ kN/m}$$

（3）抗滑移稳定性验算

墙底对地基中砂的摩擦系数 μ，查表 3.2.1 得 $\mu = 0.4$。

则
$$K_s = \frac{(G_n + E_{an})\mu}{E_{at} - G_t} = \frac{(363 + 73)}{126.4} = 1.38 > 1.3$$

抗滑移安全系数满足要求。

（4）抗倾覆验算

计算作用在挡土墙上的各力对墙趾 O 点的力臂。

自重 G 的力臂 $x_0 = 2.10 \text{ m}$，E_{an} 的力臂 $x_f = 4.15 \text{ m}$，E_{ax} 的力臂 $z_f = 2 \text{ m}$，则

$$K_t = \frac{Gx_0 + E_{az} \cdot x_f}{E_{ax} \cdot z_f} = \frac{363 \times 2.10 + 73 \times 4.15}{126.4 \times 2} = 4.21 > 1.6$$

抗倾覆验算满足要求。

（5）地基承载力验算

作用在基础底面上总的竖向力
$$N = G_n + E_{az} = 363 + 73 = 436 \text{ kN/m}$$

合力作用点与墙前趾 O 点的距离：

$$x = \frac{363 \times 2.10 + 73 \times 4.15 - 126.4 \times 2}{436} = 1.86 \text{ m}$$

偏心距
$$e = \frac{4.5}{2} - 1.86 = 0.39 \text{ m}$$

基底边缘处

$$\sigma_{max} = \frac{436}{4.5}\left(1 + \frac{6 \times 0.39}{4.5}\right) = 147.3 \text{ kPa}$$

$$\sigma_{min} = \frac{436}{4.5}\left(1 - \frac{6 \times 0.39}{4.5}\right) = 46.5 \text{ kPa}$$

$$\frac{1}{2}(\sigma_{max} + \sigma_{min}) = \frac{1}{2}(147.3 + 46.5) = 96.9 \text{ kPa} < f_a = 160 \text{ kPa}$$

$$\sigma_{max} = 147.3 \text{ kPa} < 1.2f_a = 1.2 \times 160 = 196 \text{ kPa}$$

地基承载力满足要求。

因此该块石挡土墙的断面尺寸可定为：顶宽 1.0 m，底面 4.5 m，高 6.0 m。

复习思考题

1. 常见的挡土墙结构形式有哪些？

2. 重力式挡土墙断面形式有哪些？

3. 试阐述挡土墙的设计选型原则。

4. 挡土墙截面尺寸一般包括哪些?

5. 重力式挡土墙的计算一般包括哪几方面?

6. 重力式挡土墙的构造一般包括哪几方面?

任务3　重力式挡土墙的施工

重力式挡土墙是传统的结构形式,也是目前最常用的一种挡土墙形式。一般多用片(块)石砌筑,在缺乏石料的地区有时也用混凝土预制块修建,或直接用混凝土浇筑。由于其结构简单,施工方便,可就地取材,适应性较强,目前应用最广泛。下面介绍常见重力式挡土墙的施工方法。

3.1　重力式挡土墙的分类

重力式挡土墙按材料和施工方法分为以下几种类型:浆砌片(块)石砌体挡土墙、浆砌料石砌体挡土墙、干砌片(块)石挡土墙、普通黏土砖砌体挡土墙、混凝土预制块砌体挡土墙、现浇混凝土挡土墙以及片石混凝土挡土墙。

浆砌片(块)石砌体挡土墙、浆砌料石砌体挡土墙和干砌片(块)石挡土墙,适用于盛产石料的地区。而普通黏土砖砌体挡土墙、混凝土预制块砌体挡土墙、现浇混凝土挡土墙适用于石料匮乏的地区。排除地区的影响,它们各自的优缺点如表3.3.1所示。

表3.3.1　各种重力式挡土墙的优缺点

挡土墙类型	优　点	缺　点
浆砌片(块)石砌体挡土墙	料源丰富、适用范围广	灰缝宽、水泥用量多
浆砌料石砌体挡土墙	表面平整、灰缝薄、节约水泥、美观、强度高	料石生产速度慢、造价高
干砌片(块)石挡土墙	劳动效率高	强度较低、整体性和美观性较差、施工技术较浆砌难
普通黏土砖砌体挡土墙	尺寸统一、砌筑劳动强度较低、砌体表面平整、强度较高	灰缝多、砂浆用料较多、施工速度慢
混凝土预制块砌体挡土墙	尺寸统一、砌体表面平整、强度较高、节约砂浆、施工速度快、不用黏土少占耕地	暂未发现
现浇混凝土挡土墙	形状和施工质量易控制,施工速度快	需要支立模板、水泥用量大

挡土墙类型	优　点	缺　点
片石混凝土挡土墙	节约混凝土和工程造价	强度稍低（较普通混凝土）

3.2　重力式挡土墙的基本构造

常见的重力式挡土墙,一般由墙身、基础、排水设施和沉降缝、伸缩缝等几部分组成。接下来提到的重力式挡土墙均以浆砌片(块)石砌体挡土墙为例进行介绍。

3.2.1　墙身构造

1.墙背构造

通过前面的介绍可知,挡土墙的墙背可以做成仰斜、直立、俯斜、凸折和衡重等形式。

仰斜式挡土墙墙背与开挖的临时边坡较贴合,开挖量与回填量小,土压力较小;俯斜式挡土墙可采用陡直墙面、减小墙高、施工方便,但是所受土压力较大,致使断面也相应增大,因此此类挡土墙墙背坡度不宜过缓;垂直式挡土墙墙背土压力介于仰斜和俯斜之间;凸折式挡土墙墙背系在仰斜式的基础上将其上部墙背改成俯斜式,从而减小上部挡土墙尺寸,故其断面较为经济,但是该修改增加了上部挡土墙的土压力;衡重式挡土墙可视为在凸折式的上下墙之间设一衡重台,利用衡重台上填土的重力作用和全墙重心后移,弥补了凸折式的上部挡土墙土压力增加的缺点,增加其墙身稳定性。

如果挡土墙修建时需要开挖,因仰斜墙墙背可与开挖的临时边坡相贴合,所以对于支挡挖方工程的边坡,以仰斜墙背为好;填方工程,则宜用俯斜挡土墙墙背或垂直挡土墙墙背,以便填土的夯实。

由于各种墙背构造都有其相应的特点,所以其墙背坡度的适用范围如图 3.3.1 所示。重力式挡土墙的墙背坡度一般采用 1:0.25 仰斜,仰斜墙墙背坡度不宜缓于 1:0.3;俯斜墙墙背坡度一般为 1:0.25～1:0.4。衡重式或凸折式挡土墙下墙墙背坡度多采用 1:0.25～1:0.3 仰斜,上墙墙背坡度受墙身强度控制,根据上墙高度,采用 1:0.25～1:0.45 俯斜。上下墙墙高的合理比例一般为 2:3。

注意:挡土墙的断面形式不宜变化过多,以免造成施工困难,并且应考虑不要影响挡土墙的外观。

2.墙面构造

墙面一般为平面,如图 3.3.1 所示,墙面坡度除与墙背的坡度协调外,还应考虑到墙趾处地面的横坡度。当地面横坡较陡时,墙面可直立或外斜 1:0.05～1:0.25,以减小墙高;当地面横坡平缓时,墙面坡度可稍缓,一般采用 1:0.20～1:0.35 较为经济。仰斜墙墙面一般与墙背

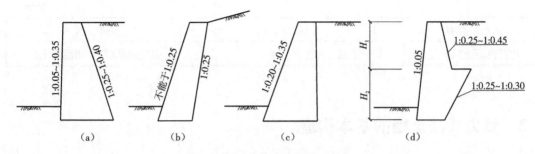

图 3.3.1 挡土墙墙背和墙面坡度

坡度一致或略缓于墙背坡度;衡重式、凸折式墙墙面坡度一般采用 1:0.05。矮墙常采用陡直墙面。

3. 墙顶构造

浆砌挡土墙墙顶宽度不应小于 50 cm;干砌挡土墙墙顶应不小于 60 cm,顶部 50 cm 厚度内宜用 M2.5 砂浆砌筑,以求墙身稳定;现浇混凝土挡土墙墙顶宽度不宜小于 40 cm。

4. 墙底构造

为了提高挡土墙的抗滑移能力,重力式挡土墙可在基底设置逆坡。对土质地基,基底逆坡坡度不宜大于 1:10;对岩质地基,逆坡坡度不宜大于 1:5。

3.2.2 基础构造

挡土墙一般都采用浅基础,只有在特殊情况下,才采用深桩基。当地基软弱的时候,可先换填。

挡土墙的埋置深度应按照以下要求进行:当冻结深度小于或等于 1 m 时,基底应在冻结线不小于 0.25 m,并符合基础最小埋深不小于 1 m 的要求。当冻结深度大于 1 m,基底最小埋深不小于 1.25 m,基底应在冻结线以下。

3.2.3 排水构造

挡土墙的排水设施通常由地面排水和墙身排水两部分组成。地面排水可设置地面排水沟,引排地面水;夯实回填土顶面和地面松土,防止雨水及地面水下渗,必要时可加设铺砌;对路堑挡土墙墙趾前的边沟应予以铺砌加固,以防边沟水渗入基础;墙身排水主要是为了迅速排除墙后积水而设置的,例如泄水孔、排水层等构造,如图 3.3.2 所示。

浆砌块(片)石墙身应在墙前地面以上设一排泄水孔(泄水孔一般为 5 cm × 10 cm、10 cm × 10 cm、15 cm × 20 cm 的方孔或者直径 5~10 cm 的圆孔。)(图 3.3.2(a))。墙高时,可在墙上部加设一排泄水孔(图 3.3.2(b)) 。孔眼间距一般为 2~3 m,对于浸水挡土墙间距为 1.0 ~1.5 m,干旱地区可适当加大,孔眼上下错开布置。下排排水孔的出口应高出墙前地面或墙前水位 0.3 m;为防止水分渗入地基,下排泄水孔进水口的底部应铺设 30 cm 厚的黏土隔水

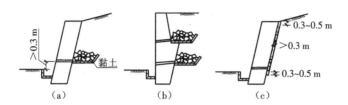

图 3.3.2　泄水孔与排水层构造示意图

层。泄水孔的进水口部分应设置粗粒料反滤层,以免孔道阻塞。当墙背填土透水性不良或可能发生冻胀时,应在最低一排泄水孔至墙顶以下 0.5 m 的范围内铺设厚度不小于 0.3 m 的砂卵石排水层(图 3.3.2(c))。

3.2.4　沉降缝和伸缩缝

重力式挡土墙设计时,一般将沉降缝与伸缩缝合并设置,沿路线方向每隔 10～15 m 设置一道,兼起两者的作用,缝宽 2～3 cm,缝内一般可用胶泥填塞,但在渗水量大、填料容易流失或冻害严重地区,则宜用沥青麻筋或涂以沥青的木板等具有弹性的材料,沿内、外、顶三向填塞,填深不宜小于 0.15 m,当墙后为岩石路堑或填石路堤时,可设置空缝。

3.3　重力式挡土墙的施工工艺

重力式挡土墙的主要施工工艺:测量放样→基坑开挖→基底处理→基础砌筑→墙身砌筑→墙背填筑→完成,如图 3.3.3 所示。

3.3.1　测量放样

挡土墙的放样主要是基础的放样。基础的放样通常采用经纬仪配合皮尺放样或全站仪坐标放样。

1.采用经纬仪放样的方法

经纬仪放样的方法就是利用仪器定向,皮尺丈量距离,定出基础的轮廓线。如图 3.3.4 所示,以路肩墙为例具体步骤如下。

①立仪器于 O 点,对中整平,使仪器的中丝瞄准该中桩的横断方向。

②按挡土墙设计图上该断面的尺寸,在该方向上量取 $\frac{B}{2} + H \times n + B_{21} + H_3 \times n$ 得到 A 点。

③由 A 点在横断方向上向中线方向丈量 B_4 距离得到 B 点。

④每个中桩断面均定出 A、B 点,所有 A 点连线,所有 B 点连线即得出该挡土墙的基础轮廓线。

⑤A、B 点的设计标高可从挡土墙设计图中查出,并用水准仪进行实地控制。

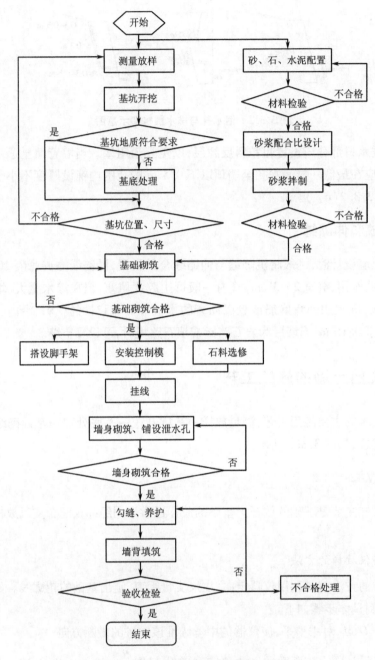

图 3.3.3　重力式挡土墙的施工工艺

⑥挡土墙的边坡用坡度板进行控制,也可采用计算的方法,计算出各高度外边坡的相对位置。

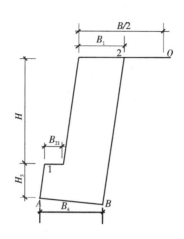

图 3.3.4　挡土墙示意

2. 采用全站仪放样的方法

利用坐标的原理,计算出挡土墙各部位的坐标,用全站仪进行放样。如图 3.3.4 所示,具体步骤如下。

①在逐桩坐标表上查 O 点的坐标(X_O,Y_O)。中线的方位角为 β_0。

②则 A 点的坐标为:

$$X_A = X_O + \left(\frac{B}{2} + H \times m + B_{21} + H_3 \times n\right)\cos(\beta_0 \pm 90°)$$

$$Y_A = Y_O + \left(\frac{B}{2} + H \times m + B_{21} + H_3 \times n\right)\sin(\beta_0 \pm 90°)$$

③B 点的坐标同理由 A 点坐标和 B_4 值推算出来。

④立全站仪于任意一可通视的控制点,对中整平。

⑤采用坐标放样的模式定出 A、B 点。

⑥同理可以定出每个中桩位置的挡土墙 A、B 点。

⑦将所有的 A 点连成线,所有的 B 点连成线,则可得基础的轮廓线。

注意事项:

①在计算坐标的过程中,应结合实际情况采用 ±90° 值,应当注意什么时候采用" + "号,什么时候采用" - "号。例如:若 β_0 为线路前进方向上的方位角,当挡土墙在线路左侧时采用" - "号,在线路右侧时采用" + "号。

②当采用经纬仪测量时,由于设挡土墙处的天然横坡较大,应注意量测距离时应使皮尺尽量水平,以减小距离误差。

3.3.2　开挖基坑

①开挖前应在上方做好截、排水设施,坑内积水应及时排干处理。

②挡土墙应随挖、随下基、随砌筑,及时进行回填。在岩体破碎或土质松软、有水地段,修建挡土墙宜在旱季施工;并应结合结构要求适当分段、集中施工,不应盲目全面展开。

③开挖基坑时应核查地质情况,挡土墙墙基嵌入岩层应符合设计要求。挖基时遇到地质不符合、承载力不足时,应及时报批处理合格后再施工。

a. 墙基位于斜坡地面时,其趾部进入深度和距地面水平距离应符合设计要求;墙基高程不能满足施工图要求时,必须在变更设计后施工。采用倾斜基底时,应准确挖凿成型,不得用填补方法筑成斜面。

b. 明挖基础基坑,应及时回填夯实,顶面做成不小于 4% 的排水横坡。对湿陷性黄土地基,应注意采取防止水流下渗的措施。

3.3.3 拌制砂浆

①砌体工程所用砂浆的强度等级应符合施工图要求,当施工图未提出要求时,主体工程不得小于 M10,一般工程不得小于 M5。

②砂浆应用机械拌制。拌制时,宜先将 3/4 的用水量和 1/2 的用砂量与全部胶结材料在一起稍加拌制,然后加入其余的砂和水。拌制时间不少于 2.5 min,一般为 3~5 min,时间过短或过长均不适宜,以免影响砌筑质量。

③砂浆按施工配合比配制,应具有适当的流动性和良好的和易性,其稠度宜为 10~50 mm。现场也可用手捏成小团,指缝不出浆,松手后不松散为宜,每批砂浆均应抽检一组试块。

④运输一般使用铁桶、斗车等不漏水的容器运送。炎热天气或雨天运送砂浆时,容器应加以覆盖,以防砂浆凝结或受雨淋而失去应有的流动性。

⑤冬期(昼夜平均气温低于 +5 ℃)施工时,砂浆应加保温设施,防止受冻而影响砌体强度。

⑥砂浆应随拌随用,应根据砌筑进度决定每次拌制量,宜少拌快用。一般宜在 3~4 h 内使用完毕,气温超过 30 ℃时,宜在 2~3 h 内用完。在运输过程中或在贮存器中发生离析、泌水的砂浆,砌筑前应重新拌制。已凝结的砂浆不得使用。

3.3.4 砌筑基础

①砌筑前,应将基底表面风化、松软土石清除。砌筑要分段进行,每隔 10~15 m 或在基坑地质变化处设置沉降缝。

②硬石基坑中的基础,宜紧靠坑壁砌筑,并插浆塞满间隙,使之与地层结为一体。

③雨季在土质或风化软石基坑中砌筑基础,应在基坑挖好后,立即铺砌一层。

④采用台阶式基础时,台阶转折处不得砌成竖向通缝;砌体与台阶壁的缝隙应插浆塞满。

3.3.5 搭拆脚手架

①搭脚手架应根据负载要求进行工艺设计,并对作业人员进行技术交底。采用的毛竹、杉

木、钢管、跳板等材料都应经质量检验符合有关规定,一般搭设平台高为 1.9~2.0 m,宽度 0.8~1.2 m。

②搭脚手架时主杆要垂直,立杆时先立角柱,然后立主柱,主柱完成后,再开始绑扎大小横杆。脚手架搭至 3~5 m 高时,就要加十字撑,撑与地面的角度在 45°以内,撑的交叉点宜绑扎在柱或横杆上,以确保脚手架牢固稳定。

③由于脚手架的侧向刚度差,为了加强稳定性,可与墙体连接,使用中要定期检查,发现问题时要及时加固处理。

3.3.6　挂线找平

①按照墙面坡度、砌体厚度、基底和路肩高程可以设两面立杆挂线或固定样板挂线,对高度超过 6 m 的挡土墙宜分层挂线。

②所挂外面线应顺直整齐,逐层收坡,内面线应大致适顺,以保证砌体各部尺寸符合施工图要求,并在砌筑过程中经常校正线杆。

3.3.7　选修片石

①石块在砌筑前应浇水湿润,表面泥土、水锈应清洗干净。根据铺砌的位置选择合适的块石,并进行试放。

②砌体外侧定位石与转角石应选择表面平整、尺寸较大的石块,浆砌时,长短相间并与里层石块咬紧,分层砌筑应将大块石料用于下层,每处石块形状及尺寸搭配合适。缝较宽者可塞以小石子,但不能在石块下部用高于砂浆层的小石块支垫。排列时,石块应交错,坐实挤紧,尖锐凸出部分应用手锤敲除不贴合的棱角。

3.3.8　砌筑墙身

①砌筑墙身采用挤浆法分层、分段砌筑。分段位置设在沉降缝或伸缩缝处,每隔 10~15 m 设一道,缝中用 20~30 mm 厚的木板隔开。沉降缝和伸缩缝可合并设置。分段砌筑时,相邻层的高差不宜超过 1.2 m。

②片石分层砌筑时以 2~3 层砌块组成一个工作层,每一个工作层的水平缝应大致找平,各工作层竖缝相互错开,不得贯通。砌缝应饱满,表层砌缝宽度不得大于 40 mm,铺砌表面与三块相邻石料相切的内切圆直径不得大于 70 mm,两层间的错缝不得小于 80 mm。

③一般砌石顺序为先砌角石,再砌面石,最后砌腹石。角石应选择比较方正、大小适宜的石块,否则应稍加清凿。角石砌好后即可将线移挂到角石上,再砌筑面石(即定位行列)。面石应留一运送腹石料缺口,砌完腹石后再封砌缺口。腹石宜采取往运送石料方向倒退砌筑的方法,先远处,后近处。腹石应与面石一样按规定层次和灰缝砌筑整齐、砂浆饱满。

④砌块底面应坐浆铺砌,立缝填浆补实,不得有空隙和立缝贯通现象。砌筑工作中断时,可将砌好的砌块层孔隙用砂浆填满。再砌时,表面要仔细清扫干净,洒水湿润。砌体勾凸缝

时,墙体外表浆缝需留出 10~20 mm 深的缝槽,以便砂浆勾缝。

⑤砌筑上层砌块时,应避免振动下层砌块;砌筑中断后恢复时,应将砌体表面加以清扫、湿润,再坐浆砌筑。

⑥浆砌片石应及时覆盖,并经常洒水保持湿润。砌体在当地昼夜平均气温低于 +5 ℃时不能洒水养护,应覆盖保温、保湿,并按砌体冬期施工规定执行。

3.3.9 安设泄水管

①墙身砌筑过程中应按施工图要求做好墙背防渗、隔水、排水设施。砌筑墙身时应沿墙高和墙长设置泄水孔,按上下左右每隔 2~3 m 交错布置。折线墙背的易积水处亦应设置泄水孔。泄水孔的进水侧应设置反滤层,厚度不小于 0.3 m。在最低排泄水孔的下部,应设置隔水层,不使积水渗入基底。

②泄水孔一般采用梅花形等间距布置,孔径为 100 mm,材料采用毛竹或 PVC 塑料管。挡土墙顶面一般采用砂浆抹面或面石做顶。挡土墙顶面内侧与山体连接处要用黏土夯实,防止渗水。当墙背土为非渗水土时,应在最低排泄水孔至墙顶以下 0.5 m 高度内,填筑不小于 0.3 m 厚的砂砾石等过滤层。

③挡土墙地段侧沟,采用与挡土墙同标号的水泥砂浆砌筑,并与挡土墙砌成一整体。当挡土墙较高时,应根据需要设置台阶或检查梯,以利检查、维修、养护。

3.3.10 勾缝养护

①砌体勾缝,除设计规定者外,一般采用平缝或平缝压槽。平缝应随砌随用灰刀刮平。勾缝砂浆不得低于砌体砂浆强度,对勾缝砂浆应注意压实并使外表美观。

②勾缝应嵌入砌体内约 2 cm 深,缝槽深度不足时,应凿够深度,勾缝前应清扫和湿润墙面。

③浆砌片石挡土墙砌筑完后,砌体应及时以浸湿的草帘、麻袋等覆盖,经常保持湿润。一般气温条件下,在砌完后 10~12 h 以内,炎热天气在砌完后 2~3 h 以内即须洒水养护,洒水养护期不得少于 7 d。

④在养护期间,一般砂浆在强度尚未达到施工图标示强度的 70% 以前,不可使其受力。已砌好但砂浆尚未凝结的砌体,不可使其承受荷载。如砂浆凝结后砌块有松动现象,应予拆除,刮净砂浆,清洗干净后,重新安砌。

3.3.11 墙背填筑

①墙背填筑按施工图要求分层回填、夯实。一般情况下,应尽可能采用透水性好、抗剪强度高且稳定、易排水的砂类土或碎(砾)石类土等。严禁使用腐殖质土、盐渍土、淤泥等作为填料,填料中不得含有有机物、冰块、草皮、树根等杂物和生活垃圾。

②墙背填料的填筑,需待砌体砂浆或混凝土强度达到 75% 以上方可进行。墙后回填要均

匀,摊铺要平整,并设不小于 3% 的横坡,逐层填筑,逐层碾压夯实,不允许向墙背斜坡填筑。路肩挡土墙顶面高应略低于路肩边缘高程 20 ~ 30 mm,挡土墙顶面做成与路肩一致的横坡,以排除地表水。

③墙背回填应由最低处分层填起,若分几个作业段回填,两段交接处不在同一时间填筑时,则先填地段应按 1∶1 的坡度分层留台阶;若两个地段同时填筑,则应分层相互交叠衔接,其搭接长度不得小于 2 m。

④每一压实层均应检验压实度,合格后方可填筑其上一层,否则应检明原因,采取措施进行补充压实,直至满足要求。采用轻型动力触探(N10)每夯填层检查 3 点,其击数标准经试验确定。

复习思考题

1. 重力式挡土墙的基本构造包含哪几部分?
2. 试阐述重力式挡土墙的施工工艺。
3. 重力式挡土墙泄水孔该如何设置?

任务 4 滑坡、塌方等常见地质灾害的预防及处理

地质灾害是指在自然或者人为因素的作用下形成的,对人类生命财产、环境造成破坏和损失的地质作用(现象)。它的主要类型有地震、崩塌、滑坡、泥石流、水土流失、地面塌陷和沉降、地裂缝、土地沙漠化、煤岩和瓦斯突出、火山活动等。

目前,对地质灾害的研究越来越多,亦越来越重视,因为地质灾害对人类社会造成了巨大的经济损失和大量的人员伤亡。由于地质灾害问题而导致的建筑事故是不乏其例的。

为保证工程的正常施工、运行和生命财产的安全,解决地质灾害的任务是非常重要的。

4.1 土坡稳定性分析

4.1.1 土坡稳定的意义与影响因素

无论天然土坡还是人工土坡,由于坡面倾斜,在土体自重和其他外界因素影响下,近坡面的部分土体有着向下滑动的趋势。如果坡面过于陡峻,则土坡在一定范围内整体沿某一滑动面向下或向外移动而失去其稳定性,造成坍塌。而如果坡面设计得过于平缓,则将增加工程的土方量,不经济。因此,进行土坡稳定性分析,对于工程的安全、经济性具有重要意义。

影响土坡稳定的因素主要有以下几个。

（1）土坡陡峭程度。土坡越陡，则越不安全；土坡越平缓，则越安全。

（2）土坡高度。试验研究表明，在土坡其他条件相同时，坡度越小，土坡越稳定。

（3）土的性质。土的性质越好，土坡就越稳定。比如，土抗剪强度指标 c、φ 值大的土坡，比 c、φ 值小的土坡更加安全。

（4）地下水的渗流作用。当土坡中存在着地下水渗流，渗流方向又与土体滑动方向一致时，则可能发生土坡失稳。

（5）土坡作用力发生变化。比如坡顶堆放材料的增减；在离坡顶不远位置或坡段上建造房屋、打桩、车辆行驶、爆破、地震等引起的震动，使原来的平衡状态发生了改变。

（6）土的抗剪强度降低。比如土体含水量或超静水压力的增加。

（7）静水力的作用。比如流入土坡竖向裂缝里的雨水，将会对土坡产生侧向压应力，促使土体向下滑动。

4.1.2　简单土坡稳定性分析

简单土坡是指土体材料为均质土，土坡坡度不变，无地下水，土坡顶面和底面都为水平且无穷延伸的土坡。下面对于无黏性土和黏性土简单土坡稳定性分析分别进行介绍。

1.无黏性土坡的稳定性分析

1）一般情况下的无黏性土土坡

条件：均质的无黏性土土坡，干燥或完全浸水，土粒间无黏结力，如图3.4.1所示。

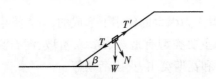

图 3.4.1　一般情况时土单元体平衡状态

分析方法：只要位于坡面上的土单元体能够保持稳定，则整个坡面就是稳定的。

滑动力：

$$T = W \sin \beta$$

垂直于坡面上的分力：

$$N = W \cos \beta$$

最大静摩擦力：

$$T' = N \tan \varphi = W \cos \beta \tan \varphi$$

抗滑力与滑动力的比值称为稳定安全系数 K，按下式计算：

$$K = \frac{T'}{T} = \frac{W \cos \beta \tan \varphi}{W \sin \beta} = \frac{\tan \varphi}{\tan \beta}$$

当 $\beta = \varphi$ 时, $K=1$, 土坡处于极限平衡状态。砂土的内摩擦角也称为自然休止角。

当 $\beta < \varphi$, 即 $K > 1$ 时, 土坡就是稳定的, 可取 $K = 1.1 \sim 1.5$。

无黏性土土坡的稳定性与坡高无关, 仅取决于坡角 β。

2)有渗流作用时的无黏性土土坡

如图 3.4.2 所示, 若渗流为顺坡出流, 则渗流方向与坡面平行, 此时使土体下滑的剪切力为

$$T + J = W\sin\beta + J$$

稳定安全系数为

$$F_s = \frac{T_f}{T+J} = \frac{W\cos\beta\tan\varphi}{W\sin\beta + J}$$

对单位土体, 土体自重 $W = \gamma'$, 渗透力 $J = \gamma_w i$, 水力坡降 $i = \sin\beta$, 于是

$$F_s = \frac{\gamma'\cos\beta\tan\varphi}{\gamma'\sin\beta + \gamma_w\sin\beta} = \frac{\gamma'\tan\varphi}{\gamma_{sat}\tan\beta}$$

当坡面有顺坡渗流作用时, 无黏性土土坡的稳定安全系数将近乎降低一半。

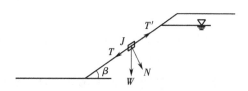

图 3.4.2 渗流作用时土单元体平衡状态

例 3.4.1 一均质砂性土土坡, 其饱和重度 $\gamma = 19.3 \ kN/m^3$, 内摩擦角 $\varphi = 35°$, 坡高 $H = 6 \ m$, 试求当此土坡的稳定安全系数为 1.25 时其坡角为多少?

解: 由 $K = \dfrac{\tan\varphi}{\tan\beta}$, 得 $\tan\beta = \dfrac{\tan\varphi}{K} = \dfrac{\tan 35°}{1.25} = 0.560\ 2$

解得 $\beta = 29.26°$, 有渗流作用的土坡稳定比无渗流作用的土坡稳定, 坡角要小得多。

2. 黏性土土坡的稳定性分析

1)瑞典圆弧法

条件与假定:均质黏性土土坡, 假定滑动面为圆柱面, 截面为圆弧, 将滑动面以上土体看作刚体, 并以它为脱离体, 分析在极限平衡条件下其上的各种作用力, 如图 3.4.3 所示。

安全系数 F_s 定义为滑动面上的最大抗滑力矩与滑动力矩之比, 则

$$F_s = \frac{M_f}{M} = \frac{\tau_f \widehat{LR}}{\tau \widehat{LR}} = \frac{\tau_f \widehat{LR}}{Wd}$$

式中　M_f——滑动面上的最大抗滑力矩;

　　　M——滑动力矩;

　　　$\widehat{L}$——滑弧长度;

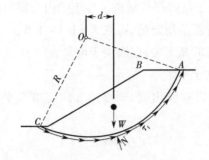

图3.4.3　瑞典圆弧法土体稳定分析

d——土体重心离滑弧圆心的水平距离。

对于饱和黏土来说,在不排水剪条件下,φ_u等于零,τ_f就等于c_u。上式可写成

$$F_s = \frac{c_u \widehat{LR}}{Wd}$$

这时,滑动面上的抗剪强度为常数,利用公式可直接进行安全系数计算。这种稳定分析方法通常称为φ_u等于零分析法。

上述方法首先由瑞典彼得森(Petterson)于1915年提出,故称瑞典圆弧法。

最危险滑动面圆心的经验计算方法:如图3.4.4所示,对于均质黏性土土坡,其最危险滑动面通过坡脚;当φ等于零时,其圆心位置可由图中AO与BO两线的交点确定,图中β_1及β_2的值可根据坡脚β查表得出;当φ大于零时,其圆心位置可能在图中EO的延长线上,自O点向外取圆心$O_1,O_2,\cdots$,分别作滑弧,并求出相应的抗滑安全系数$F_{s1},F_{s2},\cdots$,然后找出最小值F_{smin}。

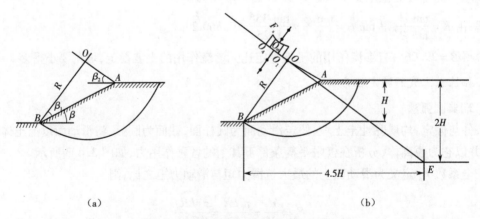

(a)　　　　　　　　　　　　　　　　　(b)

图3.4.4　最危险滑动面圆心计算示意图

(a)$\varphi = 0$　(b)$\varphi > 0$

对于非均质土坡,坡面形状及荷载情况都比较复杂,尚需自O_m作OE线的垂直线,在其上再取若干点作为圆心进行计算比较,找出最危险滑动面圆心和土坡稳定安全系数。

2)条分法

适用范围:外形比较复杂,$\varphi > 0$ 的黏性土土坡,特别是土由多层土组成。

条分法:将滑动土体分为若干垂直土条,求各土条对滑弧圆心的抗滑力矩和滑动力矩,然后求该土坡的稳定安全系数。

具体计算步骤如下。

①按比例绘出土坡剖面,见图3.4.5(a)。

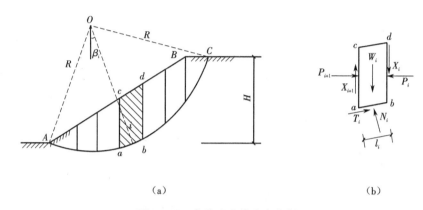

图3.4.5 条分法土体稳定分析

(a)土坡剖面 (b)作用在 i 土条上的力

②任选一圆心 O,以 $\overline{OA}$ 为半径作圆弧,AC 为滑动面,将滑动面以上土体分成几个等宽(不等宽亦可)土条。

③计算每个土条的力(以第 i 土条为例进行分析,如图3.4.5(b))。第 i 条上作用力有(纵向取 1 m):自重 W_i;法向反力 N_i 和剪切力 T_i;土条侧面 ac 和 bd 上的法向力 P_i、P_{i+1} 和剪力 X_i、X_{i+1}。为简化计算,设 P_i、X_i 的合力与 P_{i+1}、X_{i+1} 的合力相平衡。

根据土条静力平衡条件列出

$$N_i = W_i \cos \beta_i$$
$$T_i = W_i \sin \beta_i$$

滑动面 $\overline{ab}$ 上应力分别为

$$\sigma_i = \frac{N_i}{l_i} = \frac{1}{l_i} W_i \cos \beta_i$$

$$\tau_i = \frac{T_i}{l_i} = \frac{1}{l_i} W_i \sin \beta_i$$

④滑动面 AB 上的总滑动力矩(对滑动圆心)为

$$TR = R \sum T_i = R \sum W_i \sin \beta_i$$

⑤滑动面 AB 上的总抗滑力矩(对滑动圆心)为

$$T'R = R \sum \tau_{fi} l_i = R \sum (\sigma_i \tan \varphi_i + c_i) l_i$$

$$= R \sum \left(W_i \cos \beta_i \tan \varphi_i + c_i l_i \right)$$

⑥确定安全系数 K。总抗滑力矩与总滑动力矩的比值称为稳定安全系数 K,计算公式为

$$K = \frac{T'R}{TR} = \frac{\sum \left(W_i \cos \beta_i \tan \varphi_i + c_i l_i \right)}{\sum W_i \sin \beta_i}$$

注意:地下水位以下用有效重度;土的黏聚力 c 和内摩擦角 φ 应按滑弧所通过的土层采取不同的指标。

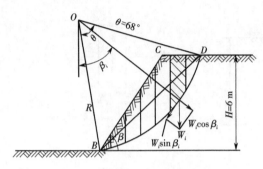

图 3.4.6　条分法土坡计算示意图

例 3.4.2　某土坡如图 3.4.6 所示。已知土坡高度 $H = 6$ m,坡角 $\beta = 55°$,土的重度 $\gamma = 18.6$ kN/m³,内摩擦角 $\varphi = 12°$,黏聚力 $c = 16.7$ kPa。试用条分法验算土坡的稳定安全系数。

解:①按比例绘出土坡,选择滑弧圆心,作出相应的滑动圆弧。

②将滑动土体分成若干土条(本例题将该滑弧分成 7 个土条)并对土条编号。

③量出各土条中心高度 h_i、宽度 b_i,并列表计算 $\sin \beta_i$、$\cos \beta_i$ 以及土条重 W_i 等值,计算该圆心和半径下的安全系数

$$K = \frac{\tan \varphi \sum W_i \cos \beta_i + c \hat{L}}{\sum W_i \sin \beta_i} = \frac{258.63 \times \tan 12° + 16.7 \times 9.91}{186.60} = 1.18$$

④对圆心 O 选不同半径,得到 O 对应的最小安全系数。

⑤在可能滑动范围内,选取其他圆心 O_1,O_2,O_3,…,重复上列计算,从而求出最小的安全系数,即为该土坡的稳定安全系数。

3)泰勒图表法

影响土坡的稳定性指标包括:①抗剪强度指标 c 和 φ;②土体重度 γ;③土坡的尺寸、坡角 β 和坡高 H。

稳定数:将三个参数 c、γ 和 H 合并为一个新的无量纲参数 N_s,称为稳定数。

$$N_s = \frac{\gamma H_{cr}}{c}$$

式中　H_{cr}——土坡的临界高度或极限高度。

按不同的 φ 绘出 β 与 N_s 的关系曲线。

采用泰勒图表法可以解决简单土坡稳定分析中的下述问题:

①已知坡角 β 及土的性质指标 c、φ、γ,求稳定的坡高 H;

②已知坡高 H 及土的性质指标 c、φ、γ,求稳定的坡角 β;

③已知坡角 β、坡高 H 及土的性质指标 c、φ、γ,求稳定安全系数 K。

土坡稳定安全系数 K 的表达形式如下：

$$K = \frac{H_{cr}}{H}$$

泰勒图表法应用范围：均质的、坡高在 10 m 以内的土坡，也可用于较复杂情况的初步估算。

瑞典圆弧法和泰勒图表法计算相对简单，可用于分析均质黏性土土坡，亦可用于较复杂情况的初步估算；条分法用于分析外形比较复杂的黏性土土坡，特别是多层土土坡，计算工作量大，一般由计算机完成。

4.2　滑坡

4.2.1　滑坡及其形态特征

滑坡是指斜坡上的岩土体，在重力的作用下，沿着斜坡内部一定的滑动面（或滑动带）整体下滑，且水平位移大于垂直位移的坡体变形，如图 3.4.7 所示。

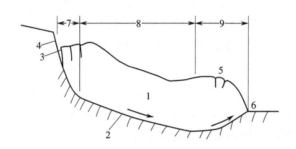

图 3.4.7　滑坡断面示意图

1—滑坡体；2—滑动带；3—滑坡主裂缝；4—滑坡壁；5—鼓胀裂缝；
6—滑坡舌；7—牵引段；8—主滑段；9—抗滑段

4.2.2　产生滑坡的条件

产生滑坡的基本条件是土方斜坡体前有滑动空间，两侧有切割面。例如中国西南地区，特别是西南丘陵山区，最基本的地形地貌特征就是山体众多，山势陡峻，沟谷河流遍布山体之中，与之相互切割，因而形成众多的具有足够滑动空间的斜坡体和切割面，广泛存在滑坡发生的基本条件，滑坡灾害相当频繁。

地表水的冲刷、浸泡，河流水库水体不断地冲刷或浸泡坡脚，削弱坡体支撑或软化岩、土，降低坡体强度。从斜坡的物质组成来看，具有松散土层、碎石土、风化壳和半成岩土层的斜坡抗剪强度低，容易产生变形面下滑；而坚硬岩石中由于岩石的抗剪强度较大，能够经受较大的剪切力而不变形滑动。但是如果岩体中存在着滑动面,特别是在暴雨之后,由于水在滑动面上的浸泡,使其抗剪强度大幅度下降而变得易滑动。

大雨、暴雨和长时间的连续降雨或融雪,使地表水渗入坡体,软化岩、土及其中软弱面。降雨对滑坡的作用主要表现在,雨水的大量下渗,导致斜坡上的土石层饱和,甚至在斜坡下部的隔水层上击水,从而增加了滑体的重量,降低土石层的抗剪强度,导致滑坡产生。不少滑坡具有"大雨大滑、小雨小滑、无雨不滑"的特点。

地震引起坡体晃动或强烈振动破坏坡体平衡。究其原因,首先是地震的强烈作用使斜坡土石的内部结构发生破坏和变化,原有的结构面张裂、松弛,加上地下水也有较大变化,特别是地下水位的突然升高或降低对斜坡稳定是很不利的。另外,一次强烈地震的发生往往伴随着许多余震,在地震力的反复振动冲击下,斜坡土石体就更容易发生变形,最后就会发展成滑坡。

人为因素,例如违反自然规律、破坏斜坡稳定条件的人类活动都会诱发滑坡。

①开挖坡脚:修建铁路、公路,依山建房、建厂等工程,常常因使坡体下部失去支撑而发生下滑。例如我国西南、西北地区的一些铁路、公路,因修建时大力爆破、强行开挖,事后陆陆续续地在边坡上发生了滑坡,给道路施工、运营带来危害。

②蓄水、排水:水渠和水池的漫溢和渗漏,工业生产用水和废水的排放、农业灌溉等,均易使水流渗入坡体,加大孔隙水压力,软化岩、土体,增大坡体容重,从而促使或诱发滑坡的发生。水库的水位上下急剧变动,加大了坡体的动水压力,也可使斜坡和岸坡诱发滑坡发生,支撑不了过大的重量,失去平衡而沿软弱面下滑。尤其是厂矿废渣的不合理堆弃,常常触发滑坡的发生。

此外、劈山开矿的爆破作用,可使斜坡的岩、土体受振动而破碎产生滑坡;在山坡上乱砍滥伐,使坡体失去保护,便有利于雨水等水体渗入从而诱发滑坡,等等。如果上述的人类作用与不利的自然作用互相结合,则更容易促进滑坡的发生。

随着经济的发展,人类越来越多的工程活动破坏了自然坡体,因而近年来滑坡的发生越来越频繁,并有愈演愈烈的趋势,应加以重视。

4.2.3 影响滑坡的规律

滑坡的活动时间主要与诱发滑坡的各种外界因素有关,如地震、降温、冻融、海啸、风暴潮及人类活动等。大致有如下规律。

①同时性:有些滑坡受诱发因素的作用后,立即活动。如强烈地震、暴雨、海啸、风暴潮等发生时和不合理的人类活动,如开挖、爆破等,都会有大量的滑坡出现。

②滞后性:有些滑坡发生时间稍晚于诱发作用因素的时间,如降雨、融雪、海啸、风暴潮及人类活动之后。这种滞后性规律在降雨诱发型滑坡中表现最为明显,该类滑坡多发生在暴雨、大雨和长时间的连续降雨之后,滞后时间的长短与滑坡体的岩性、结构及降雨量的大小有关。一般讲,滑坡体越松散、裂隙越发育、降雨量越大,则滞后时间越短。此外,人工开挖坡脚之后,堆载及水库蓄、泄水之后发生的滑坡也属于这类。由人为活动因素诱发的滑坡的滞后时间的

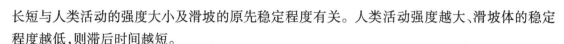

长短与人类活动的强度大小及滑坡的原先稳定程度有关。人类活动强度越大、滑坡体的稳定程度越低,则滞后时间越短。

4.2.4　滑坡的识别方法

滑坡的识别方法主要有三种:利用遥感资料,如航片、彩红外照片来解释;通过地面调查测绘来解决;采用勘测方法来查明。

不稳定的滑坡体常具有下列迹象。

①滑坡体表面总体坡度较陡,而且延伸很长,坡面高低不平。

②有滑坡平台、面积不大,且有向下缓倾和未夷平现象。

③滑坡表面有泉水、湿地,且有新生冲沟。

④滑坡表面有不均匀沉陷的局部平台,参差不齐。

⑤滑坡前缘土石松散,小型坍塌时有发生,并面临河水冲刷的危险。

滑坡监测的简易方法和手段如下。

①设桩监测:在滑坡裂缝两侧埋设简易观察桩。

②设片监测:在挡土墙等建(构)筑物裂缝上贴水泥砂浆片或纸条。

③设尺监测:在裂缝两侧设固定标尺。

④刻槽监测:在滑坡前缘剪出带内刻槽。

定期测量裂缝的长度、宽度和深度的变化以及裂缝形态和开裂延伸方向的变化,根据变化情况,可初步判断滑坡的发展趋势。

4.2.5　滑坡的等级

按照滑坡的体积,将滑坡分为4个等级。

①小型滑坡:滑坡体积小于 10×10^4 m^3。

②中型滑坡:滑坡体积为 $10 \times 10^4 \sim 100 \times 10^4$ m^3。

③大型滑坡:滑坡体积为 $100 \times 10^4 \sim 1\ 000 \times 10^4$ m^3。

④特大型滑坡(巨型滑坡):滑坡体积大于 $1\ 000 \times 10^4$ m^3。

4.2.6　滑坡的分类

(1)按滑动面与层面的关系分类

①均质滑坡:发生在均质的没有明显层理的岩体或土体中的滑坡。滑动不受层面的控制,而是取决于斜坡的应力状态和岩土的抗剪强度的互相关系,在黏土岩、黏性土和黄土中较常见。

②顺层滑坡:沿着岩层层面发生滑动,特别是有软弱岩层存在时,易形成滑坡面。

③切层滑坡:滑坡面切过岩层面而发生的滑坡。

(2)按滑动力学性质分类

①推落式滑坡:由于斜坡上部张开裂缝发育或因堆积重物和在坡上部修建建筑物等。

②平移式滑坡:这种滑坡滑动面较为平缓,始滑部位分布于滑动面的许多点,这些点同时滑移,然后逐渐发展连接起来。

③牵引式滑坡:这种滑坡首先是斜坡下部发生滑动,然后逐渐向上扩展,引起由下而上的滑动。主要由于斜坡底部受河流冲刷或人工开挖而造成。

④混合式滑坡:这种滑坡始滑部位上、下结合,共同作用,较常见。

4.2.7 滑坡发生的前兆

滑坡发生的前兆有如下一些。

①滑坡体出现横向及纵向放射性裂缝,前缘土体出现隆起现象。

②在滑坡前缘坡脚处,有堵塞多年的泉水复活现象,或者出现泉水(井水)突然干涸、水位突变等异常现象。

③滑体后缘裂缝急剧加长加宽,新裂缝不断产生,滑体后部快速下坐,四周岩土体出现松弛现象。

4.2.8 滑坡的防治

滑坡防治的原则:以防为主,整治为辅;查明影响因素,采取综合整治方案;一次性根治,不留后患。

滑坡防治方法主要分为以下几种。

(1)排除地表水

对滑坡体地表水要截流旁引,不使其流入滑坡内。滑坡的发生和发展与地表水的危害有密切关系。治理某些浅层滑坡,效果尤其显著。常用的地表排水方法,是在滑坡可能发展的边界5 m以外,设置一条或数条环形截水沟,用以拦截普遍引自斜坡上部流向斜坡的水流。通常,沟深和沟底宽度都不小于0.6 m。为了防止水流的下渗,在滑坡体上也应充分利用自然沟谷,布置成树枝状排水系统,使水流得以汇集旁引。如地表条件许可,在滑坡边缘还可修筑明沟,直接向滑坡两侧稳定地段排水。如果滑坡体内有湿地和泉水露头,则需修筑渗沟与明沟相配合的引水工程;在地表水下渗为滑坡主要原因的地段,还可修筑不同的隔渗工程。当地表出现裂缝或滑坡体松散易于地表水下渗时,都要及时进行平整夯实,以防地表水渗入。另外,在滑坡地区进行绿化,尤其是种植阔叶树木,也是配合地表排水、促使滑坡稳定的一项有效措施。

(2)排除地下水

地下水通常是诱发滑坡的主要因素,排除有害的地下水,尤其是滑带水,成为治理滑坡的一项有效措施。滑坡地下排水系统中,水平排水设施有盲沟、盲洞、水平钻孔。垂直排水设施有井、钻孔等。其中的深盲沟和盲洞,由于造价较高、施工困难,效果又不太稳定,一般很少采用。

（3）刷方减载

对于头重脚轻的滑坡、高而陡的斜坡,可将滑坡上部或斜坡上部的岩土体削去一部分,并将其堆放在坡脚处,使滑坡的外形得以改变,重心得以降低,可以使斜坡的稳定性得到根本的改善。曾经有人计算过,如果将滑动土体积的 4% 从坡顶转移到坡脚,那么坡体的稳定性就可增大 10% 。如果坡体没有一个可靠的抗滑地段,则减重只能减小滑坡的下滑力,不能达到稳定滑坡的目的。因此,用减重的方法治理滑坡时,常常需要与下部的支挡措施相配合。

应当说明的是,用减重的方法治理滑坡并不是对所有滑坡都适用。比方说,对于牵引式滑坡或滑土带具有卸载膨胀性的滑坡,就不宜使用。减重常用于滑面不深、具有上陡下缓、滑坡后壁及两侧有岩层外露或土体稳定不可能继续向上发展的滑坡。对于可以采用减重方法治理的滑坡,应该认真确定减重范围,要根据各段坡体的稳定程度、稳定滑坡和其他建筑物的要求,进行综合考虑。对于一些不向上或向两侧牵引发展的小型滑坡,也可考虑将滑坡体全部清除。

在对滑坡体做减重处理时,必须切实注意施工方法,尽量做到先上后下、先高后低、均匀减重,以防止挖土不均匀而造成滑坡的分解和恶化。对于减重后的坡面要进行平整,及时做好排水和防渗。在坡体前部的抗滑地段,采用加载措施,可以产生稳定滑坡的作用,当条件许可时,应尽可能地利用坡体上方的减重土石堆于前部抗滑的地段。为了加强堆土的反压作用,可以将堆土修成抗滑土堤,堆土时要分层夯实,外露坡面应干砌片石或种植草木,土堤内侧应修防渗沟,土堤和老土之间应修隔渗层。

（4）修建支挡工程

支挡工程的作用主要是增加抗滑力,直到不再滑坡。

由于失去支撑而引起的滑坡,或滑床陡、滑动快的滑坡,采用修筑支挡工程的办法,可增加滑坡的重力平衡条件,使滑坡迅速恢复稳定。支撑建筑物的种类很多,有抗滑垛、抗滑桩、抗滑墙、锚固等。

（5）改善滑动面或滑动带的岩土性质

土质改良的目的在于提高岩土体的抗滑能力,主要用于土体性质的改善。一般有电化学加固法、硅化法、水泥胶结法、冻结法、焙烧法、爆破灌浆法及电渗排水法等。

焙烧法是利用导洞焙烧滑坡脚部的滑带土,使之形成地下"挡墙"而稳定滑坡的一种措施。利用焙烧法可以治理一些土质滑坡。用煤焙烧砂黏土时,当烧土达到一定温度后,砂黏土会变成像砖块一样,具有相同高的抗剪强度和防水性,同时地下水也可从被烧的土裂缝中流入坑道而排出。

电渗排水是利用电场作用而把地下水排出,达到稳定滑坡的一种方法。这种方法最适用于粒径 $0.05 \sim 0.005$ mm 的粉质土的排水,因为粉土中所含的黏土颗粒在脱水情况下就会变硬。施工的过程:首先将阴极和阳极的金属桩成行地交错打入滑坡体中,然后通电和抽水。一般以铁或铜桩为负极,铝桩为正极。通电后水即发生电渗作用,水分从正极移向由一花管组成的负极,待水分集中到负极花管之后,就用水泵把水抽走。

爆破灌浆法是一种用炸药爆破破坏滑动面,随之把浆液灌入滑带中以置换滑带水并固结滑带土,从而使滑坡稳定的一种治理方法。目前这种方法仅用于小型滑坡。

在实际工作中,排水、支挡还是整治滑坡的两项主要措施。

4.3　崩塌

崩塌又称塌方,是指陡峻斜坡上的岩、土体由于根部空虚,折断压碎或局部滑移,失去稳定,在重力作用下突然脱离坡体向下塌落的现象,如图3.4.8所示。

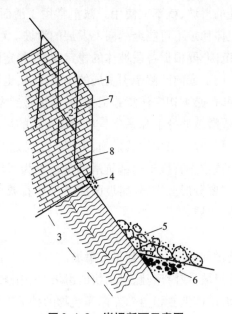

图3.4.8　崩塌断面示意图

1—地面线;2—崩塌体;3—完整岩体;4—破坏起始点;5—崩塌堆积体;
6—老地面;7—构造裂面;8—新生坡面

4.3.1　崩塌的特征

①速度快(一般为 $5 \sim 200$ m/s)。

②规模差异大($1 \sim 108$ m^3)。

崩塌下落后,崩塌体各部分相对位置完全打乱,大小混杂,形成较大石块翻滚较远的倒石堆。

4.3.2　崩塌体的识别方法

对于可能发生的崩塌体,主要根据坡体的地形、地貌和地质结构特征进行识别。通常可能发生的坡体在宏观上有如下特征。

①坡体大于45°且高差较大,或坡体成孤立山嘴,或凹形陡坡。

②坡体内部裂隙发育,尤其垂直和平行斜坡延伸方向的陡裂隙发育或顺坡裂隙或软弱带发育,坡体上部已有拉张裂隙发育,并且切割坡体的裂隙、裂缝即将可能贯通,使之与母体(山体)形成了分离之势。

③坡体前部存在临空空间,或有崩塌物发育,这说明曾发生过崩塌,今后还可能再次发生。

具备了上述特征的坡体,即是可能发生的崩塌体,尤其当上部拉张裂隙不断扩展、加宽,速度突增,小型坠落不断发生时,预示着崩塌很快就会发生,处于一触即发状态之中。

4.3.3　崩塌的类型

(1)根据坡地物质组成划分

①崩积物崩塌:山坡上已有的崩塌岩屑和沙土等物质,由于它们的质地很松散,当有雨水浸湿或受地震震动时,可再一次形成崩塌。

②表层风化物崩塌:在地下水沿风化层下部的基岩面流动时,引起风化层沿基岩面崩塌。

③沉积物崩塌:有些由厚层的冰积物、冲击物或火山碎屑物组成的陡坡,由于结构松散,形成崩塌。

④基岩崩塌:在基岩山坡面上,常沿节理面、地层面或断层面等发生崩塌。

(2)根据崩塌体的移动形式和速度划分

①散落型崩塌:在节理或断层发育的陡坡,或是软硬岩层相间的陡坡,或是由松散沉积物组成的陡坡,常形成散落型崩塌。

②滑动型崩塌:沿某一滑动面发生崩塌,有时崩塌体保持了整体形态,和滑坡很相似,但垂直移动距离往往大于水平移动距离。

③流动型崩塌:松散岩屑、砂、黏土,受水浸湿后产生流动崩塌。这种类型的崩塌和泥石流很相似,称为崩塌型泥石流。

4.3.4　崩塌的形成条件及诱发因素

(1)形成崩塌的条件

①岩土类型:岩土是产生崩塌的物质条件。不同类型的岩石所形成崩塌的规模大小不同,通常岩性坚硬的各类岩浆岩(又称为火成岩)、变质岩、沉积岩(又称为水成岩)、碳酸盐岩(如石灰岩、白云岩等)、石英砂岩、砂砾岩、初具成岩性的石质黄土、结构密实的黄土等形成规模较大的岩崩,页岩、泥灰岩等互层岩石及松散土层等,往往以坠落和剥落为主。

②地质构造:各种构造面,如节理、裂隙、层面、断层等,对坡体的切割、分离,为崩塌的形成提供脱离体(山体)的边界条件。坡体中的裂隙越发育,越易产生崩塌,与坡体延伸方向近乎平行的陡倾角构造面,最有利于崩塌的形成。

③地形地貌:江、河、湖(岸)、沟的岸坡及各种山坡、铁路、公路边坡,工程建筑物的边坡及各类人工边坡都是有利于崩塌产生的地貌部位,坡度大于 45°的高陡边坡、孤立山嘴或凹形陡坡均为崩塌形成的有利地形。

岩土类型、地质构造、地形地貌三个条件,通称为地质条件,它是形成崩塌的基本条件。

(2)诱发崩塌的外界因素

①地震:地震引起坡体晃动,破坏坡体平衡,从而诱发坡体崩塌,一般烈度大于7度的地震都会诱发大量崩塌。

②融雪、降雨:特别是大暴雨、暴雨和长时间的连续降雨,使地表水渗入坡体,软化岩土及其中软弱面,产生孔隙水压力等从而诱发崩塌。

③地表冲刷、浸泡:河流等地表水体不断地冲刷边脚,也能诱发崩塌。

④不合理的人类活动:如开挖坡脚,地下采空、水库蓄水、泄水等改变坡体原始平衡状态的人类活动,都会诱发崩塌活动。

还有一些其他因素,如冻胀、昼夜温度变化等也会诱发崩塌。

4.3.5 崩塌发生的时间规律

①降雨过程中或稍微滞后。这里说的降雨过程主要指特大暴雨、大暴雨、较长时间的连续降雨。这是出现崩塌最多的时间。

②强烈地震过程中。主要指震级在6级以上的强震过程中,震中区通常有崩塌出现。

③开挖坡脚过程中或滞后一段时间。因工程(或建筑场)施工开挖坡脚,破坏了上部岩(土)体的稳定性,常发生崩塌。崩塌的时间有的就在施工中,这以小型崩塌居多。较多的崩塌发生在施工之后一段时间里。

④水库蓄水初期及河流洪峰期。水库蓄水初期或库水位的第一个高峰期,库岸岩、土体首次浸没(软化),上部岩土体容易失稳,尤以在退水后产生崩塌的几率最大。

⑤强烈的机械震动及大爆破之后。

4.3.6 崩塌的防治

在工程选址中尽量避开已有或易于发生地质灾害的地段。工程设计和施工中注意避免因不合理开挖边坡、堆放弃土以及排水而诱发的崩塌。

当崩塌滑坡由加速度变形阶段进入临滑阶段时,崩滑灾害在所难免,不是人力在短时间内可以制止的,此时,应及时将情况上报当地政府部门,由政府部门组织将险区内居民、财产及时撤离险区,确保人民生命财产安全。为争取抢险、救灾时间,延缓崩塌滑坡发生大规模破坏,监测技术人员应立即分析资料,及时制止致灾动力破坏作用。

①排水。水的参与加大了发生崩塌的可能性,所以要在可能发生崩塌的地段上方修建截水沟,防止地表水流入崩塌区内。崩塌地段地表岩石的节理、裂隙可用黏土或水泥砂浆填封,防止地表水下渗。

②对于小型崩塌,可采用以下方法。

a.清除危岩。在危石孤石突出的山嘴以及坡体风化破碎的地段,采用刷坡技术放缓边坡,消除危害。

b.支护加固。在易风化剥落的边坡地段,对缓坡进行水泥护坡等。

c.拦挡工程。对于仅在雨后才有坠石、剥落和小型崩塌的地段,可在坡脚或半坡上设置拦截构筑物。如设置落石平台和落石槽以停积崩塌物质,修建挡石墙以拦坠石;利用废钢轨、钢钎及钢丝等编制钢轨或钢钎棚栏来拦截。在岩石突出或不稳定的大孤石下面修建支柱、支挡墙或用废钢轨支撑。

③对于大型崩塌,可采用棚洞或明洞等防护工程。

复习思考题

1.滑坡产生的原因是什么? 滑坡可分为几类?

2.防治滑坡的原则是什么? 具体措施有哪些?

3.崩塌产生的原因是什么?

4.崩塌可分为几类?

任务 5 挡土墙的质量及安全控制

5.1 挡土墙常见的质量事故及其原因

5.1.1 挡土墙常见的质量事故

挡土墙施工过程中,无论是管理质量或者是施工质量出了问题都会引起不同大小的质量事故,轻则造成经济损失,重则伤及无辜生命。所以,在挡土墙施工中应该加强管理力度,做好对事故发生的预防工作,尽量排除事故发生的一切隐患。下面我们来了解一下常见的挡土墙质量事故。

挡土墙常见的质量事故主要有挡土墙滑移或坍塌、挡土墙墙体裂缝、挡土墙墙体下沉等。如果不加强防范,这些事故随时都可能发生在我们身边。

1.挡土墙倒塌事件

事件 1:某年 9 月,43008 次货物列车运行到成都铁路局管内迤那至仙水间 396 km + 897 m处时,线路左侧挡土墙突然坍塌,造成机车及机后第 1、2 位车辆脱轨,机车大破 1 辆,车辆报废 2 辆、大破 1 辆,中断内六线正线行车 35 小时 12 分,构成货物列车脱轨行车重大事故。

据了解该事故是由于挡土墙施工质量不良造成的。中铁××局集团进行该段施工时,未按设计施工,挡土墙厚度与设计文件相差较大,设计厚度为2.2 m,但实际厚度最薄处仅为0.55 m,是设计厚度的1/4,严重减少了抵抗墙背土压力,导致墙体发生剪切破坏而发生突发性倾覆。挡土墙后部未设置反滤层,且砌体砂浆松散,砂浆与片石之间黏结不良,片石尺寸不符合规范,施工质量严重不良,致使挡土墙存在严重缺陷,造成挡土墙失稳坍塌。

事件2:2010年5月26日15时35分左右,广西博白县博白镇桂花村××小学发生挡土墙倒塌事故,造成24名学生不同程度受伤,其中3名学生因伤势过重抢救无效死亡,其余21名学生被送医院救治。据了解该挡土墙坍塌事件与违规施工,无设计、无图纸有很大关系。

事件3:2014年5月11日,山东省××公司黄岛生产加工点因雨积水导致挡土墙倒塌,压倒了职工居住板房,造成21人被埋。事故发生以后,青岛消防局组织了3个中队的人员力量和2只搜救犬到达现场搜救,当天上午10点钟左右结束了搜救任务,经确定有18人死亡,3人受伤。工厂和现场工作人员认为,挡土墙倒塌是因为长时间降雨所致。

2. 挡土墙开裂下沉事件

2010年1月3日早晨7点左右,白云区京溪街白灰场路一段近20 m长的石砌挡土墙开裂下沉,部分歪斜墙体危及相邻三栋在建居民楼。相关专家分析该事故的发生是由于旁边村民在修建房屋打地基时操作不规范,影响到后侧挡土墙地基,导致了这段近20 m长的墙体出现裂缝,并伴有500 mm的下沉。

5.1.2 事故发生的常见原因

1. 设计原因

在设计方面,挡土墙滑移或坍塌事故的发生一般是由于实际工程中的地质条件、土质情况以及墙后填土厚度等情况与原设计所采用的数据资料不符(例如,套用设计图纸、无设计图纸、勘察不认真负责、设计者个人失误等都可能造成设计采用数据资料与实际不符),从而引发事故。

2. 施工原因

施工方在施工过程中盲目减小挡土墙尺寸,造成挡土墙自重降低,从而无法满足原设计要求;由于砌筑不当,造成墙身强度不够(例如石砌挡土墙,由于组砌不当造成挡土墙上下各层的石缝连通,形成垂直通缝);墙后的防水、排水构造施工过程中未得到很好的重视,雨天雨水蓄积,造成挡土墙后土压力增大;墙后填土质量不过关,造成土体抗剪强度不够;地基处理不当,造成地基承载力偏低。

3. 外界不利因素

挡土墙墙后有超载情况(例如,墙后附近有堆载、新建建筑物或公路、铁路等);因地下室开挖、邻近建筑物施工等情况,造成挡土墙地基承载力不足;地下水位的变化,造成挡土墙的土压力增加;寒冷地区冻融现象的影响;不可抗力的情况,如地震、洪水等引起的各种地质灾害。

5.2　重力式挡土墙的质量控制

5.2.1　基础处理

做好基础处理，严格掌握地基处理的质量，是确保重力式挡土墙质量的关键。挡土墙基础的各部分尺寸、形状、埋置深度等，均应按照设计要求进行施工。在施工之前，应做好一切临时排水措施，一般应随开挖、随下基、随砌筑，并及时分层回填压实（或夯实）等，确保地基处理质量。另外，雨天施工基坑内的积水应及时排除，对受水浸泡的基底土（特别是松软的淤泥）应全部予以清除，并换好土进行回填至设计标高；如果发现与设计不符的软弱地基，经测试其承载力不能满足要求时，应及时通知设计单位变更设计，在采取措施后方可进行施工；对于山坡挡墙，基趾部埋入深度和襟边距离应同时符合设计要求，如墙基高程不能满足设计要求，应通过变更设计得到批准后再进行施工。

5.2.2　挡土墙的砌筑质量

在重力式挡土墙的砌筑施工过程中，要严格按照有关施工技术规范进行施工，确保挡土墙的砌筑质量。在砌筑过程中，应注意以下几个方面。

在砌筑之前，首先应将石料表面的泥垢清扫干净，然后将基底松软、风化表面彻底清除，待检查验收合格后，在处理后的地基上铺满砌筑砂浆。

砌筑时必须在两面立杆挂线或样板挂线，外面线应顺直整齐，逐层进行收坡，内面线可大致通顺，以保证砌体各部分尺寸符合设计要求。在砌筑过程中，应经常校正挂线是否准确。

浆砌石底面应卧浆铺砌，立缝要填浆补实，不得有空隙和立缝贯通现象。在石质基坑内，基础需紧靠坑壁砌筑，并插浆塞满所有间隙，使之结成一个整体。对土质基坑或风化软石基坑，在雨季施工时，应于基坑挖至设计高程时，立即满堂铺砌一层。当砌筑工作中断时，可将砌好的石层空隙用砂浆填满，再砌时将表面仔细清扫干净，洒水湿润。

重力式挡土墙分段砌筑，必须按设计要求间距，留出伸缩（沉降）缝，并按规定要求的挡土墙断面（坡度）砌筑平整，应缝成直线。为此设立临时标准样架为准绳，使得墙面正直整齐。

5.2.3　不同材料采取不同的施工工艺

1. 浆砌片石

片石宜分层砌筑，以 2~3 层石块组成一个砌筑工作层，每个工作层的水平缝应大致齐平，竖缝应错开，不得出现贯通竖缝。

外圈定位行列或转角石，应选择形状较方正、尺寸相对较大的片石，并长短相间地与里层砌块交接成为一体，上下层石块也应交错排列，避免竖缝重合，砌缝宽度一般不应大于 4 cm。

较大的砌块应用于下层,石块宽面朝下安放,石块之间均要用砂浆隔开,不得直接接触,当竖缝较宽时可在砂浆中塞以碎石块,但不得在砌块下面用小石块支垫。

在砌筑施工中,应石块大小搭配,相互错叠,咬接密实,并备有各种小石块,作挤浆填缝之用,挤浆时可用小锤将小石块轻轻敲入缝隙中。

浆砌片石墙必须设置拉结石,之间要相互错开并使拉结石均匀分布,一般每 0.7 m^2 墙面至少设置一块,以确保挡土墙的整体性。

2. 浆砌块石

用作镶面的块石,表面周围应加以修整,尾部略微缩小,以易于安砌。丁石长度不得短于顺石宽度的 1.5 倍。

块石应采用平砌,要根据挡土墙高进行层次配料,每层石料高度应做到基础平齐。外圈定位行列和镶面应一丁一顺排列,丁石伸入墙心长度不小于 25 cm,灰缝宽度不小于 3 cm,上下层竖缝错开距离不应小于 10 cm。

3. 预制混凝土块砌筑

预制混凝土块的砌筑方法与料石砌筑方法基本相同。由于其尺寸规范,所以在砌筑排列上比料石更容易些。

5.2.4 重力式挡土墙的排水工作

重力式挡土墙的排水措施主要包括:设置地面排水沟,引排地面水;夯实回填土顶面和地面松土,防止雨水及地面水下渗,必要时可加设铺砌;对路堑挡土墙趾前面的沟应予以铺砌加固,以防边沟水渗入基础;设置墙身泄水孔,以排除墙后水。

在一般情况下,浆砌块(片)石墙身在墙前地面以上均设置一排泄水孔。当墙身高度较大时,应在墙身上部加设一排汇水孔。汇水孔一般为 5 cm×10 cm、10 cm×10 cm、15 cm×20 cm 的方孔或直径 5~10 cm 的圆孔。孔眼间距一般为 2~3 m,对于浸水挡土墙孔眼间距一般为 1~1.5 m,干旱地区孔眼间距可以稍大些,孔眼上下错开布置。下排排水孔的出口应高出墙前地面 0.3 m;若为路堑墙,应高出边沟水位 0.3 m;若是浸水挡土墙,应高出常规水位 0.3 m。

为防止水分渗入地基,下排排水孔进水口的底部应铺设 30 cm 厚的黏土隔水层。泄水孔的进水口部分应设置粗粒料反滤层,以免孔道发生阻塞。当墙背填土透水性不良或可能发生冻胀时,应在最低一排排水孔至墙顶以下 0.5 m 的范围内铺设厚度不小于 0.3 m 的砂卵石排水层。干砌石挡土墙因墙身透水,可不设置泄水孔及排水层。

5.2.5 选择适宜回填材料,保证回填工程质量

挡土墙后的回填材料的选择,应保证其墙后的水分及时疏干。在有条件时应尽量采用粗粒料,如砾石、碎石、矿渣或粗砂。一般不采用或少用细砂、粉土或软塑黏土等,亦不允许采用夹有冻土块、木屑、树根、杂草、杂物等杂质的回填料。回填土的含水量不应超过最佳含水量的

1% 。为保证回填材料的工程质量,在进行回填施工时,应注意以下几点。

需要待挡土墙砌体砂浆强度达到 70% 以上时,方可回填墙背材料,并应优先选择渗水性较好的填料进行填筑。如确实有困难而采用不透水土料时,必须要做反滤层,并与砌体同步进行。浸水挡土墙墙背应全部用稳定性和透水性较好的材料填筑。

挡土墙墙背的回填料要均匀摊铺平整,并设不小于 3% 的横坡逐层进行填筑,逐层夯实,不允许向着墙背斜坡填筑,严禁使用膨胀土和高塑性土作为填料。每层压实厚度不宜超过 20 cm,碾压机具和填料性能应进行压实试验,确定填料分层厚度及碾压遍数,以便正确地指导施工。

压实时应注意勿使墙身受到较大的冲击影响,临近墙背 1 m 范围内,应采用小型压实机具碾压。

5.3 挡土墙的质量、安全保证措施

5.3.1 挡土墙的质量保证措施

1. 组织措施

(1)健全质保体系,建立质监机构

建立健全质量保证体系,紧扣施工质量目标,把质量计划落实到施工的全过程,质量计划中明确各级职能部门的质量职责和相互关系,建立质监机构,形成完整的监控网络。

(2)强化教育和培训,增强全员质量意识

要把工程质量教育形成制度,使之贯穿于施工的全过程。要特别重视职工的岗前教育,通过该过程,使各级人员在对工程质量的理解上、认识上树立全新的质量意识和质量观念。要认识到质量就是企业的生命,企业要生存、发展就得不断提高施工工艺及工程质量的水平。

(3)加强工程各个单位之间的沟通与配合

明确工程技术质量工作目标,加强与设计、监理等单位之间的沟通与配合,及时解决有关工程施工技术质量诸方面的问题。认真执行工程监理制度,及时办理各种检查签证手续,尊重并接受监理工程师的意见与监督指导,从而确保工程达到规范要求。

2. 技术措施

①建立健全施工技术交底制度、工序"三检"制度、隐蔽工程检查签证制度、工程试验检验制度、工程质量检查制度、质量检查评定制度、竣工资料专人管理制度等各项规章制度。

②积极开展 QC(质量控制的英文缩写)小组活动,全面推动质量管理工作。积极开展 QC 小组活动是职工参加工程技术质量管理的重要途径,也是推动质量管理工作全面深入开展的有效形式。按照 PDCA(计划(Plan),执行(Do),检查(Check),行动(Action))循环工作程序作业,做到目标明确、现状清楚、对策具体、措施得力,并及时组织检查总结,达到有效地控制工

序,有针对性地开展活动。认真分析质量通病的存在原因,积极采取预防对策,有效地解决施工中存在的质量通病问题,杜绝工程质量事故,不断提高工程质量。

5.3.2　挡土墙施工的安全保证措施

1.安全生产方针及目标

贯彻"安全第一、预防为主"的方针,明确工程施工的安全生产目标:防高处坠落事故,防机械伤害事故,防滚石伤人事故,防洪水事故,防坍塌事故,防沉陷事故,防爆破事故,等等。

2.安全生产责任制及安全体系

①项目经理对工程安全负责,以项目经理为组长,安全总监、副经理、安全部长为副组长的安全生产领导小组,在其领导下,项目队长、班组长、操作工人,逐级建立安全管理责任制度。项目经理部设安环保部,并由安环保部向各项目队派遣专职安全工程师(安全员),班组设兼职安全员,做到分工明确,责任到人。

②以施工安全、人身安全、财产安全为首要职责,层层签订安全责任书,严格遵守有关安全生产和劳动保护方面的法律法规和技术标准,建立健全安全生产管理制度,定期检查召开安全会议,发现问题及时解决,制定好安全规划,搞好安全教育,消除事故隐患,把不安全的因素消灭在萌芽状态。

③管理者坚持安全生产"五到位",即健全机构到位,安全措施到位,深入现场到位,检查到位,处理问题到位,并实行"四全"安全管理,即全员、全过程、全方位、全天候。

3.安全生产教育制

①工程开工前对参加工程施工的全体员工进行安全生产教育,组织学习有关技术规范和安全操作规程、规则、规定。

②制定分项工程施工安全技术措施,由主管工程技术人员和专职安全工程师(员)进行技术交底和讲课,并结合工程各阶段施工中存在的安全问题重点进行教育和宣传。

③项目队每周组织一次安全讲课活动,作业班组每天班前进行安全操作讲话。

④对特殊工种,如起重工、电工、电焊工、各种机械操作司机等进行培训,持证上岗。

4.劳动保护

认真执行环境/职业健康体系的相关要求,使安全工作处于可控状态。配齐职工劳保用品,及时办理职工意外伤害保险。施工中,严格执行"三安"规定,保证员工健康。

5.安全生产检查制度

①为确保施工安全技术措施的顺利实施,经理部由副经理领导安全工作。

②加强对起重机械等的安全检查,消除一切安全隐患。

③施工现场设安全标志,危险作业区要悬挂"危险"或者"禁止通行""严禁烟火"等标志,夜间设红灯示警。

6. 安全技术保证措施

①制定各项安全规章制度,设置必要的安全设施,为参加施工的人员、机械设备、车辆以及进入现场的其他人员创造一个安全可靠的施工环境。

②在编制施工组织设计和施工计划的同时,制定有针对性的安全技术措施并付诸实施。

③靠近既有公路线施工时,须先与管理部门签订有关"安全协议",并设专人进行 24 小时防护,设置好各种防护牌,以确保行车安全。

④机械操作人员严格遵守安全规范,按程序操作,文明驾驶,礼貌行车。

⑤严禁机械带病运转、超负荷作业,夜间作业应有足够的照明设备。所有特种作业人员,必须持证上岗,严禁非特殊工种人员从事特种作业。

⑥做好安全用电工作。工地的电力设备、线路必须由电工架设及管理,闸箱、开关应防雨且安全牢固,做到"一机、一闸、一漏、一锁",要经常维修,保持良好状态。不符合安全要求的电动设施及电力线路不得使用。非专业电工严禁随意接线,防止发生触电事故。

⑦坚持定期安全检查制度。项目经理部每旬一次,项目队每星期一次,工班一日一次。检查时领导带队,组织有关人员参加,发现问题及时处理,并将处理意见填入检查记录表中。重大问题要签发安全隐患通知书,采取对策,限期整改,并进行复查。

7. 高处作业安全措施

①从事高处作业的人员,必须定期进行体格检查,凡不适宜高处作业的人员,不得从事此项工作。作业人员必须系安全带、戴安全帽、穿防滑鞋。

②高处作业应配备工具袋。小型工具及材料应放入袋内,较大的工具必须拴好保险绳,不得随手乱放,防止坠落伤人,更严禁从高空向下乱扔乱丢。

③夜间进行高处作业时,必须有足够的照明设备。爬梯孔洞等处设明显标志。

8. 夜间施工措施

①夜间施工要做好统筹安排,尽量避免交叉作业。

②加强施工现场指挥力量,现场派专人指挥。

③尽量缩短夜间施工作业时间,保证夜间施工作业人员有足够的睡眠,避免夜间作业人员出现疲劳状态,避免发生不必要的质量、安全事故。

④加强夜间施工照明设施,保证施工现场有足够的照明。

⑤运输车辆及其他行驶的机械设备,必须小心驾驶,谨慎行车,确保安全。

⑥夜间填筑高路堤时,应在路堤两侧设置明显标志。

复习思考题

1. 挡土墙常见的质量事故有哪些?

2. 挡土墙的质量保证措施有哪些?

3. 重力式挡土墙的排水措施有哪些？

4. 挡土墙后的回填材料选择有哪些要点？具体措施有哪些？

5. 挡土墙施工的安全保证措施有哪些？

参考文献

[1] 中华人民共和国建设部. GB 50021—2001 岩土工程勘察规范[S]. 北京:中国建筑工业出版社,2001.

[2] 中华人民共和国住房和城乡建设部. JGJ 120—2012 建筑基坑支护技术规程[S]. 北京:中国建筑工业出版社,2012.

[3] 中华人民共和国住房和城乡建设部. GB 50007—2011 建筑地基基础设计规范[S]. 北京:中国建筑工业出版社,2011.

[4] 中华人民共和国住房和城乡建设部. GB 50201—2012 土方与爆破工程施工及验收规范[S]. 北京:中国建筑工业出版社,2012.

[5] 中华人民共和国住房和城乡建设部. JGJ 180—2009 建筑施工土石方工程安全技术规范[S]. 北京:中国建筑工业出版社,2009.

[6] 龚晓南. 地基处理[M]. 北京:中国建筑工业出版社,2008.

[7] 陆培毅. 土力学[M]. 北京:中国建材工业出版社,2000.

[8] 陈祖煜. 土质边坡稳定分析——原理、方法、程序[M]. 北京:中国水利水电出版社,2003.

[9] 赵明阶,何光春,王多垠. 边坡工程处治技术[M]. 北京:人民交通出版社,2003.

[10] 钱家欢,殷宗泽. 土工原理与计算[M]. 北京:中国水利水电出版社,1996.

[11] 田雨馥. 中国民用爆破器材应用手册[M]. 北京:煤炭工业出版社,1997.

[12] 张振营. 土力学题库及典型题解[M]. 北京:中国水利水电出版社,2001.

[13] 邹绍明. 建筑施工技术[M]. 重庆:重庆大学出版社,2007.

[14] 陈希哲. 土力学地基基础[M]. 北京:清华大学出版社,2004.

[15] 高大钊. 土质学与土力学[M]. 北京:人民交通出版社,2001.

[16] 刘殿中. 工程爆破实用手册[M]. 北京:冶金工业出版社,2003.